서울교통공사

필기시험 모의고사

KB084380

제 1 회	영 역	직업기초능력평가, 직무수행능력평가(궤도 · 토목일반)
	문항수	80문항
	시 간	100분
	비 고	객관식 5지선다형

SEOWONGAK

(주)서원각

제1회 필기시험 모의고사

📝 문항수 : 80문항
🕐 시 간 : 100분

✏️ **직업기초능력평가**(40문항/50분)

1 다음은 서울교통공사 공고문의 일부이다. 빈칸에 공통적으로 들어갈 단어로 가장 적절한 것은?

> ### 지하철 ( )운행 안내
>
> 설 연휴를 맞아 귀경객의 교통편의를 위하여 서울지하철 1~8호선을 ( )운행하오니 많은 이용 바랍니다.
> • 설 연휴 : 2019.2.2.(토)~2.6.(수)/ 5일간
> • 지하철 ( )운행 : 2019.2.5.(화)~2.6(수)/ 2일간
> ※ 종착역 도착기준 다음날 02시까지 ( )운행

① 지연
② 지속
③ 지체
④ 연장
⑤ 연속

2 다음의 밑줄 친 단어의 한자어 표기가 옳지 않은 것은?

> 산업의 중심이 점차 2차 산업에서 3차 산업으로 넘어가는 추세에 따라 3차 산업을 상업, 금융, 보험, 수송 등에 국한시키고, 4차와 5차 산업의 개념을 확대 도입하려는 움직임이 일고 있다. 이때 4차 산업이란 정보, 의료, 교육, 서비스 산업 등 지식 집약적 산업을 총칭하며, 5차 산업이란 패션, 오락 및 레저산업을 가리킨다.

① 추세 – 趨勢
② 보험 – 保險
③ 정보 – 精報
④ 집약 – 集約
⑤ 오락 – 娛樂

│3~4│ 다음 지문을 읽고 이어지는 질문에 답하시오.

> 고객들에게 자사 제품과 브랜드를 최소의 비용으로 최대의 효과를 내며 알릴 수 있는 비법이 있다면, 마케팅 담당자들의 스트레스는 훨씬 줄어들 것이다. 이런 측면에서 웹2.0 시대의 UCC를 활용한 마케팅 전략은 자사 제품의 사용 상황이나 대상에 따라 약간의 차이는 보이겠지만, 마케팅 활동에 있어 굉장한 기회가 될 것이다. 그러나 마케팅 교육을 담당하는 입장에서 보면, 아직까지는 인터넷 업종을 제외한 주요 기업 마케팅 담당자들의 UCC에 대한 이해 수준이 생각보다 깊지 않다. 우선 웹2.0에 대한 정확한 이해가 부족하고, 자사 제품이나 브랜드를 어떻게 적용할 것인가 하는 고민은 많지만, 활용 전략에서 많은 어려움을 겪는다. 그래서 후년부터 ( )을(를) 주제로 강의를 할 예정이다. 이 강좌를 통해 국내 대표 인터넷 기업들의 웹2.0 비즈니스 성공 모델을 분석하면서 어떻게 활용할 것인가를 함께 고민하고자 한다.

3 윗글의 예상 독자는 누구인가?

① UCC 제작 교육을 원하는 기업 마케터들
② UCC 활용 교육을 원하는 기업 마케터들
③ UCC 이해 교육을 원하는 기업 웹담당자들
④ UCC 전략 교육을 원하는 기업 웹담당자들
⑤ UCC를 마케팅에 활용하고 있는 인터넷 기업 대표들

4 윗글의 괄호 안에 들어갈 강의 제목으로 가장 적절한 것은 무엇인가?

① 웹2.0 시대의 마케팅 담당자
② 웹2.0 시대의 비즈니스 성공 열쇠
③ 웹2.0 시대 비즈니스 성공 모델 완벽 분석
④ 웹2.0 시대 UCC를 통한 마케팅 활용 전략
⑤ 웹2.0 시대 국내 대표 인터넷 기업들

5 다음 글의 주제로 가장 적절한 것을 고른 것은?

유럽의 도시들을 여행하다 보면 여기저기서 벼룩시장이 열리는 것을 볼 수 있다. 벼룩시장에서 사람들은 낡고 오래된 물건들을 보면서 추억을 되살린다. 유럽 도시들의 독특한 분위기는 오래된 것을 쉽게 버리지 않는 이런 정신이 반영된 것이다.

영국의 옥스팜(Oxfam)이라는 시민단체는 헌옷을 수선해 파는 전문 상점을 운영해, 그 수익금으로 제3세계를 지원하고 있다. 파리 시민들에게는 유행이 따로 없다. 서로 다른 시절의 옷들을 예술적으로 배합해 자기만의 개성을 연출한다.

땀과 기억이 배어 있는 오래된 물건은 실용적 가치만으로 따질 수 없는 보편적 가치를 지닌다. 선물로 받아서 10년 이상 써 온 손때 묻은 만년필을 잃어버렸을 때 느끼는 상실감은 새 만년필을 산다고 해서 사라지지 않는다. 그것은 그 만년필이 개인의 오랜 추억을 담고 있는 증거물이자 애착의 대상이 되었기 때문이다. 그러기에 실용성과 상관없이 오래된 것은 그 자체로 아름답다.

① 서양인들의 개성은 시대를 넘나드는 예술적 가치관으로부터 표현된다.

② 실용적 가치보다 보편적인 가치를 중요시해야 한다.

③ 만년필은 선물해 준 사람과의 아름다운 기억과 오랜 추억이 담긴 물건이다.

④ 오래된 물건은 실용적인 가치보다 더 중요한 가치를 지니고 있다.

⑤ 오래된 물건은 실용적 가치만으로 따질 수 없는 개인의 추억과 같은 보편적 가치를 지니기에 그 자체로 아름답다.

6 다음 글은 「철도안전법」에 규정되어 있는 철도종사자의 안전교육 대상 등에 대한 내용이다. 이를 보고 잘못 이해한 사람은 누구인가?

철도종사자의 안전교육 대상 등〈「철도안전법 시행규칙」 제41조의2〉

① 철도운영자 등이 철도안전에 관한 교육(이하 "철도안전교육"이라 한다)을 실시하여야 하는 대상은 다음과 같다.
- 철도차량의 운전업무에 종사하는 사람(이하 "운전업무 종사자"라 한다)
- 철도차량의 운행을 집중 제어 · 통제 · 감시하는 업무(이하 "관제업무"라 한다)에 종사하는 사람
- 여객에게 승무(乘務) 서비스를 제공하는 사람(이하 "여객승무원"이라 한다)
- 여객에게 역무(驛務) 서비스를 제공하는 사람(이하 "여객역무원"이라 한다)

- 철도차량의 운행선로 또는 그 인근에서 철도시설의 건설 또는 관리와 관련된 작업의 현장감독업무를 수행하는 사람
- 철도시설 또는 철도차량을 보호하기 위한 순회점검업무 또는 경비업무를 수행하는 사람
- 정거장에서 철도신호기 · 선로전환기 또는 조작판 등을 취급하거나 열차의 조성업무를 수행하는 사람
- 철도에 공급되는 전력의 원격제어장치를 운영하는 사람

② 철도운영자 등은 철도안전교육을 강의 및 실습의 방법으로 매 분기마다 6시간 이상 실시하여야 한다. 다만, 다른 법령에 따라 시행하는 교육에서 제3항에 따른 내용의 교육을 받은 경우 그 교육시간은 철도안전교육을 받은 것으로 본다.

③ 철도안전교육의 내용은 아래와 같으며, 교육방법은 강의 및 실습에 의한다.
- 철도안전법령 및 안전관련 규정
- 철도운전 및 관제이론 등 분야별 안전업무수행 관련 사항
- 철도사고 사례 및 사고예방대책
- 철도사고 및 운행장애 등 비상 시 응급조치 및 수습복구대책
- 안전관리의 중요성 등 정신교육
- 근로자의 건강관리 등 안전 · 보건관리에 관한 사항
- 철도안전관리체계 및 철도안전관리시스템
- 위기대응체계 및 위기대응 매뉴얼 등

④ 철도운영자 등은 철도안전교육을 법 제69조에 따른 안전전문기관 등 안전에 관한 업무를 수행하는 전문기관에 위탁하여 실시할 수 있다.

⑤ 제1항부터 제4항까지에서 규정한 사항 외에 철도안전교육의 평가방법 등에 필요한 세부사항은 국토교통부장관이 정하여 고시한다.

① 동수 : 운전업무 종사자, 관제업무 종사자, 여객승무원, 여객역무원은 철도안전교육을 받아야 하는구나.

② 영수 : 철도안전교육은 강의 및 실습의 방법으로 매 분기마다 6시간 이상 실시하는구나.

③ 미희 : 철도안전교육은 전문기관에 위탁하여 실시하기에는 너무나 어렵구나.

④ 지민 : 철도안전교육에 철도운전 및 관제이론 등 분야별 안전업무수행 관련 사항, 철도사고 사례 및 사고예방대책 등도 포함되는구나.

⑤ 현민 : 정거장에서 철도신호기 · 선로전환기 또는 조작판 등을 취급하거나 열차의 조성업무를 수행하는 사람도 철도안전교육을 받아야 하는구나.

7 다음 글을 읽고 알 수 있는 내용으로 적절하지 않은 것은 어느 것인가?

인공지능이란 인간처럼 사고하고 감지하고 행동하도록 설계된 일련의 알고리즘인데, 컴퓨터의 역사와 발전을 함께한다. 생각하는 컴퓨터를 처음 제시한 것은 컴퓨터의 아버지라 불리는 앨런 튜링(Alan Turing)이다. 앨런 튜링은 현대 컴퓨터의 원형을 제시한 인물로 알려져 있다. 그는 최초의 컴퓨터라 평가받는 에니악(ENIAC)이 등장하기 이전(1936)에 '튜링 머신'이라는 가상의 컴퓨터를 제시했다. 가상으로 컴퓨터라는 기계를 상상하던 시점부터 앨런 튜링은 인공지능을 생각한 것이다.

2016년에 이세돌 9단과 알파고의 바둑 대결이 화제가 됐지만, 튜링은 1940년대부터 체스를 두는 기계를 생각하고 있었다. 흥미로운 점은 튜링이 생각한 '체스 기계'는 경우의 수를 빠르게 계산하는 방식의 기계가 아니라 스스로 체스 두는 법을 학습하는 기계를 의미했다는 것이다. 요즘 이야기하는 머신러닝을 70년 전에 고안했던 것이다. 튜링의 상상을 약 70년 만에 현실화한 것이 '알파고'다. 이전에도 체스나 바둑을 두던 컴퓨터는 많았다. 하지만 그것들은 인간이 체스나 바둑을 두는 알고리즘을 입력한 것이었다. 이 컴퓨터들의 체스, 바둑 실력을 높이려면 인간이 더 높은 수준의 알고리즘을 제공해야 했다. 결국 이 컴퓨터들은 인간이 정해준 알고리즘을 수행하는 역할을 할 뿐이었다. 반면, 알파고는 튜링의 상상처럼 스스로 바둑 두는 법을 학습한 인공지능이다. 일반 머신러닝 알고리즘을 기반으로, 바둑의 기보를 데이터로 입력받아 스스로 바둑 두는 법을 학습한 것이 특징이다.

① 앨런 튜링이 인공지능을 생각해 낸 것은 컴퓨터의 등장 이전이다.
② 앨런 튜링은 세계 최초의 머신러닝 발명품을 개발했다.
③ 알파고는 스스로 학습하는 인공지능을 지녔다.
④ 알파고는 바둑을 둘 수 있는 세계 최초의 컴퓨터가 아니다.
⑤ 알파고는 입력된 알고리즘을 바탕으로 새로운 지능적 행위를 터득한다.

8 다음은 어느 시민사회단체의 발기 선언문이다. 이 단체에 대해 판단한 내용으로 적절하지 않은 것은?

우리 사회의 경제적 불의는 더 이상 방치할 수 없는 상태에 이르렀다. 도시 빈민가와 농촌에 잔존하고 있는 빈곤은 인간다운 삶의 가능성을 원천적으로 박탈하고 있으며, 경제력을 독점하고 있는 소수계층은 각계에 영향력을 행사하여 대다수 국민들의 의사에 반하는 결정들을 관철시키고 있다. 만연된 사치와 향락은 근면과 저축의욕을 감퇴시키고 손쉬운 투기와 불로소득은 기업들의 창의력과 투자의욕을 감소시킴으로써 경제성장의 토대가 와해되고 있다. 부익부빈익빈의 극심한 양극화는 국민 간의 균열을 심화시킴으로써 사회 안정 기반이 동요되고 있으며 공공연한 비윤리적 축적은 공동체의 기본 규범인 윤리 전반을 문란케 하여 우리와 우리 자손들의 소중한 삶의 터전인 이 땅을 약육강식의 살벌한 세상으로 만들고 있다.

부동산 투기, 정경유착, 불로소득과 탈세를 공인하는 차명계좌의 허용, 극심한 소득차, 불공정한 노사관계, 농촌과 중소기업의 피폐 및 이 모든 것들의 결과인 부와 소득의 불공정한 분배, 그리고 재벌로의 경제적 집중, 사치와 향락, 환경오염 등 이 사회에 범람하고 있는 경제적 불의를 척결하고 경제정의를 실천함은 이 시대 우리 사회의 역사적 과제이다.

이의 실천이 없이는 경제 성장도 산업 평화도 민주복지 사회의 건설도 한갓 꿈에 불과하다. 이 중에서도 부동산 문제의 해결은 가장 시급한 우리의 당면 과제이다. 인위적으로 생산될 수 없는 귀중한 국토는 모든 국민들의 복지 증진을 위하여 생산과 생활에만 사용되어야 함에도 불구하고 소수의 재산 증식 수단으로 악용되고 있다. 토지 소유의 극심한 편중과 투기화, 그로 인한 지가의 폭등은 국민생활의 근거인 주택의 원활한 공급을 극도로 곤란하게 하고 있을 뿐만 아니라 물가 폭등 및 노사 분규의 격화, 거대한 투기 소득의 발생 등을 초래함으로써 현재 이 사회가 당면하고 있는 대부분의 경제적 사회적 불안과 부정의의 가장 중요한 원인으로 작용하고 있다.

정부 정책에 대한 국민들의 자유로운 선택권이 보장되며 경제적으로 시장 경제의 효율성과 역동성을 살리면서 깨끗하고 유능한 정부의 적절한 개입으로 분배의 편중, 독과점 및 공해 등 시장 경제의 결함을 해결하는 민주복지사회를 실현하여야 한다. 그리고 이것이 자유와 평등, 정의와 평화의 공동체로서 우리가 지향할 목표이다.

① 이 단체는 극빈층을 포함한 사회적 취약계층의 객관적인 생활수준은 향상되었지만 불공정한 분배, 비윤리적 부의 축적 그리고 사치와 향락 분위기 만연으로 상대적 빈곤은 심각해지고 있다고 인식한다.
② 이 단체는 정책 결정 과정이 소수의 특정 집단에 좌우되고 있다고 보고 있으므로, 정책 결정 과정에 국민 다수의 참여 보장을 주장할 가능성이 크다.
③ 이 단체는 윤리 정립과 불의 척결 등의 요소도 경제 성장에 기여할 수 있다고 본다.
④ 이 단체는 '기업의 비사업용 토지소유 제한을 완화하는 정책'에 비판적일 것이다.
⑤ 이 단체는 경제 성장의 조건으로 저축과 기업의 투자 등을 꼽고 있다.

9 두 기업 서원각, 소정의 작년 상반기 매출액의 합계는 91억 원이었다. 올해 상반기 두 기업 서원각, 소정의 매출액은 작년 상반기에 비해 각각 10%, 20% 증가하였고, 두 기업 서원각, 소정의 매출액 증가량의 비가 2 : 3이라고 할 때, 올해 상반기 두 기업 서원각, 소정의 매출액의 합계는?

① 96억 원
② 100억 원
③ 104억 원
④ 108억 원
⑤ 112억 원

10 3개월의 인턴기간 동안 업무평가 점수가 가장 높았던 甲, 乙, 丙, 丁 네 명의 인턴에게 성과급을 지급했다. 제시된 조건에 따라 성과급은 甲 인턴부터 丁 인턴까지 차례로 지급되었다고 할 때, 네 인턴에게 지급된 성과급 총액은 얼마인가?

- 甲 인턴은 성과급 총액의 1/3보다 20만 원 더 받았다.
- 乙 인턴은 甲 인턴이 받고 남은 성과급의 1/2보다 10만 원을 더 받았다.
- 丙 인턴은 乙 인턴이 받고 남은 성과급의 1/3보다 60만 원을 더 받았다.
- 丁 인턴은 丙 인턴이 받고 남은 성과급의 1/2보다 70만 원을 더 받았다.

① 860만 원
② 900만 원
③ 940만 원
④ 960만 원
⑤ 1,020만 원

11 김정은과 시진핑은 양국의 우정을 돈독히 하기 위해 함께 서울에 방문하여 용산역에서 목포역까지 열차를 활용한 우정 휴가를 계획하고 있다. 아래의 표는 인터넷 사용법에 능숙한 김정은과 시진핑이 서울—목포 간 열차종류 및 이에 해당하는 요소들을 배치해 알아보기 쉽게 도표화한 것이다. 아래의 표를 참조하여 이 둘이 선택할 수 있는 대안(열차종류)을 보완적 방식을 통해 고르면 어떠한 열차를 선택하게 되겠는가? (단, 각 대안에 대한 최종결과 값 수치에 대한 반올림은 없는 것으로 한다.)

평가 기준	중요도	열차 종류				
		KTX 산천	ITX 새마을	무궁화호	ITX 청춘	누리로
경제성	60	3	5	4	6	6
디자인	40	9	7	2	4	5
서비스	20	8	4	3	4	4

① ITX 새마을
② ITX 청춘
③ 무궁화호
④ 누리로
⑤ KTX 산천

12 다음 주어진 〈상황〉을 근거로 판단할 때, ○○씨가 지원받을 수 있는 주택보수비용의 최대 액수는?

- 주택을 소유하고 해당 주택에 거주하는 가구를 대상으로 주택 노후도 평가를 실시하여 그 결과(경·중·대보수)에 따라 다음과 같이 주택보수비용을 지원한다.

[주택보수비용 지원 내용]

구분	경보수	중보수	대보수
보수항목	도배 또는 장판	수도시설 또는 난방시설	지붕 또는 기둥
주택당 보수비용 지원한도액	350만 원	650만 원	950만 원

- 소득인정액에 따라 위 보수비용 지원한도액의 80~100% 차등 지원

구분	중위소득 25% 미만	중위소득 25% 이상 35% 미만	중위소득 35% 이상 43% 미만
지원율	100%	90%	80%

〈상황〉

○○씨는 현재 거주하고 있는 A주택의 소유자이며, 소득인정액이 중위 40%에 해당한다. A주택 노후도 평가 결과, 지붕의 수선이 필요한 주택보수비용 지원 대상에 선정되었다.

① 520만 원
② 650만 원
③ 760만 원
④ 855만 원
⑤ 950만 원

13 다음 〈그림〉은 연도별 연어의 포획량과 회귀율을 나타낸 것이다. 이에 대한 설명 중 옳지 않은 것은?

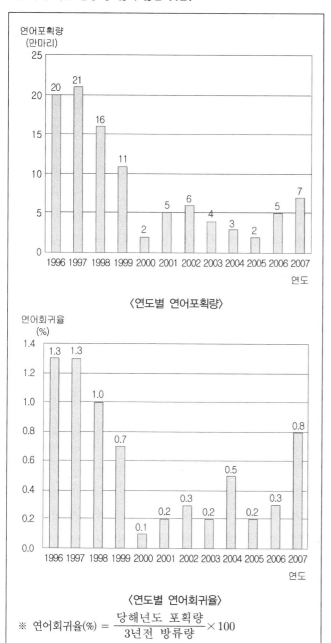

〈연도별 연어포획량〉

〈연도별 연어회귀율〉

$$※\ 연어회귀율(\%) = \frac{당해년도\ 포획량}{3년전\ 방류량} \times 100$$

① 1999년도와 2000년도의 연어방류량은 동일하다.

② 연어포획량이 가장 많은 해와 가장 적은 해의 차이는 20만 마리를 넘지 않는다.

③ 연어회귀율은 증감을 거듭하고 있다.

④ 2004년도 연어방류량은 1,500만 마리가 넘는다.

⑤ 2000년도는 연어포획량이 가장 적고, 연어회귀율도 가장 낮다.

14 다음은 C지역의 알코올 질환 환자 동향에 관한 자료이다. 이를 참고하여 글로 정리할 때, 다음 빈칸에 들어갈 적절한 것을 구하면?

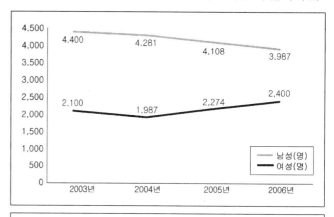

C지역의 음주 관련 범죄가 날로 심해지자 시 차원에서 알코올 질환 환자를 대상으로 프로그램을 실시했다. 프로그램 시행 첫 해인 2003년의 알코올 질환 환자는 남성이 여성보다 ㉠___명 더 많았다. 2004년의 알코올 질환 환자 수는 전년 대비 남성과 여성 모두 100명 이상 ㉡___하였다. 2005년의 알코올 질환 환자 수는 남성은 전년 대비 173명이 감소하였지만, 여성은 전년 대비 287명이 ㉢___하였다. 2003년부터 2006년까지 4년간 알코올 질환 환자 동향을 평가하면, 2003년 대비 2006년의 남성 알코올 질환 환자는 413명 감소하였지만, 여성 알코올 질환 환자는 ㉣___명 증가하였다. 따라서 이 프로그램은 남성에게는 매년 효과가 있었지만 여성에게는 두 번째 해를 제외하면 효과가 없었다고 볼 수 있다.

	㉠	㉡	㉢	㉣
①	2,200	감소	증가	200
②	2,300	감소	증가	300
③	2,400	감소	감소	400
④	2,500	증가	감소	500
⑤	2,600	증가	감소	600

구분	계약자	계약기간	수량	계약방법
조례시설물	580	–	–	–
음료수 자판기	4명	13.12.23~ 19.01.20	4역 4대	공모 추첨
	9명	14.03.01~ 19.02.28	9역 9대	
	215명	14.10.01~ 19.09.30	112역 215대	
	185명	15.07.25~ 20.08.09	137역 185대	
	5명	14.03.01~ 19.02.28	5역 5대	
통합 판매대	5명	14.03.01~ 19.02.28	5역 5대	
	90명	14.10.01~ 19.09.30	60역 90대	
	40명	15.07.26~ 20.08.09	34역 40대	
스낵 자판기	25명	13.12.23~ 19.01.20	24역 25대	
	3명	15.08.03~ 20.08.09	3역 3대	
일반시설물	7명	–	5종 1219대	–
현금 인출기	㈜○○러스	16.01.22~ 21.01.21	114역 228대	공개 경쟁 입찰
	㈜○○링크	13.04.29~ 18.07.28	155역 184대	
위생용품 자동판매기	㈜○○실업	13.10.14~ 18.10.31	117역 129대	
		14.06.30~ 19.08.29	144역 149대	
스낵 자판기	㈜○○시스	14.01.02~ 19.01.01	106역 184대	
자동칼라 사진기	㈜○○양행	17.07.10~ 20.06.01	91역 91대	
		15.03.02~ 20.06.01	100역 100대	
무인택배 보관함	㈜○○새누	12.03.06~ 17.12.31	98역 154개소	
물품보관 ·전달함	㈜○○박스	15.11.10~ 18.11.09	151역 157개소	협상에 의한 계약

15 공모추첨을 통해 계약한 시설물 중 가장 많은 계약자를 기록하고 있는 시설물은?

① 조례시설물　　　　② 음료수자판기
③ 통합판매대　　　　④ 스낵자판기
⑤ 일반시설물

16 2019년에 계약이 만료되는 계약자는 총 몇 명인가? (단, 단일 계약자는 제외한다.)

① 353　　　　② 368
③ 371　　　　④ 385
⑤ 392

〈연도별 수출실적〉

(단위 : 천 달러, %)

구분	2016년	2017년
합계	128,994	155,292
1차 산품	68,685	61,401
농산물	24,530	21,441
수산물	41,996	38,555
축산물	2,159	1,405
공산품	60,309	93,891

〈부문별 수출실적〉

(단위 : 천 달러, %)

구분		농산물	수산물	축산물	공산품
2013년	금액	27,895	50,868	1,587	22,935
	비중	27.0	49.2	1.5	22.2
2014년	금액	23,905	41,088	1,086	40,336
	비중	22.5	38.6	1.0	37.9
2015년	금액	21,430	38,974	1,366	59,298
	비중	17.7	32.2	1.1	49.0
2016년	금액	24,530	41,996	2,159	60,309
	비중	19.0	32.6	1.7	46.7
2017년	금액	21,441	38,555	1,405	93,891
	비중	13.8	24.8	0.9	60.5

17 위의 자료에 대한 올바른 설명을 〈보기〉에서 모두 고른 것은 어느 것인가?

〈보기〉
(가) 2016년과 2017년의 수산물 수출실적은 1차 산품에서 50%
~60%의 비중을 차지한다.
(나) 2013년~2017년 기간 동안 수출실적의 증감 추이는 농산물
과 수산물이 동일하다.
(다) 2013년~2017년 기간 동안 농산물, 수산물, 축산물, 공산품
의 수출실적 순위는 매년 동일하다.
(라) 2013년~2017년 기간 동안 전체 수출실적은 매년 꾸준히
증가하였다.

① (가), (나)

② (나), (라)

③ (다), (라)

④ (가), (나), (다)

⑤ (나), (다), (라)

18 다음 중 2013년 대비 2017년의 수출금액 감소율이 가장 큰 1차 산품부터 순서대로 올바르게 나열한 것은 어느 것인가?

① 농산물 > 축산물 > 수산물

② 농산물 > 수산물 > 축산물

③ 수산물 > 농산물 > 축산물

④ 수산물 > 축산물 > 농산물

⑤ 축산물 > 수산물 > 농산물

19 다음 제시된 조건을 보고, 만일 영호와 옥숙을 같은 날 보낼 수 없다면, 목요일에 보내야 하는 남녀사원은 누구인가?

영업부의 박 부장은 월요일부터 목요일까지 매일 남녀 각한 명씩 두 사람을 회사 홍보 행사 담당자로 보내야 한다. 영업부에는 현재 남자 사원 4명(길호, 철호, 영호, 치호)과 여자사원 4명(영숙, 옥숙, 지숙, 미숙)이 근무하고 있으며, 다음과같은 제약 사항이 있다.

㉠ 매일 다른 사람을 보내야 한다.
㉡ 치호는 철호 이전에 보내야 한다.
㉢ 옥숙은 수요일에 보낼 수 없다.
㉣ 철호와 영숙은 같이 보낼 수 없다.
㉤ 영숙은 지숙과 미숙 이후에 보내야 한다.
㉥ 치호는 영호보다 앞서 보내야 한다.
㉦ 옥숙은 지숙 이후에 보내야 한다.
㉧ 길호는 철호를 보낸 바로 다음 날 보내야 한다.

① 길호와 영숙

② 영호와 영숙

③ 치호와 옥숙

④ 길호와 옥숙

⑤ 영호와 미숙

20 다음을 보고 옳은 것을 모두 고르면?

서울교통공사에서 문건 유출 사건이 발생하여 관련자 다섯 명을 소환하였다. 다섯 명의 이름을 편의상 갑, 을, 병, 정, 무라 부르기로 한다. 다음은 관련자들을 소환하여 조사한 결과참으로 밝혀진 내용들이다.
㉠ 소환된 다섯 명이 모두 가담한 것은 아니다.
㉡ 갑이 가담했다면 을도 가담했고, 갑이 가담하지 않았다면
을도 가담하지 않았다.
㉢ 을이 가담했다면 병이 가담했거나 갑이 가담하지 않았다.
㉣ 갑이 가담하지 않았다면 정도 가담하지 않았다.
㉤ 정이 가담하지 않았다면 갑이 가담했고 병은 가담하지 않았다.
㉥ 갑이 가담하지 않았다면 무도 가담하지 않았다.
㉦ 무가 가담했다면 병은 가담하지 않았다.

① 가담한 사람은 갑, 을, 병 세 사람뿐이다.

② 가담하지 않은 사람은 무 한 사람뿐이다.

③ 가담한 사람은 을과 병 두 사람뿐이다.

④ 가담한 사람은 병과 정 두 사람뿐이다.

⑤ 가담한 사람은 갑, 을, 병, 무 이렇게 네 사람이다.

21 다음 글을 근거로 판단할 때, 〈보기〉에서 옳은 것만을 모두 고르면?

- 서울교통공사는 2020년부터 역사를 신축할 때는 새롭게 개정된 「화장실 위생기구 설치기준」에 따라 위생기구(대변기 또는 소변기)를 설치하고자 한다.
- 남자 화장실에는 위생기수가 짝수인 경우 대변기와 소변기를 절반씩 나누어 설치하고, 홀수인 경우 대변기를 한 개 더 많게 설치한다. 여자 화장실에는 모두 대변기를 설치한다.
- 화장실 위생기구 설치기준

기준	시간당 평균 화장실 이용 인구 수 (명/성별당)	위생기구 수(개)
A	1~9	1
	10~35	2
	36~55	3
	56~80	4
	81~110	5
	111~150	6
B	1~15	1
	16~40	2
	41~75	3
	76~150	4
C	1~50	2
	51~100	3
	101~150	4

〈보기〉

㉠ 시간당 평균 화장실 이용 인구가 남자 30명, 여자 30명일 경우, A기준과 B기준에 따라 설치할 위생기구 수는 같다.

㉡ 시간당 평균 화장실 이용 인구가 남자 50명, 여자 40명일 경우, B기준에 따라 설치할 남자 화장실과 여자 화장실의 대변기 수는 같다.

㉢ 시간당 평균 화장실 이용 인구가 남자 80명과 여자 80명일 경우, A기준에 따라 설치할 소변기는 총 4개이다.

㉣ 남자 화장실 이용 인구가 남자 150명과 여자 100명일 경우, C기준에 따라 설치할 대변기는 총 5개이다.

① ㉠, ㉡
② ㉡, ㉢
③ ㉠, ㉡, ㉢
④ ㉠, ㉡, ㉣
⑤ ㉠, ㉢, ㉣

┃22~23┃ 다음은 C공공기관의 휴가 규정이다. 이를 보고 이어지는 물음에 답하시오.

휴가종류		휴가사유	휴가일수
연가		정신적, 육체적 휴식 및 사생활 편의	재직기간에 따라 3~21일
병가		질병 또는 부상으로 직무를 수행할 수 없거나 전염병으로 다른 직원의 건강에 영향을 미칠 우려가 있을 경우	-일반병가 : 60일 이내 -공적병가 : 180일 이내
공가		징병검사, 동원훈련, 투표, 건강검진, 헌혈, 천재지변, 단체교섭 등	공가 목적에 직접 필요한 시간
특별 휴가	경조사 휴가	결혼, 배우자 출산, 입양, 사망 등 경조사	대상에 따라 1~20일
	출산 휴가	임신 또는 출산 직원	출산 전후 총 90일(한 번에 두 자녀 출산 시 120일)
	여성보건 휴가	매 생리기 및 임신한 여직원의 검진	매월 1일
	육아시간 및 모성보호 시간 휴가	생후 1년 미만 유아를 가진 여직원 및 임신 직원	1일 1~2시간
	유산·사산 휴가	유산 또는 사산한 경우	임신기간에 따라 5~90일
	불임치료 휴가	불임치료 시술을 받는 직원	1일
	수업 휴가	한국방송통신대학에 재학 중인 직원 중 연가일수를 초과하여 출석 수업에 참석 시	연가일수를 초과하는 출석수업 일수
	재해 구호 휴가	풍수해, 화재 등 재해피해 직원 및 재해지역 자원봉사 직원	5일 이내
	성과우수 자 휴가	직무수행에 탁월한 성과를 거둔 직원	5일 이내
	장기재직 휴가	10~19년, 20~29년, 30년 이상 재직자	10~20일
	자녀 입대 휴가	군 입대 자녀를 둔 직원	입대 당일 1일
	자녀 돌봄 휴가	어린이집~고등학교 재학 자녀를 둔 직원	2일(3자녀인 경우 3일)

※ 휴가일수의 계산
- 연가, 병가, 공가 및 특별휴가 등의 휴가일수는 휴가 종류별로 따로 계산

- 반일연가 등의 계산
- 반일연가는 14시를 기준으로 오전, 오후로 사용, 1회 사용을 4시간으로 계산
- 반일연가 2회는 연가 1일로 계산
- 지각, 조퇴, 외출 및 반일연가는 별도 구분 없이 계산, 누계 8시간을 연가 1일로 계산하고, 8시간 미만의 잔여시간은 연가일수 미산입

22 다음 중 위의 휴가 규정에 대한 올바른 설명이 아닌 것은?

① 출산휴가와 육아시간 및 모성보호시간 휴가는 출산한 여성이 사용할 수 있는 휴가다.

② 15세 이상 자녀가 있는 경우에도 자녀를 돌보기 위하여 휴가를 사용할 수 있다.

③ 재직기간에 따라 휴가 일수가 달라지는 휴가 종류는 연가밖에 없다.

④ 징병검사나 동원훈련에 따른 휴가 일수는 정해져 있지 않다.

⑤ 30년 이상 재직한 직원의 최대 장기재직 특별휴가 일수는 20일이다.

23 C공공기관에 근무하는 T대리는 지난 1년간 다음과 같은 근무기록을 가지고 있다. 다음 기록만을 참고할 때, T대리의 연가 사용일수에 대한 올바른 설명은?

T대리는 지난 1년간 개인적인 용도로 외출 16시간을 사용하였다. 또한, 반일연가 사용횟수는 없으며, 인사기록지에는 조퇴가 9시간, 지각이 5시간이 각각 기록되어 있다.

① 연가를 4일 사용하였다.

② 연가를 4일 사용하였으며, 외출이 1시간 추가되면 연가일수가 5일이 된다.

③ 연가를 3일 사용하였다.

④ 연가를 3일 사용하였으며, 외출이 2시간 추가되어도 연가일수가 추가되지 않는다.

⑤ 연가를 3일과 반일연가 1회를 사용하였다.

|24~25| 다음은 김치냉장고 매뉴얼 일부이다. 물음에 답하시오.

〈김치에 대한 잦은 질문〉

구분	확인 사항
김치가 얼었어요.	• 김치 종류, 염도에 따라 저장하는 온도가 다르므로 김치의 종류를 확인하여 주세요. • 저염김치나 물김치류는 얼기 쉬우므로 '김치저장-약냉'으로 보관하세요.
김치가 너무 빨리 시어요.	• 저장 온도가 너무 높지 않은지 확인하세요. 저염김치의 경우는 낮은 온도에서는 얼 수 있으므로 빨리 시어지더라도 '김치저장-약냉'으로 보관하세요. • 김치를 담글 때 양념을 너무 많이 넣으면 빨리 시어질 수 있습니다.
김치가 변색되었어요.	• 김치를 담글 때 물빼기가 덜 되었거나 숙성되며 양념이 어우러지지 않아 발생할 수 있습니다. • 탈색된 김치는 효모 등에 의한 것이므로 걷어내고, 김치 국물에 잠기도록 하여 저장하세요.
김치 표면에 하얀 것이 생겼어요.	• 김치 표면이 공기와 접촉하면서 생길 수 있으므로 보관 시 공기가 닿지 않도록 우거지를 덮고 소금을 뿌리거나 위생비닐로 덮어주세요. • 김치를 젖은 손으로 꺼내지는 않으시나요? 외부 수분이 닿을 경우에도 효모가 생길 수 있으니 마른 손 혹은 위생장갑을 사용해 주시고, 남은 김치는 꾹꾹 눌러 국물에 잠기도록 해주세요. • 효모가 생긴 상태에서 그대로 방치하면 더 번질 수 있으며, 김치를 무르게 할 수 있으므로 생긴 부분은 바로 제거해 주세요. • 김치냉장고에서도 시간이 경과하면 발생할 수 있습니다.
김치가 물러졌어요.	• 물빼기가 덜 된 배추를 사용할 경우 혹은 덜 절여진 상태에서 공기에 노출되거나 너무 오래절일 경우 발생할 수 있습니다. 저염 김치의 경우에서 빈번하게 발생하므로 적당히 간을 하는 것이 좋습니다. 또한 설탕을 많이 사용할 경우에도 물러질 수 있습니다. • 무김치의 경우는 무를 너무 오래 절이면 무에서 많은 양의 수분이 빠져나오게 되어 물러질 수 있습니다. 절임 시간은 1시간을 넘지 않도록 하세요. • 김치 국물에 잠긴 상태에서 저장하는 것이 중요합니다. 특히 저염 김치의 경우는 주의해주세요.

김치에서 이상한 냄새가 나요.	• 초기에 마늘, 젓갈 등의 양념에 의해 발생할 수 있으나 숙성되면서 점차 사라질 수 있습니다. 마늘, 양파, 파를 많이 넣으면 노린내나 군덕내가 날 수 있으니 적당히 넣어주세요. • 발효가 시작되지 않은 상태에서 김치냉장고에 바로 저장할 경우 발생할 수 있습니다. • 김치가 공기와 많이 접촉했거나 시어지면서 생기는 효모가 원인이 될 수 있습니다. • 김치를 담근 후 공기와의 접촉을 막고, 김치를 약간 맛들인 상태에서 저장하면 예방할 수 있습니다.	
김치에서 쓴맛이 나요.	• 김치가 숙성되기 전에 나타날 수 있는 현상으로, 숙성되면 줄거나 사라질 수 있습니다. • 품질이 좋지 않은 소금이나 마그네슘 함량이 높은 소금으로 배추를 절였을 경우에도 쓴맛이 날 수 있습니다. • 열무김치의 경우, 절인 후 씻으면 쓴맛이 날 수 있으므로 주의하세요.	
배추에 양념이 잘 배지 않아요.	• 김치를 담근 직후 바로 낮은 온도에 보관하면 양념이 잘 배지 못하므로 적당한 숙성을 거쳐 보관해 주세요.	

24 다음 상황에 적절한 확인 사항으로 보기 어려운 것은?

> 나영씨는 주말에 김치냉장고에서 김치를 꺼내고는 이상한 냄새에 얼굴을 찌푸렸다. 담근 지 세 달 정도 지났는데도 잘 익은 김치냄새가 아닌 꿉꿉한 냄새가 나서 어떻게 처리해야 할지 고민이다.

① 초기에 마늘, 양파, 파를 많이 넣었는지 확인한다.
② 발효가 시작되지 않은 상태에서 김치냉장고에 바로 넣었는지 확인한다.
③ 김치가 공기와 많이 접촉했는지 확인한다.
④ 김치를 젖은 손으로 꺼냈는지 확인한다.
⑤ 시어지면서 생기는 효모가 원인인지 확인한다.

25 위 매뉴얼을 참고하여 확인할 수 없는 사례는?

① 쓴 맛이 나는 김치
② 양념이 잘 배지 않는 배추
③ 김치의 나트륨 문제
④ 물러진 김치
⑤ 겉면에 하얀 것이 생긴 김치

▌26~27▐ S공사는 창립 10주년을 기념하기 위하여 A센터 공연장에서 창립기념 행사와 함께 사내 음악회를 대대적으로 열고자 한다. 다음은 행사 진행 담당자인 총무팀 조 대리가 A센터로부터 받은 공연장의 시설 사용료 규정이다. 이를 보고 이어지는 물음에 답하시오.

〈기본시설 사용료〉

시설명	사용목적	사용기준	사용료(원) 대공연장	사용료(원) 아트 홀	비고
공연장	대중음악 일반행사 기타	오전 1회 (09:00 ~12:00)	800,000	120,000	1. 토요일 및 공휴일은 30% 가산 2. 미리 공연을 위한 무대 설치 후 본 공연(행사)까지 시설사용을 하지 않을 경우, 2시간 기준 본 공연 기본 사용료의 30% 징수 3. 1회당 시간 초과 시 시간 당 대공연장 100,000원 아트 홀 30,000원 징수 4. 대관료 감면 대상 공연 시 사용료 중 전기·수도료는 감면혜택 없음
		오후 1회 (13:00 ~17:00)	900,000	170,000	
		야간 1회 (18:00 ~22:00)	950,000	190,000	
	클래식 연주회 연극 무용 창극 뮤지컬 오페라 등	오전 1회 (09:00 ~12:00)	750,000	90,000	
		오후 1회 (13:00 ~17:00)	800,000	140,000	
		야간 1회 (18:00 ~22:00)	850,000	160,000	
전시실	전시 (1층 및 2층)	1일 (10:00 ~18:00)	150,000		※ 1일 : 8시간 기준(전기·수도료 포함)이며, 토요일 및 공휴일 사용료는 공연장과 동일 규정 적용

26 조 대리가 총무팀장에게 시설 사용료 규정에 대하여 보고한 다음 내용 중 규정을 올바르게 이해하지 못한 것은?

① "공연 내용에 따라 사용료가 조금 차이가 나고요, 공연을 늦은 시간에 할수록 사용료가 비쌉니다."

② "아무래도 오후에 대공연장에서 열리는 창립기념행사가 가장 중요한 일정일 테니 아침 9시쯤부터 무대 장치를 준비해야겠어요. 2시간이면 준비가 될 거고요, 사용료 견적은 평일이니까 900,000원으로 받았습니다.

③ "전시실을 토요일에 사용하게 된다면 하루에 8시간 사용이 가능하며 사용료가 195,000원이네요."

④ "홍보팀에서 클래식 연주를 2시간 정도 계획하고 있다고 하던데요, 평일 오후에 소규모 공연장으로 일정이 잡히면 사용료는 140,000원이 나옵니다."

⑤ "토요일 야간에 대공연장에서 3시간짜리 오페라 공연을 하려면 사용료만 1,000,000원을 초과하네요."

27 조 대리의 보고를 받은 총무팀장은 다음과 같은 지시사항을 전달하였다. 다음 중 팀장의 지시를 받은 조 대리가 판단한 내용으로 적절하지 않은 것은 어느 것인가?

> "조 대리, 이번 행사는 전 임직원뿐 아니라 외부에서 귀한 분들도 많이 참석을 하게 되니까 준비를 잘 해야 되네. 이틀간 진행될 거고 금요일은 임직원들 위주, 토요일은 가족들과 외부 인사들이 많이 방문할 거야. 금요일엔 창립기념행사가 오후에 있을 거고, 업무 시간 이후 저녁엔 사내 연극 동아리에서 준비한 멋진 공연이 있을 거야. 연극 공연은 조그만 홀에서 진행해도 될 걸세. 그리고 창립기념행사 후에 우수 직원 표창이 좀 길어질 수도 있으니 아예 1시간 정도 더 예약을 해 두게.
>
> 토요일은 임직원 가족들 사진전이 있을 테니 1개 층에서 전시가 될 수 있도록 준비해 주고, 홍보팀 클래식 기타 연주회가 야간 시간으로 일정이 확정되었으니 그것도 조그만 홀로 미리 예약을 해 두어야 하네."

① '전시를 1개 층만 사용하면 혹시 전시실 사용료가 감액되는지 물어봐야겠군.'

② '와우, 총 시설 사용료가 200만 원을 훌쩍 넘겠군.'

③ '토요일 사진전엔 아이들도 많이 올 텐데 전기·수도료를 따로 받지 않으니 그건 좀 낫군.'

④ '사진전 시설 사용료가 연극 동아리 공연 시설 사용료보다 조금 더 비싸군.'

⑤ '우수 직원 표창을 위해 1시간 더 예약하면 10만 원이 추가되겠네.'

28 서울교통공사는 서울지하철 1~8호선, 9호선 2·3단계 구간(290역, 313.7km)을 운영하는 세계적 수준의 도시철도 운영기관으로서, 하루 600만 명이 넘는 시민에게 안전하고 편리한 도시철도 서비스를 제공하고 있는 공기업이다. 다음 중 서울교통공사에서 수행하는 사업의 범위에 해당하지 않는 것은?

① 도시철도 건설·운영에 따른 도시계획사업

② 「도시철도법」에 따른 도시철도부대사업

③ 시각장애인 등 교통약자를 위한 시설의 개선과 확충

④ 도시철도와 다른 교통수단의 연계수송을 위한 각종 시설의 건설·운영

⑤ 기존 버스운송사업자의 노선과 중복되는 버스운송사업

29 다음에서 설명하고 있는 것은 서울교통공사의 공사이미지 중 무엇에 대한 내용인가?

> 누구나 안전하고 행복하게 이용할 수 있는 서울교통공사가 될 수 있도록 최선을 다하겠습니다.
> 장난꾸러기 지하철 친구
> "또타"
> 또, 또, 타고 싶은 서울지하철!
> 시민들에게 어떻게 웃음을 주나 늘 고민하는 장난꾸러기 친구, "또타"를 소개합니다.
>
> 서울교통공사의 공식 캐릭터 "또타"는 시민 여러분과 늘 함께하는 서울지하철의 모습을 밝고 유쾌한 이미지로 표현합니다.
>
> 전동차 측면 모양으로 캐릭터 얼굴을 디자인하여 일상적으로 이용하는 대중교통수단의 모습을 참신한 느낌으로 담아냈고, 메인 컬러로 사용한 파란색은 시민과 공사 간의 두터운 신뢰를 상징하고 있습니다.
>
> 안전하며 편리한 서울지하철, 개구쟁이 "또타"와 함께라면 자꾸만 타고 싶은 즐겁고 행복한 공간이 됩니다.

① 슬로건   ② 캐릭터

③ 로고송   ④ 홍보영화

⑤ 사이버홍보관

30 다음은 「철도안전법」상 운전업무 종사자와 관제업무 종사자의 준수사항이다. 다음 자료를 참고할 때 희재(운전업무 종사자)와 수호(관제업무 종사자)에 대한 설명으로 옳은 것은?

〈운전업무 종사자의 준수사항〉
㉠ 철도차량이 차량정비기지에서 출발하는 경우 다음의 기능에 대하여 이상 여부를 확인할 것
• 운전제어와 관련된 장치의 기능
• 제동장치 기능
• 그 밖에 운전 시 사용하는 각종 계기판의 기능
㉡ 철도차량이 역시설에서 출발하는 경우 여객의 승하차 여부를 확인할 것. 다만, 여객승무원이 대신하여 확인하는 경우에는 그러하지 아니하다.
㉢ 철도신호에 따라 철도차량을 운행할 것
㉣ 철도차량의 운행 중에 휴대전화 등 전자기기를 사용하지 아니할 것. 다만, 다음의 어느 하나에 해당하는 경우로서 철도운영자가 운행의 안전을 저해하지 아니하는 범위에서 사전에 사용을 허용한 경우에는 그러하지 아니하다.
• 철도사고 등 또는 철도차량의 기능장애가 발생하는 등 비상상황이 발생한 경우
• 철도차량의 안전운행을 위하여 전자기기의 사용이 필요한 경우
• 그 밖에 철도운영자가 철도차량의 안전운행에 지장을 주지 아니한다고 판단하는 경우
㉤ 철도운영자가 정하는 구간별 제한속도에 따라 운행할 것
㉥ 열차를 후진하지 아니할 것. 다만, 비상상황 발생 등의 사유로 관제업무 종사자의 지시를 받는 경우에는 그러하지 아니하다.
㉦ 정거장 외에는 정차를 하지 아니할 것. 다만, 정지신호의 준수 등 철도차량의 안전운행을 위하여 정차를 하여야 하는 경우에는 그러하지 아니하다.
㉧ 운행구간의 이상이 발견된 경우 관제업무 종사자에게 즉시 보고할 것
㉨ 관제업무 종사자의 지시를 따를 것

〈관제업무 종사자의 준수사항〉
㉠ 관제업무 종사자는 다음의 정보를 운전업무 종사자, 여객승무원에게 제공하여야 한다.
• 열차의 출발, 정차 및 노선변경 등 열차 운행의 변경에 관한 정보
• 열차 운행에 영향을 줄 수 있는 다음의 정보
–철도차량이 운행하는 선로 주변의 공사·작업의 변경 정보
–철도사고등에 관련된 정보
–재난 관련 정보
–테러 발생 등 그 밖의 비상상황에 관한 정보
㉡ 철도사고 등이 발생하는 경우 여객 대피 및 철도차량 보호 조치 여부 등 사고현장 현황을 파악할 것
㉢ 철도사고 등의 수습을 위하여 필요한 경우 다음의 조치를 할 것
• 사고현장의 열차운행 통제
• 의료기관 및 소방서 등 관계기관에 지원 요청

• 사고 수습을 위한 철도종사자의 파견 요청
• 2차 사고 예방을 위하여 철도차량이 구르지 아니하도록 하는 조치 지시
• 안내방송 등 여객 대피를 위한 필요한 조치 지시
• 전차선(電車線, 선로를 통하여 철도차량에 전기를 공급하는 장치를 말한다)의 전기공급 차단 조치
• 구원(救援)열차 또는 임시열차의 운행 지시
• 열차의 운행간격 조정

① 희재는 차량정비기지에서 자신이 운전하는 철도 차량의 2가지 기능의 이상여부를 확인 후 출발하였다.
② 철도차량의 기능 고장에 따른 비상상황에서도 희재는 핸드폰을 사용할 수 없다.
③ 철도사고의 수습을 위하여 필요한 경우 희재는 전차선의 전기공급 차단 조치를 해야 한다.
④ 수호는 운행구간의 이상이 발생하면 희재에게 보고해야 한다.
⑤ 비상상황에 따른 수호의 지시가 있을 경우 희재는 열차를 후진할 수 있다.

|31~32| 다음은 서울교통공사의 조직도이다. 물음에 답하시오.

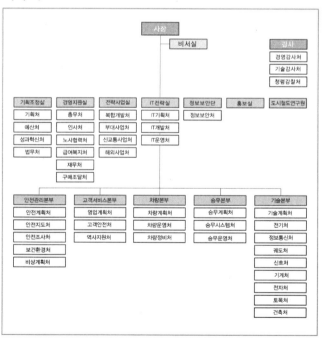

31 위 조직도를 참고하여 다음 빈칸에 들어갈 말로 적절한 것은?

> 서울교통공사는 (㉠)개의 실과 5개의 본부, (㉡)개의 처로 이루어져 있다.

	㉠	㉡
①	8	42
②	7	43
③	6	44
④	5	45
⑤	4	46

32 다음 중 조직도를 올바르게 이해한 사람을 고르면?

> ㉠ 진우 : 승무계획처, 역사지원처, 보건환경처는 본부 소속이다.
> ㉡ 수향 : 경영감사처, 기술감사처, 정보보안처는 같은 소속이다.
> ㉢ 진두 : 노사협력처, 급여복지처, 성과혁신처는 같은 소속이다.
> ㉣ 상우 : 도시철도연구원 아래 안전계획처와 안전지도처가 있다.
> ㉤ 연경 : 홍보실 아래 영업계획처, 해외사업처가 있다.

① 진우   ② 수향
③ 진두   ④ 상우
⑤ 연경

33 다음은 엑셀 함수의 사용에 따른 결과 값을 나타낸 것이다. 옳은 값을 모두 고른 것은?

> ㉠ =ROUND(2.145, 2) → 2.15
> ㉡ =MAX(100, 200, 300) → 200
> ㉢ =IF(5 > 4, "보통", "미달") → 미달
> ㉣ =AVERAGE(100, 200, 300) → 200

① ㉠, ㉡   ② ㉠, ㉣
③ ㉡, ㉢   ④ ㉡, ㉣
⑤ ㉢, ㉣

34 다음 파일/폴더에 관한 특징 중, 올바른 설명을 모두 고른 것은?

> ㈎ 파일은 쉼표(,)를 이용하여 파일명과 확장자를 구분한다.
> ㈏ 폴더는 일반 항목, 문서, 사진, 음악, 비디오 등의 유형을 선택하여 각 유형에 최적화된 폴더로 사용할 수 있다.
> ㈐ 파일/폴더는 새로 만들기, 이름 바꾸기, 삭제, 복사 등이 가능하며, 파일이 포함된 폴더도 삭제할 수 있다.
> ㈑ 파일/폴더의 이름에는 ₩, /, :, *, ?, ", 〈, 〉 등의 문자는 사용할 수 없으며, 255자 이내로(공백 미포함) 작성할 수 있다.
> ㈒ 하나의 폴더 내에 같은 이름의 파일이나 폴더가 존재할 수 없다.
> ㈓ 폴더의 '속성' 창에서 해당 폴더에 포함된 파일과 폴더의 개수를 확인할 수 있다.

① ㈏, ㈐, ㈑, ㈒
② ㈎, ㈑, ㈒, ㈓
③ ㈏, ㈐, ㈒, ㈓
④ ㈎, ㈏, ㈑, ㈒
⑤ ㈏, ㈑, ㈒, ㈓

35 다음과 같은 도표의 C6 셀에 제시된 바와 같은 수식을 넣을 경우 나타나게 될 오류 메시지는 다음 중 어느 것인가?

	A	B	C
1	직급	이름	수당(원)
2	과장	홍길동	750,000
3	대리	조길동	600,000
4	차장	이길동	830,000
5	사원	박길동	470,000
6	합계		=SUM(C2:C6)

① #NUM!
② #VALUE!
③ #DIV/0!
④ 순환 참조 경고
⑤ #N/A

36 다음은 B사의 어느 시점 경영 상황을 나타내고 있는 자료이다. 다음 자료를 보고 판단한 의견 중 적절하지 않은 것은?

계정과목		금액(단위 : 백만 원)
1. 매출액		5,882
2. 매출원가		4,818
상품매출원가		4,818
3. 매출총이익		1,064
4. 판매/일반관리비		576
직접비용	직원급여	256
	복리후생비	56
	보험료	3.7
	출장비	5.8
	시설비	54
간접비용	지급임차료	44
	통신비	2.9
	세금과공과	77
	잡비	4.5
	여비교통비	3.8
	장비구매비	6
	사무용품비	0.3
	소모품비	1
	광고선전비	33
	건물관리비	28
5. 영업이익		488

① 영업이익이 해당 기간의 최종 순이익이라고 볼 수 없다.

② 여비교통비는 직접비용에 포함되어야 한다.

③ 위와 같은 표는 특정한 시점에서 그 기업의 자본 상황을 알 수 있는 자료이다.

④ 매출원가는 기초재고액에 당기 제조원가를 합하고 기말 재고액을 차감하여 산출한다.

⑤ 지급보험료는 간접비용에 포함되어야 한다.

┃37~38┃ 다음은 명령어에 따른 도형의 변화에 관한 설명이다. 물음에 답하시오.

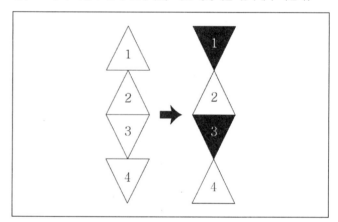

〈명령어〉	
명령어	도형의 변화
□	1번과 2번을 180도 회전시킨다.
■	1번과 3번을 180도 회전시킨다.
◇	2번과 3번을 180도 회전시킨다.
◆	2번과 4번을 180도 회전시킨다.
○	1번과 3번의 작동상태를 다른 상태로 바꾼다. (숫자 → 숫자)
●	2번과 4번의 작동상태를 다른 상태로 바꾼다. (숫자 → 숫자)

37 도형이 다음과 같이 변하려면, 어떤 명령어를 입력해야 하는가?

① □ ◆ ○

② ■ ◇ ●

③ ○ ◇ ◆

④ ◆ ◇ ■

⑤ ◇ ■ □

38 다음 상태에서 명령어 ◆■●○을 입력한 경우의 결과로 적절한 것은?

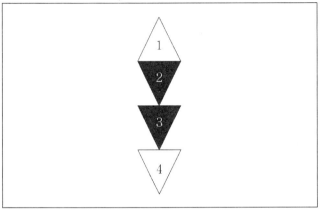

①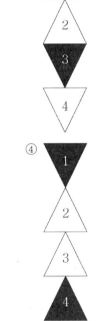

②

③

④

⑤

39 철도 관련 소기업 G사의 사장은 최근 경영상황이 악화되었으나 스마트 트레인과 관련하여 자사가 가지고 있는 기술을 활용할 수 있음을 확인하고 지금의 위기 상황을 탈출하기 위한 방침을 설명하며 절대 사기를 잃지 말 것을 주문하고자 한다. 다음 중 G사의 사장이 바람직한 리더로서 직원들에게 해야 할 연설의 내용으로 적절하지 않은 것은?

① "지금의 어려움뿐 아니라 항상 미래의 지향점을 잊지 않고 반드시 이 위기를 극복하겠습니다."

② "여러분들이 해 주어야 할 일들을 하나하나 제가 지시하기보다 모두가 자발적으로 우러나오는 마음을 가질 수 있는 길이 무엇인지 고민할 것입니다."

③ "저는 어떠한 일이 있어도 위험이 따르는 도전을 거부할 것이니 모두들 안심하고 업무에 만전을 기해주시길 바랍니다."

④ "우리 모두 지금 상황에 안주하지 말고 도전과 혁신을 위해 지속적으로 노력해야 합니다."

⑤ "저는 이 난관을 극복하기 위해 당면한 과제를 어떻게 해결할까 하는 문제보다 무엇을 해야 하는지에 집중하며 여러분을 이끌어 나가겠습니다."

40 직장 내에서의 성희롱 문제는 많은 부분 성희롱의 판단 기준에 대한 확실한 인식 부족에서 기인하기도 한다. 다음 중, 성희롱에 대한 인식과 그 판단 기준으로 적절하지 않은 것은?

① 성희롱은 행위자가 성적 의도를 가지고 한 행동이냐 아니냐를 밝혀내는 것이 가장 중요한 판단 기준으로 인정된다.

② 피해자와 비슷한 조건과 상황에 있는 사람이 피해자의 입장이라면 문제가 되는 성적 언동에 대해 어떻게 반응했을까를 함께 고려하여야 한다.

③ 성적 수치심은 성적 언동 등으로 인해 피해자가 느끼는 불쾌한 감정으로 그 느낌은 행위자가 아닌 피해자의 관점을 기초로 판단되어야 한다.

④ 성적 언동 및 요구는 신체의 접촉이나 성적인 의사표현 뿐만 아니라 성적 함의가 담긴 모든 언행과 요구를 말한다.

⑤ 성희롱은 「남녀차별금지 및 구제에 관한 법률」과 「남녀고용평등법」 등에 명문화 되어 있다.

1 다음 중 궤도의 구성 요소에 해당하지 않는 것은?

① 레일
② 침목
③ 도상
④ 노반
⑤ 레일 이음매

2 궤도구조의 구비 조건으로 옳지 않은 것은?

① 차량의 동요와 진동이 적고 승차감이 양호해야 한다.
② 열차하중을 시공기면 아래의 노반에 부분적으로 집중되도록 전달해야 한다.
③ 차량의 원활한 주행과 안전이 확보되어야 한다.
④ 열차의 충격에 견딜 수 있는 강한 재료여야 한다.
⑤ 궤도의 틀림이 적고 열화 진행은 완만해야 한다.

3 다음 중 레일의 길이 제한 이유로 옳지 않은 것은?

① 온도신축에 따른 이음매 유간의 제한
② 레일 구조상의 제한
③ 운반 및 보수작업상의 제한
④ 레일 길이와 차량의 고유진동주기와의 관계
⑤ 레일의 이음매수 증가

4 레일 이음매판에 대한 설명으로 옳지 않은 것은?

① 본자노 이음매판은 앵글 이음매판 중앙에서 앵글 하부 플랜지를 다시 연직방향으로 구부려 보강한 이음매판이다.
② 본자노 이음매판은 이음매부의 도상작업이 편리하고 효과적인 것이나 고가이므로 절연 이음매의 일부에 사용된다.
③ 웨버 이음매판은 궤간 외측의 레일 측면에 목괴를 삽입하여 진동을 완화시킨다.
④ 연속식 이음매판은 이음매판의 하부를 아래쪽으로 $180°$ 구부려 레일의 저면까지 싸서 강성을 크게 한 것이다.
⑤ 웨버 이음매판은 이음매판 볼트의 이완을 예방하기 위한 것이다.

5 다음 중 궤도에 작용하는 힘을 모두 고른 것은?

㉠ 윤중	㉡ 횡압
㉢ 평압	㉣ 축방향력
㉤ 압축력	

① ㉠, ㉡
② ㉠, ㉡, ㉢
③ ㉠, ㉡, ㉣
④ ㉡, ㉢, ㉤
⑤ ㉡, ㉢, ㉣

6 다음 중 레일의 복진을 발생시키는 주된 원인이 아닌 것은?

① 열차의 견인과 진동에 의한 차륜과 레일의 마찰에 의해 발생한다.
② 차륜이 레일 단부에 부딪혀 레일을 전방으로 떠민다.
③ 동력차의 구동륜이 회전하는 반작용으로 레일이 후방으로 밀리기 쉽다.
④ 온도 상승에 따라 레일이 신장되면 양단부가 타 레일에 밀착 후 레일의 중간 부분이 약간 치솟아 차륜이 레일을 전방으로 떠민다.
⑤ 열차의 주행 시 레일에는 파상진동이 생겨 레일이 후방으로 이동되기 쉽다.

7 레일 이음매판의 종류 중 레일목에 집중응력이 발생하지 않고 이음매판의 마모와 절손이 적은 것은?

① 단책형
② 두부접촉형
③ 다책형
④ 두부자유형
⑤ 앵글형

8 일반철도에서 허용도상압력은 얼마로 보는가?

① $2kg/cm^2$
② $2.5kg/cm^2$
③ $3.5kg/cm^2$
④ $4kg/cm^2$
⑤ $8kg/cm^2$

9 다음 중 침목에 대한 설명으로 옳지 않은 것은?

① 콘크리트침목과 철침목은 내구연한이 길다.

② 목침목은 콘크리트침목과 PC침목에 비해 전기절연도가 높다.

③ PC침목은 콘크리트침목보다 단면이 적어 자중이 적다.

④ 철침목은 구매가가 고가라는 단점이 있다.

⑤ PC침목은 탄성이 풍부하다.

10 궤도계수 증가 대책으로 옳지 않은 것은?

① 양호한 도상재료를 사용한다.

② 도상 두께를 감소시킨다.

③ 레일을 중량화한다.

④ 강화노반을 사용한다.

⑤ 탄성 체결장치를 사용한다.

11 침목에 작용하는 레일압력(P_R)이 주행 시, $6,000kg$이고 침목폭(b)이 $24cm$, 레일 저부폭이(L)이 $12.7cm$일 때 침목상면의 지압력(σ_b)은?

① $472kg/cm^2$

② $255kg/cm^2$

③ $25.5kg/cm^2$

④ $197kg/cm^2$

⑤ $19.7kg/cm^2$

12 국철에서 곡선반경 $R=600mm$, 통과속도 $80km/h$일 때 균형 캔트량은?

① $116mm$

② $121mm$

③ $126mm$

④ $132mm$

⑤ $138mm$

13 곡선반경 $7,000m$, 조정치 $30mm$, 캔트량은 $130mm$일 때 열차속도는?

① $306.5km/h$

② $308.1km/h$

③ $312.3km/h$

④ $314.7km/h$

⑤ $315.1km/h$

14 침목 $10m$당 16개, 1개 침목의 저항력 $500kg$이다. 이때 미터당 도상횡저항력은 얼마인가?

① $250kg/m$

② $300kg/m$

③ $350kg/m$

④ $400kg/m$

⑤ $450kg/m$

15 설계속도 $200km/h$ 곡선 반경 $2,000m$의 표준궤간 선로에서 부족 캔트량이 $80mm$일 경우 설정 캔트량은 얼마인가?

① $126mm$

② $136mm$

③ $146mm$

④ $156mm$

⑤ $166mm$

16 다음 중 노선측량에 대한 용어 설명 중 옳지 않은 것은?

① 교점 : 방향이 변하는 두 직선이 교차하는 점

② 중심말뚝 : 노선의 시점, 종점 및 교점에 설치하는 말뚝

③ 복심곡선 : 반지름이 서로 다른 두 개 또는 그 이상의 원호가 연결된 곡선으로 공통접선의 같은 쪽에 원호의 중심이 있는 곡선

④ 완화곡선 : 고속으로 이동하는 차량이 직선부에서 곡선부로 진입할 때 차량의 원심력을 완화하기 위해 설치하는 곡선

⑤ 반향곡선 : 반경이 다른 2개의 단심 곡선이 그 접속점에 있어서 공통 접선을 가지며, 양곡선의 중심이 접선의 양쪽에 있는 곡선

17 지반의 높이를 비교할 때 사용하는 기준면은?

① 표고(elevation)

② 수준면(level surface)

③ 수평면(horizontal plane)

④ 평균해수면(mean sea level)

⑤ 해도기준면(chart datum)

18 축척 1:500 지형도를 기초로 하여 축척 1:5,000의 지형도를 같은 크기로 편찬하려 한다. 축척 1:5,000 지형도 1장을 만들기 위한 축척 1:500 지형도의 매수는?

① 50매 　　　　　② 100매

③ 150매 　　　　　④ 250매

⑤ 300매

19 $100[m^2]$인 정사각형 토지의 면적을 $0.1[m^2]$까지 정확하게 구하고자 한다면 이에 필요한 거리관측의 정확도는?

① 1:2,000

② 1:1,000

③ 1:500

④ 1:300

⑤ 1:200

20 교호수준측량에서 A점의 표고가 55.00[m]이고 a_1=1.34[m], b_1=1.14[m], a_2=0.84[m], b_2=0.56[m]일 때 B점의 표고는?

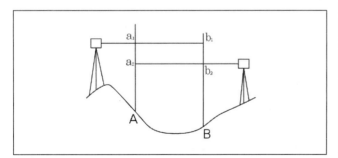

① 55.24[m] 　　　　　② 56.48[m]

③ 55.22[m] 　　　　　④ 56.42[m]

⑤ 56.73[m]

21 크기가 30cm×30cm의 평판을 이용하여 사질토 위에서 평판재하시험을 실시하고 극한지지력 $20t/㎡$을 얻었다. 크기가 1.8m×1.8m인 정사각형기초의 총허용하중은 약 얼마인가? (단, 안전율은 3을 적용한다)

① 22ton

② 66ton

③ 130ton

④ 150ton

⑤ 170ton

22 옹벽의 구조해석에 대한 설명으로 바르지 않은 것은?

① 저판의 뒷굽판은 정확한 방법이 사용되지 않는 한, 뒷굽판 상부에 재하되는 모든 하중을 지지하도록 설계해야 한다.

② 부벽식 옹벽의 전면벽은 저판에 지지된 캔틸레버로 설계해야 한다.

③ 부벽식 옹벽의 저판은 정밀한 해석이 사용되지 않는 한, 부벽 사이의 거리를 경간으로 가정한 고정보 또는 연속보로 설계할 수 있다.

④ 뒷부벽은 T형보로 설계해야 하며, 앞부벽은 직사각형보로 설계해야 한다.

⑤ 중력식 옹벽은 옹벽의 자중으로 토압에 저항하는 형식이다.

23 다음 중 강도설계법의 기본 가정으로 바르지 않은 것은?

① 철근과 콘크리트의 변형률은 중립축에서의 거리에 비례한다고 가정한다.

② 콘크리트 압축연단의 극한변형률은 0.003으로 가정한다.

③ 철근의 응력이 설계기준항복강도(f_y) 이상일 때 철근의 응력은 그 변형률에 E_s를 곱한 값으로 한다.

④ 콘크리트의 인장강도는 철근콘크리트의 휨 계산에서 무시한다.

⑤ 콘크리트의 압축응력의 분포는 등가 직사각형으로 가정한다.

24 단면이 400×500[mm]이고, 150[mm²]의 PSC강선 4개를 단면도심축에 배치한 프리텐션 PSC부재가 있다. 초기프리스트레스가 1,000[MPa]일 때 콘크리트의 탄성변형에 의한 프리스트레스 감소량은? (단, $n = 6$)

① 22[MPa]

② 20[MPa]

③ 18[MPa]

④ 16[MPa]

⑤ 14[MPa]

25 다음 중 철근콘크리트 보에서 사인장철근이 부담하는 주된 응력은?

① 부착응력

② 전단응력

③ 지압응력

④ 휨인장응력

⑤ 압축응력

26 용접작업 중 일반적인 주의사항에 대한 내용으로 바르지 않은 것은?

① 구조상 중요한 부분을 지정하여 집중용접한다.

② 용접은 수축이 큰 이음을 먼저 용접하고, 수축이 작은 이음은 나중에 한다.

③ 앞의 용접에서 생긴 변형을 다음 용접에서 제거할 수 있도록 진행시킨다.

④ 특히 비틀어지지 않게 평행한 용접은 같은 방향으로 할 수 있으며 동시에 용접을 한다.

⑤ 항상 용접열의 분포가 균등하도록 조치하고 일시에 다량의 열이 한 곳에 집중되지 않도록 한다.

27 다음 그림과 같은 단철근 직사각형보가 공칭휨강도(M_n)에 도달할 때 인장철근의 변형률은 얼마인가? (단, 철근 D22 4개의 단면적 $1,548mm^2$, $f_{ck} = 35MPa$, $f_y = 400MPa$)

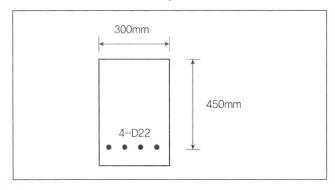

① 0.0102

② 0.0126

③ 0.0186

④ 0.0192

⑤ 0.0198

28 다음 그림의 PSC콘크리트보에서 PS강재를 포물선으로 배치하여 프리스트레스 $P = 1,000kN$이 작용할 때 프리스트레스의 상향력은? (단, 보 단면은 $b = 300mm$, $h = 600mm$이고 $s = 250mm$이다)

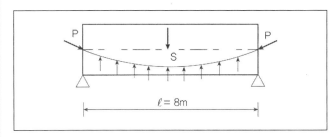

① 51.65kN/m

② 41.76kN/m

③ 31.25kN/m

④ 21.38kN/m

⑤ 11.89kN/m

29 다음 인장부재의 수직변위를 구하는 식으로 바른 것은? (단, 탄성계수는 E이다.)

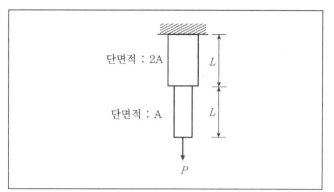

① $\dfrac{PL}{EA}$

② $\dfrac{3PL}{2EA}$

③ $\dfrac{2PL}{EA}$

④ $\dfrac{5PL}{2EA}$

⑤ $\dfrac{7PL}{2EA}$

30 다음 그림과 같이 속이 빈 직사각형 단면의 최대 전단응력은? (단, 전단력은 $2t$이다)

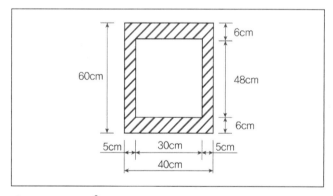

① $2.125[\text{kg/cm}^2]$

② $3.22[\text{kg/cm}^2]$

③ $4.125[\text{kg/cm}^2]$

④ $4.215[\text{kg/cm}^2]$

⑤ $4.22[\text{kg/cm}^2]$

31 다음에서 부재 BC에 걸리는 응력의 크기는?

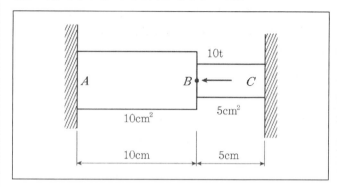

① $\dfrac{2}{3}[\text{t/cm}^2]$

② $1[\text{t/cm}^2]$

③ $\dfrac{3}{2}[\text{t/cm}^2]$

④ $2[\text{t/cm}^2]$

⑤ $\dfrac{1}{2}[\text{t/cm}^2]$

32 다음 그림과 같은 트러스의 상현재 U의 부재력은?

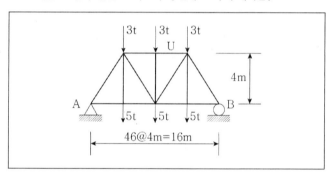

① 압축을 받으며 그 크기는 18t이다.

② 인장을 받으며 그 크기는 16t이다.

③ 압축을 받으며 그 크기는 16t이다.

④ 인장을 받으며 그 크기는 12t이다.

⑤ 압축을 받으며 그 크기는 12t이다.

33 100[m]의 거리를 20[m]의 줄자로 관측하였다. 1회의 관측에 +5[mm]의 누적오차와 ±5[mm]의 우연오차가 있을 때 정확한 거리는?

① 100.015 ± 0.011[m]
② 100.025 ± 0.011[m]
③ 100.015 ± 0.022[m]
④ 100.025 ± 0.022[m]
⑤ 100.025 ± 0.033[m]

34 지구반지름(R)이 6,370[km]이고 거리의 허용오차가 $1/10^5$이면 직경 몇 [km]까지를 평면측량으로 볼 수 있는가?

① 약 69[km]
② 약 64[km]
③ 약 57[km]
④ 약 43[km]
⑤ 약 35[km]

35 지형측량에서 지성선(知性線)에 대한 설명으로 옳은 것은?

① 등고선이 수목에 가려져 불명확할 때 이어주는 선을 의미한다.
② 지모(地貌)의 골격이 되는 선을 의미한다.
③ 등고선에 직각방향으로 내려 그은 선을 의미한다.
④ 곡선(谷線)이 합류되는 점들을 서로 연결한 선을 의미한다.
⑤ 지표면의 높은 곳을 연결한 선으로 빗물이 이 선을 경계로 양쪽으로 갈라진다.

36 $100m^2$의 정사각형 토지면적을 $0.2m^2$까지 정확하게 계산하기 위한 한 변의 최대허용오차는?

① 2mm
② 4mm
③ 6mm
④ 8mm
⑤ 10mm

37 일반철도에서 반지름 $R = 400(m)$인 원곡선부의 건축한계 확대량(폭)은? (단, 캔트와 슬랙은 설치하지 않는 것으로 가정한다.)

① 100mm
② 125mm
③ 250mm
④ 275mm
⑤ 500mm

38 다음 중 점토 지반의 강성기초의 접지압 분포에 대한 설명으로 바르지 않은 것은?

① 기초 모서리 부분에서 최대응력이 발생한다.
② 기초 중앙부분에서 최대응력이 발생한다.
③ 기초 밑면의 응력은 어느 부분이나 동일하다.
④ 기초 밑면에서의 응력은 토질에 관계없이 일정하다.
⑤ 기초 중앙부에서 멀어질수록 응력의 크기는 작아진다.

39 피조콘(piezocone) 시험의 목적이 아닌 것은?

① 지층의 연속적인 조사를 통하여 지층분류 및 지층 변화 분석
② 연속적인 원지반 전단강도의 추이 분석
③ 중간점토 내 분포한 sand seam 유무 및 발달정도 확인
④ 불교란 시료 채취
⑤ 간극수압소산 시험을 통해 수평압밀계수 계산

40 다음 중 말뚝의 부마찰력에 대한 설명으로 바르지 않은 것은?

① 부마찰력이 작용하면 지지력이 감소한다.
② 연약지반에 말뚝을 박은 후 그 위에 성토를 한 경우 일어나기 쉽다.
③ 부마찰력은 말뚝 주변 침하량이 말뚝의 침하량보다 클 때 아래로 끌어내리는 마찰력을 말한다.
④ 연약한 점토에 있어서는 상대변위의 속도가 느릴수록 부마찰력이 크다.
⑤ 부마찰력으로 인해 구조물 균열로 인한 누수가 발생할 수 있다.

서울교통공사

필기시험 모의고사

	영 역	직업기초능력평가, 직무수행능력평가(궤도 · 토목일반)
제 2 회	**문항수**	80문항
	시 간	100분
	비 고	객관식 5지선다형

SEOWONGAK
(주)서원각

제2회 필기시험 모의고사

✏️ 직업기초능력평가(40문항/50분)

1 다음 밑줄 친 외래어의 맞춤법이 틀린 것은?

① 서울시가 4차 산업혁명 심포지움을 성공적으로 마쳤다.

② IT기술의 발달로 홍보 및 투자 트렌드가 급격히 변하고 있다.

③ 미국산 로브스터를 캐나다산으로 속이고 판매해 온 온라인 유통업자가 붙잡혔다.

④ 새로 출시된 모션 베드는 국내외 IT 기업들의 기술이 결합된 걸작이다.

⑤ 서울 지하철역 중 가장 긴 에스컬레이터를 가지고 있는 역은 당산역이다.

2 다음 중 맞춤법이 옳은 것으로 적절한 것은?

김씨는 여행 도중 ㉠고냉지 농업의 한 장면을 사진에 담을 수 있었다. 앞머리가 ㉡벗겨진 농부는 새벽부터 수확에 열을 다하고 있었다. 잠깐 쉬고 있던 젊은 친구들은 밭 주인의 성화에 못이겨 ㉢닝큼 일어났다. 때마침 배추를 가지러 온 트럭은 너무 많은 양을 실었는지 움직이지 못하고 바퀴가 헛돌고 있었다. 한 번에 많이 실어가려고 요령을 피우다 결국 트럭은 시동이 꺼지고 오히려 고장이 나버렸다. 머리를 굴리다 오히려 이것이 큰 ㉣골칫거리가 된 셈이다. 다른 차량이 오기까지는 한 시간은 기다려야 해서 결국 수확은 잠시 중단되었다. 한 시간 가량을 쉰 젊은 일꾼들은 차량이 오자 ㉤오뚜기처럼 다시 일어났다.

① ㉠

② ㉡

③ ㉢

④ ㉣

⑤ ㉤

3 다음 제시된 내용을 토대로 관광회사 직원들이 추론한 내용으로 가장 적합한 것은?

세계여행관광협의회(WTTC)에 따르면 지난해인 2016년 전 세계 국내총생산(GDP) 총합에서 관광산업이 차지한 직접 비중은 2.7%이다. 여기에 고용, 투자 등 간접적 요인까지 더한 전체 비중은 9.1%로, 금액으로 따지면 6조 3,461억 달러에 이른다. 직접 비중만 놓고 비교해도 관광산업의 규모는 자동차 산업의 2배이고 교육이나 통신 산업과 비슷한 수준이다. 아시아를 제외한 전 대륙에서는 화학 제조업보다도 관광산업의 규모가 큰 것으로 나타났다.

서비스 산업의 특성상 고용을 잣대로 삼으면 그 차이는 더욱 더 벌어진다. 지난해 전세계 관광산업 종사자는 9,800만 명으로 자동차 산업의 6배, 화학 제조의 5배, 광업의 4배, 통신 산업의 2배로 나타났다. 간접 고용까지 따지면 2억 5,500만 명이 관광과 관련된 일을 하고 있어, 전 세계적으로 근로자 12명 가운데 1명이 관광과 연계된 직업을 갖고 있는 셈이다. 이러한 수치는 향후 2~3년간은 계속 유지될 것으로 보인다. 실제 백만 달러를 투입할 경우, 관광산업에서는 50명분의 일자리가 추가로 창출되어 교육 부문에 이어 두 번째로 높은 고용 창출효과가 있는 것으로 조사되었다.

유엔세계관광기구(UNWTO)의 장기 전망에 따르면 관광산업의 성장은 특히 한국이 포함된 동북아시아에서 두드러질 것으로 예상된다. UNWTO는 2010년부터 2030년 사이 이 지역으로 여행하는 관광객이 연평균 9.7% 성장하여 2030년 5억 6,500명이 동북아시아를 찾을 것으로 전망했다. 전 세계 시장에서 차지하는 비율도 현 22%에서 2030년에는 30%로 증가할 것으로 예측했다.

그런데 지난해 한국의 관광산업 비중(간접 분야 포함 전체 비중)은 5.2%로 세계 평균보다 훨씬 낮다. 관련 고용자수(간접 고용 포함)도 50만 3,000여 명으로 전체의 2%에 불과하다. 뒤집어 생각하면 그만큼 성장의 여력이 크다고 할 수 있다.

① 상민 : 2016년 전 세계 국내총생산(GDP) 총합에서 관광산업이 차지한 직접 비중을 금액으로 따지면 2조 달러가 넘는다.

② 대현 : 2015년 전 세계 통신 산업의 종사자는 자동차 산업의 종사자의 약 3배 정도이다.

③ 동근 : 2017년 전 세계 근로자 수는 20억 명을 넘지 못한다.

④ 수진 : 한국의 관광산업 수준이 간접 고용을 포함하는 고용 수준에서 현재의 세계 평균 수준 비율과 비슷해지려면 3백억 달러 이상을 관광 산업에 투자해야 한다.

⑤ 영수 : 2020년에는 동북아시아를 찾는 관광객의 수가 연간 약 2억 8,000명을 넘을 것이다.

4 다음은 서울교통공사의 주요연혁의 일부이다. 빈칸에 들어갈 수 없는 단어는?

1974	8.15.	1호선(서울역~청량리 7.8km) ( )
1981	9.1.	서울특별시지하철공사 ( )
2010	2.18.	3호선 ( ) (수서~오금 구간 3km)
2017	5.31.	서울교통공사 ( )

① 출범 ② 설립
③ 개통 ④ 연장
⑤ 개시

5 다음 글에 대한 이해로 적절하지 않은 것은?

외국 통화에 대한 자국 통화의 교환 비율을 의미하는 환율은 장기적으로 한 국가의 생산성과 물가 등 기초 경제 여건을 반영하는 수준으로 수렴된다. 그러나 단기적으로 환율은 이와 괴리되어 움직이는 경우가 있다. 만약 환율이 예상과는 다른 방향으로 움직이거나 또는 비록 예상과 같은 방향으로 움직이더라도 변동 폭이 예상보다 크게 나타날 경우 경제 주체들은 과도한 위험에 노출될 수 있다. 환율이나 주가 등 경제 변수가 단기에 지나치게 상승 또는 하락하는 현상을 오버슈팅(overshooting)이라고 한다. 이러한 오버슈팅은 물가 경직성 또는 금융 시장 변동에 따른 불안 심리 등에 의해 촉발되는 것으로 알려져 있다. 여기서 물가 경직성은 시장에서 가격이 조정되기 어려운 정도를 의미한다.

물가 경직성에 따른 환율의 오버슈팅을 이해하기 위해 통화를 금융 자산의 일종으로 보고 경제 충격에 대해 장기와 단기에 환율이 어떻게 조정되는지 알아보자. 경제에 충격이 발생할 때 물가나 환율은 충격을 흡수하는 조정 과정을 거치게 된다. 물가는 단기에는 장기 계약 및 공공요금 규제 등으로 인해 경직적이지만 장기에는 신축적으로 조정된다. 반면 환율은 단기에서도 신축적인 조정이 가능하다. 이러한 물가와 환율의 조정 속도 차이가 오버슈팅을 초래한다. 물가와 환율이 모두 신축적으로 조정되는 장기에서의 환율은 구매력 평가설에 의해 설명되는데, 이에 의하면 장기의 환율은 자국 물가 수준을 외국 물가 수준으로 나눈 비율로 나타나며, 이를 균형 환율로 본다. 가령 국내 통화량이 증가하여 유지될 경우 장기에서는 자국 물가도 높아져 장기의 환율은 상승한다. 이때 통화량을 물가로 나눈 실질 통화량은 변하지 않는다.

그런데 단기에는 물가의 경직성으로 인해 구매력 평가설에 기초한 환율과는 다른 움직임이 나타나면서 오버슈팅이 발생할 수 있다. 가령 국내 통화량이 증가하여 유지될 경우, 물가가 경직적이어서 실질 통화량은 증가하고 이에 따라 시장 금리는 하락한다. 국가 간 자본 이동이 자유로운 상황에서, 시장 금리 하락은 투자의 기대 수익률 하락으로 이어져, 단기성 외국인 투자 자금이 해외로 빠져나가거나 신규 해외 투

자 자금 유입을 위축시키는 결과를 초래한다. 이 과정에서 자국 통화의 가치는 하락하고 환율은 상승한다. 통화량의 증가로 인한 효과는 물가가 신축적인 경우에 예상되는 환율 상승에, 금리 하락에 따른 자금의 해외 유출이 유발하는 추가적인 환율 상승이 더해진 것으로 나타난다. 이러한 추가적인 상승 현상이 환율의 오버슈팅인데, 오버슈팅의 정도 및 지속성은 물가 경직성이 클수록 더 크게 나타난다. 시간이 경과함에 따라 물가가 상승하여 실질 통화량이 원래 수준으로 돌아오고 해외로 유출되었던 자금이 시장 금리의 반등으로 국내로 복귀하면서, 단기에 과도하게 상승했던 환율은 장기에는 구매력 평가설에 기초한 환율로 수렴된다.

① 환율의 오버슈팅이 발생한 상황에서 물가 경직성이 클수록 구매력 평가설에 기초한 환율로 수렴되는 데 걸리는 기간이 길어질 것이다.

② 환율의 오버슈팅이 발생한 상황에서 외국인 투자 자금이 국내 시장 금리에 민감하게 반응할수록 오버슈팅 정도는 커질 것이다.

③ 물가 경직성에 따른 환율의 오버슈팅은 물가의 조정 속도보다 환율의 조정 속도가 빠르기 때문에 발생하는 것이다.

④ 물가가 신축적인 경우가 경직적인 경우에 비해 국내 통화량 증가에 따른 국내 시장 금리 하락 폭이 작을 것이다.

⑤ 국내 통화량이 증가하여 유지될 경우 장기에는 실질 통화량이 변하지 않으므로 장기의 환율도 변함이 없을 것이다.

6 다음은 스마트 트레인과 관련된 내용의 글이다. 다음 글에 대한 설명으로 옳은 것은?

부산국제철도기술산업전의 'Digital Railway' 부스에서는 현대로템 열차 운전 시스템의 현재와 발전 진행 상황을 알아볼 수 있었다. CBTC는 'Communication-Based Train Control'의 약자로 중앙관제센터에서 통신을 기반으로 열차를 중앙집중식으로 원격 제어하는 철도 신호시스템을 이야기하는데 한국에서는 RF-CBCT 타입인 KRTCS-1을 사용하고 있다. 현재 신분당선이나 우이신설선, 인천지하철 2호선 등 무인운전 차량들도 KRTCS-1을 탑재하고 있다.

차량에 탑재된 KRTCS-1 시스템은 지상 신호 장치인 WATC, 차상 신호 장치, 관제실로 구분되는데 관제실에서 명령 신호가 오면 지상 신호 장치 WATC는 경로가 운행 가능한 상태인지를 빠르게 판단하고 차량에게 이동 권한을 부여한다. 이를 받은 차량 신호 장치는 정해진 목적지까지 안전하고 빠르게 운행하며 지상 신호 장치와 관제실과 실시간으로 운행 데이터를 주고받을 수 있다. 이는 운전자 개입 없이 관제실에서 원격 제어만으로 기동과 출발 전 워밍업, 본선 운행과 스케줄링까지 모두 자동으로 이루어지는 무인 시스템이며 영국의 국제공인 인증기관 '리카르도'로부터 ATP(Automatic Train Protection, 열차자동방호) 부분에 대해서 안전등급 중 최고인 SIL Level 4 인증까지 취득했다. 이뿐만 아니라, 출퇴근 시간 등 배차 간격이 좁은 시간대가 아닐 때는 친환경 모드인 '에코-드라이빙' 모드로 추진·제동제어, 출입문 자동 제어 등의 기능을 활용하여 최적의 운행패턴으로 운행 가능하도록 지원할 수 있다.

한편 현재 현대로템이 개발 중인 운전 시스템으로 KRTCS-2가 있다. KRTCS-1이 도시철도용 신호 시스템이었다면 KRTCS-2는 도시와 도시를 연결하는 간선형 철도나 고속철도용으로 개발되고 있는 것이 특징이다. KRTCS-2는 유럽 철도 표준인 ETCS-2에 기반을 두고 있으며 KTX나 SRT 등에 향후 ETCS-2 도입이 예정된 만큼, KRTCS-2 역시 적용 가능한 시스템으로 볼 수 있다.

KRTCS-2 시스템은 차량과 지상, 관제실 통신에 초고속 무선 인터넷 LTE-R을 이용한다. KRTCS-1이 지상 센서만으로 차량의 이동을 감지하고 컨트롤했다면, KRTCS-2는 LTE-R 무선통신을 도입해 열차가 어느 구간(폐색)에 위치하는지를 실시간으로 감지하고 좀 더 효율적으로 스케줄링할 수 있다는 장점이 있다. KRTCS-2 역시 SIL Level 4등급을 독일의 시험인증 기관인 'TUV-SUD'로부터 인증받아 그 안전성과 정확성을 입증했다. 현재 KRTCS-2에서 열차를 안전하게 보호하는 ATP 시스템이 개발을 마쳤고, 자동운전 기능을 추가하기 위한 작업에 박차를 가하고 있다. 따라서 가까운 시일 내에 한국의 고속철도에 KRTCS-2 시스템이 적용되어 도시철도뿐만 아니라 일반·고속철도에서도 무인운전이 현실화될 것으로 기대된다.

① KRTCS-1는 한국의 철도 신호시스템이며 현재 무인운전 차량에는 탑재되어 있지 있다.
② SIL Level 4 인증을 취득한 시스템은 KRTCS-2뿐이다.
③ KRTCS-2는 간선형 철도나 고속철도용으로 개발되고 있다.
④ KRTCS-1 시스템은 LTE-R 무선통신을 도입해 열차가 어느 구간에 위치하는지를 실시간으로 감지하고 좀 더 효율적으로 스케줄링할 수 있다는 장점이 있다.
⑤ 무인운전의 경우 고속철도에서는 현실화되기 어렵다.

▌7~8▐ 다음 글을 읽고 이어지는 물음에 답하시오.

경쟁의 승리는 다른 사람의 재산권을 침탈하지 않으면서 이기는 경쟁자의 능력, 즉 경쟁력에 달려 있다. 공정경쟁에서 원하는 물건의 소유주로부터 선택을 받으려면 소유주가 원하는 대가를 치를 능력이 있어야 하고 남보다 먼저 신 자원을 개발하거나 신 발상을 창안하려면 역시 그렇게 해낼 능력을 갖추어야 한다. 다른 기업보다 더 좋은 품질의 제품을 더 값싸게 생산하는 기업은 시장경쟁에서 이긴다. 우수한 자질을 타고났고, 탐사 또는 연구개발에 더 많은 노력을 기울인 개인이나 기업은 새로운 자원이나 발상을 대체로 남보다 앞서서 찾아낸다.

개인의 능력은 천차만별한데 그 차이는 타고나기도 하고 후천적 노력에 의해 결정되기도 한다. 능력이 후천적 노력만의 소산이라면 능력의 우수성에 따라 결정되는 경쟁 결과를 불공정하다고 불평하기는 어렵다. 그런데 능력의 많은 부분은 타고난 것이거나 부모에게서 직간접적으로 물려받은 유무형적 재산에 의한 것이다. 후천적 재능 습득에서도 그 성과는 보통 개발자가 타고난 자질에 따라 서로 다르다. 타고난 재능과 후천적 능력을 딱 부러지게 구분하기도 쉽지 않은 것이다.

어쨌든 내가 능력 개발에 소홀했던 탓에 경쟁에서 졌다면 패배를 수복해야 마땅하다. 그러나 순전히 타고난 불리함 때문에 불이익을 당했다면 억울함이 앞선다. 이 점을 내세워 타고난 재능으로 벌어들이는 소득은 그 재능 보유자의 몫으로 인정할 수 없다는 필자의 의견에 동의하는 학자도 많다. 자신의 재능을 발휘하여 경쟁에서 승리하였다 하더라도 해당 재능이 타고난 것이라면 승자의 몫이 온전히 재능 보유자의 것일 수 없고 마땅히 사회에 귀속되어야 한다는 말이다.

그런데 재능도 노동해야 발휘할 수 있으므로 재능발휘를 유도하려면 그 노고를 적절히 보상해주어야 한다. 이론상으로는 재능발휘로 벌어들인 수입에서 노고에 대한 보상만큼은 재능 보유자의 소득으로 인정하고 나머지만 사회에 귀속시키면 된다.

7 윗글을 읽고 나눈 다음 대화의 ㉠~㉤ 중, 글의 내용에 따른 합리적인 의견 제기로 볼 수 없는 것은?

A : "타고난 재능과 후천적 노력에 대하여 어떻게 보아야 할지에 대한 필자의 의견이 담겨 있는 글입니다."

B : "맞아요. 필자의 의견에 따르면 앞으로는 ㉠선천적인 재능에 대한 경쟁이 더욱 치열해질 것 같습니다."

A : "그런데 우리가 좀 더 확인해야 할 것은, ㉡과연 얼마만큼의 보상이 재능 발휘 노동의 제공에 대한 몫이냐 하는 점입니다."

B : "그와 함께, ㉢얻어진 결과물에서 어떻게 선천적 재능에 의한 부분을 구별해낼 수 있을까에 대한 물음 또한 과제로 남아 있다고 볼 수 있겠죠."

A : "그뿐이 아닙니다. ㉣타고난 재능이 어떤 방식으로 사회에 귀속되어야 공정한 것인지, ㉤특별나게 열심히 재능을 발휘할 유인은 어떻게 찾을 수 있을지에 대한 고민도 함께 이루어져야 하겠죠."

① ㉠
② ㉡
③ ㉢
④ ㉣
⑤ ㉤

8 윗글에서 필자가 주장하는 내용과 견해가 다른 것은 어느 것인가?

① 경쟁에서 승리하기 위해서는 능력이 필요하다.
② 능력에 의한 경쟁 결과가 불공정하다고 불평할 수 없다.
③ 선천적인 능력이 우수한 사람은 경쟁에서 이길 수 있는 확률이 높다.
④ 후천적인 능력이 모자란 결과에 대해서는 승복해야 한다.
⑤ 타고난 재능에 의해 얻은 승자의 몫은 일정 부분 사회에 환원해야 한다.

9 서울에서 부산까지 자동차를 타고 가는데, 갑이 먼저 출발하였고, 갑이 출발한 후 30분이 지나 을이 출발하였다. 갑이 시속 80km로 가고, 을이 시속 100km의 속력으로 간다고 할 때, 을이 출발한지 몇 시간 후에 갑을 따라잡을 수 있는가?

① 1시간
② 1시간 30분
③ 2시간
④ 2시간 30분
⑤ 3시간

10 바른 항공사는 서울—상해 직항 노선에 50명이 초과로 예약 승객이 발생하였다. 승객 모두는 비록 다른 도시를 경유해서라도 상해에 오늘 도착하기를 바라고 있다. 아래의 그림이 경유 항공편의 여유 좌석 수를 표시한 항공로일 때, 타 도시를 경유하여 상해로 갈 수 있는 최대의 승객 수는 구하면?

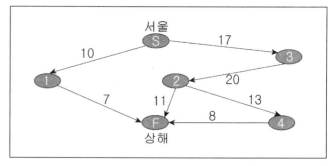

① 24
② 29
③ 30
④ 33
⑤ 37

11 다음은 S공사에서 사원에게 지급하는 수당에 대한 자료이다. 2019년 7월 현재 부장 甲의 근무연수는 12년 2개월이고, 기본급은 300만 원이다. 2019년 7월 甲의 월급은 얼마인가? (단, S공사 사원의 월급은 기본급과 수당의 합으로 계산되고 제시된 수당 이외의 다른 수당은 없으며, 10년 이상 근무한 직원의 정근수당은 기본급의 50%를 지급한다)

구분	지급 기준	비고
정근수당	근무연수에 따라 기본급의 0~50% 범위 내 차등 지급	매년 1월, 7월 지급
명절휴가비	기본급의 60%	매년 2월(설), 10월(추석) 지급
가계지원비	기본급의 40%	매년 홀수 월에 지급
정액급식비	130,000원	매월 지급
교통보조비	• 부장 : 200,000원 • 과장 : 180,000원 • 대리 : 150,000원 • 사원 : 130,000원	매월 지급

① 5,830,000원
② 5,880,000원
③ 5,930,000원
④ 5,980,000원
⑤ 6,030,000원

12 다음은 성인 남녀 1천 명을 대상으로 실시한 에너지원별 국민인식 조사 결과이다. 다음 자료를 올바르게 해석한 것은 어느 것인가?

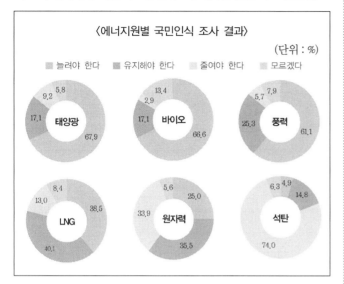

〈에너지원별 국민인식 조사 결과〉

(단위 : %)

■ 늘려야 한다 ■ 유지해야 한다 ■ 줄여야 한다 ■ 모르겠다

태양광: 9.2, 5.8, 17.1, 67.9
바이오: 13.4, 2.9, 17.1, 66.6
풍력: 7.9, 5.7, 25.3, 61.1
LNG: 8.4, 13.0, 38.5, 40.1
원자력: 5.6, 25.0, 33.9, 35.5
석탄: 6.3, 4.9, 14.8, 74.0

① 모든 에너지원에 대하여 줄여야 한다는 의견이 압도적으로 많다.

② 유지하거나 늘려야 한다는 의견은 모든 에너지원에서 절반 이상을 차지한다.

③ 한 가지 의견이 절반 이상의 비중을 차지하는 에너지원은 모두 4개이다.

④ 늘려야 한다는 의견이 더 많은 에너지원일수록 줄여야 한다는 의견도 더 많다.

⑤ LNG와 원자력에 대한 국민 인식 현황은 동일한 순서로 나타난다.

13 다음은 S공사 직원의 출장 횟수에 관한 자료이다. 이에 대한 설명 중 옳지 않은 것을 고르면? (단, 회당 출장 인원은 동일하며 제시된 자료에 포함되지 않은 해외 출장은 없다)

■ 최근 9년간 S공사 본사 직원의 해외 법인으로의 출장 횟수

(단위 : 회)

구분	2009	2010	2011	2012	2013	2014	2015	2016	2017
유럽 사무소	61	9	36	21	13	20	12	8	11
두바이 사무소	9	0	5	6	2	3	9	1	8
아르헨티나 사무소	7	2	24	15	0	2	4	0	6

■ 최근 5년간 해외 법인 직원의 S공사 본사로의 출장 횟수

(단위 : 회)

기간 지역	2013년	2014년	2015년	2016년	2017년
UAE	11	5	7	12	7
호주	2	30	43	9	12
브라질	9	11	17	18	32
아르헨티나	15	13	9	35	29
독일	11	2	7	5	6

① 최근 9년간 두바이사무소로 출장을 간 본사 직원은 아르헨티나사무소로 출장을 간 본사 직원 수보다 적다.

② 2013년 이후 브라질 지역의 해외 법인 직원이 본사로 출장을 온 횟수는 지속적으로 증가하였다.

③ S공사 본사에서 유럽사무소로의 출장 횟수가 많은 해부터 나열하면 09년, 11년, 14년, 12년, 13년, 15년, 17년, 10년, 16년 순이다.

④ 2014~2015년에 UAE 지역의 해외 법인 직원이 본사로 출장을 온 횟수는 2015년 본사 직원이 유럽사무소로 출장을 간 횟수와 같다.

⑤ 2014년 해외 법인 직원이 본사로 출장을 온 총 횟수는 2010년 이후 본사 직원이 아르헨티나사무소로 출장을 간 총 횟수보다 많다.

┃14~15┃ 다음은 서울교통공사에서 제공하고 있는 유아수유실 현황에 관한 자료이다. 물음에 답하시오.

〈유아수유실 현황〉

○ 1호선

역명	역명
종로3가역	동대문역

○ 2호선

역명	역명
시청역	성수역
강변역	잠실역
삼성역	강남역
신림역	대림역
신촌역	영등포구청역
신설동역	

○ 3호선

역명	역명
구파발역	독립문역
옥수역	고속터미널역
양재역	도곡역

○ 4호선

역명	역명
노원역	미아사거리역
길음역	동대문역사문화공원역
서울역	이촌역
사당역	

○ 5호선

역명	역명
김포공항역	우장산역
까치산역	목동역
영등포구청역	신길역
여의도역	여의나루역
충정로역	광화문역
동대문역사문화공원역	청구역
왕십리역	답십리역
군자역	아차산역
천호역	강동역
고덕역	올림픽공원역
거여역	

○ 6호선

역명	역명
응암역	불광역
월드컵경기장역	합정역
대흥역	공덕역
삼각지역	이태원역
약수역	상월곡역
동묘앞역	안암역

○ 7호선

역명	역명
수락산역	노원역
하계역	태릉입구역
상봉역	부평구청역
어린이대공원역	뚝섬유원지역
논현역	고속터미널역
이수역	대림역
가산디지털단지역	광명사거리역
온수역	까치울역
부천종합운동장역	춘의역
신중동역	부천시청역
상동역	삼산체육관역
굴포천역	

○ 8호선

역명	역명
모란역	몽촌토성역
잠실역	가락시장역
장지역	남한산성입구역

※ 해당 역에 하나의 유아수유실을 운영 중이다.

14 다음 중 2호선 유아수유실이 전체에서 차지하는 비율은?

① 10.5% ② 11.5%
③ 12.5% ④ 13.5%
⑤ 14.5%

15 다음 중 가장 많은 유아수유실을 운영 중인 지하철 호선 ㉮와 가장 적은 유아수유실을 운영 중인 지하철 호선 ㉯로 적절한 것은?

	㉮	㉯		㉮	㉯
①	7호선	1호선	②	6호선	2호선
③	5호선	3호선	④	4호선	4호선
⑤	3호선	5호선			

〈갑시의 도시철도 노선별 연간 범죄 발생건수〉

(단위 : 건)

노선 연도	1호선	2호선	3호선	4호선	합
2017년	224	271	82	39	616
2018년	252	318	38	61	669

〈갑시의 도시철도 노선별 연간 아동 상대 범죄 발생건수〉

(단위 : 건)

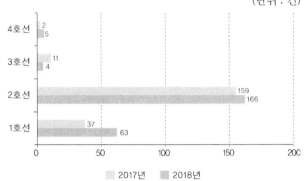

■ 2017년 ■ 2018년

※ 노선별 범죄율 = 노선별 해당 범죄 발생건수 ÷ 전체 노선 해당 범죄 발생건수 × 100

※ 언급되지 않은 '갑시의 다른 노선은 고려하지 않으며, 범죄 발생건수는 아동 상대 범죄 발생건수와 비아동 상대 범죄 발생건수로만 구성됨

16 다음 중 위의 자료에 대한 올바른 설명을 〈보기〉에서 모두 고른 것은 어느 것인가?

〈보기〉

(가) 2018년 비아동 상대 범죄 발생건수는 4개 노선 모두 전년보다 증가하였다.

(나) 2018년의 전년 대비 아동 상대 범죄 발생건수의 증가폭은 비아동 상대 범죄 발생건수의 증가폭보다 더 크다.

(다) 2018년의 노선별 전체 범죄율이 10% 이하인 노선은 1개이다.

(라) 두 해 모두 전체 범죄율이 가장 높은 노선은 2호선이다.

① (나), (다) 　　　② (나), (라)

③ (가), (다) 　　　④ (가), (나)

⑤ (가), (라)

17 다음 중 2018년의 비아동 상대 범죄의 범죄율이 높은 노선부터 순서대로 올바르게 나열한 것은 어느 것인가?

① 3호선 - 2호선 - 4호선 - 1호선

② 1호선 - 4호선 - 2호선 - 3호선

③ 1호선 - 2호선 - 3호선 - 4호선

④ 2호선 - 1호선 - 4호선 - 3호선

⑤ 1호선 - 2호선 - 4호선 - 3호선

18 A, B, C, D, E, F가 달리기 경주를 하여 보기와 같은 결과를 얻었다. 1등부터 6등까지 순서대로 나열한 것은?

㉠ A는 D보다 먼저 결승점에 도착하였다.

㉡ E는 B보다 더 늦게 도착하였다.

㉢ D는 C보다 먼저 결승점에 도착하였다.

㉣ B는 A보다 더 늦게 도착하였다.

㉤ E가 F보다 더 앞서 도착하였다.

㉥ C보다 먼저 결승점에 들어온 사람은 두 명이다.

① A - D - C - B - E - F

② A - D - C - E - B - F

③ F - E - B - C - D - A

④ B - F - C - E - D - A

⑤ C - D - B - E - F - A

19 다음 글의 내용이 참일 때, 반드시 참인 것만을 모두 고른 것은?

전통문화 활성화 정책의 일환으로 일부 도시를 선정하여 문화관광특구로 지정할 예정이다. 특구 지정 신청을 받아본 결과, A, B, C, D, 네 개의 도시가 신청하였다. 선정과 관련하여 다음 사실이 밝혀졌다.

• A가 선정되면 B도 선정된다.

• B와 C가 모두 선정되는 것은 아니다.

• B와 D 중 적어도 한 도시는 선정된다.

• C가 선정되지 않으면 B도 선정되지 않는다.

㉠ A와 B 가운데 적어도 한 도시는 선정되지 않는다.

㉡ B도 선정되지 않고, C도 선정되지 않는다.

㉢ D는 선정된다.

① ㉠ 　　　　② ㉡

③ ㉠, ㉢ 　　　④ ㉡, ㉢

⑤ ㉠, ㉡, ㉢

20 100명의 근로자를 고용하고 있는 ○○기관 인사팀에 근무하는 S는 고용노동법에 따라 기간제 근로자를 채용하였다. 제시된 법령의 내용을 참고할 때, 기간제 근로자로 볼 수 없는 경우는?

제10조
① 이 법은 상시 5인 이상의 근로자를 사용하는 모든 사업 또는 사업장에 적용한다. 다만 동거의 친족만을 사용하는 사업 또는 사업장과 가사사용인에 대하여는 적용하지 아니한다.
② 국가 및 지방자치단체의 기관에 대하여는 상시 사용하는 근로자의 수에 관계없이 이 법을 적용한다.

제11조
① 사용자는 2년을 초과하지 아니하는 범위 안에서(기간제 근로계약의 반복갱신 등의 경우에는 계속 근로한 총 기간이 2년을 초과하지 아니하는 범위 안에서) 기간제 근로자※를 사용할 수 있다. 다만 다음 각 호의 어느 하나에 해당하는 경우에는 2년을 초과하여 기간제 근로자로 사용할 수 있다.
  1. 사업의 완료 또는 특정한 업무의 완성에 필요한 기간을 정한 경우
  2. 휴직·파견 등으로 결원이 발생하여 당해 근로자가 복귀할 때까지 그 업무를 대신할 필요가 있는 경우
  3. 전문적 지식·기술의 활용이 필요한 경우와 박사 학위를 소지하고 해당 분야에 종사하는 경우
② 사용자가 제1항 단서의 사유가 없거나 소멸되었음에도 불구하고 2년을 초과하여 기간제 근로자로 사용하는 경우에는 그 기간제 근로자는 기간의 정함이 없는 근로계약을 체결한 근로자로 본다.

※ 기간제 근로자라 함은 기간의 정함이 있는 근로계약을 체결한 근로자를 말한다.

① 수습기간 3개월을 포함하여 1년 6개월간 A를 고용하기로 근로계약을 체결한 경우
② 근로자 E의 휴직으로 결원이 발생하여 2년간 B를 계약직으로 고용하였는데, E의 복직 후에도 B가 계속해서 현재 3년 이상 근무하고 있는 경우
③ 사업 관련 분야 박사학위를 취득한 C를 계약직(기간제) 연구원으로 고용하여 C가 현재 3년간 근무하고 있는 경우
④ 국가로부터 도급받은 3년간의 건설공사를 완성하기 위해 D를 그 기간 동안 고용하기로 근로계약을 체결한 경우
⑤ 근로자 F가 해외 파견으로 결원이 발생하여 돌아오기 전까지 3년간 G를 고용하기로 근로계약을 체결한 경우

21 ◇◇자동차그룹 기술개발팀은 수소연료전지 개발과 관련하여 다음의 자료를 바탕으로 회의를 진행하고 있다. 잘못된 분석을 하고 있는 사람은?

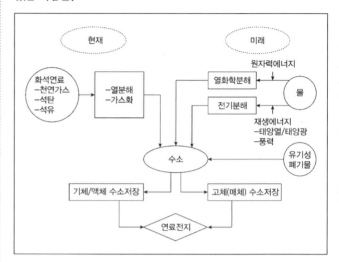

① 甲 : 현재는 석유와 천연가스 등 화석연료에서 수소를 얻고 있지만, 미래에는 재생에너지나 원자력을 활용한 수소 제조법이 사용될 것이다.
② 乙 : 수소는 기체, 액체, 고체 등 저장 상태에 관계없이 연료전지에 활용할 수 있다는 장점을 갖고 있다.
③ 丙 : 수소저장기술은 기체나 액체 상태로 저장하는 방식과 고체(매체)로 저장하는 방식으로 나눌 수 있다.
④ 丁 : 수소를 제조하는 기술에는 화석연료를 전기분해하는 방법과 재생에너지를 이용하여 물을 열분해하는 두 가지 방법이 있다.
⑤ 戊 : 수소는 물, 석유, 천연가스 및 유기성 폐기물 등에 함유되어 있으므로, 다양한 원료로부터 생산할 수 있다는 장점을 갖고 있다.

22 사람들은 살아가면서 많은 소비를 하게 되며, 그에 따른 의사 결정을 하게 된다. 이렇듯 소비자 의사 결정이라고 불리는 이 과정은 크게 문제 인식, 정보 탐색, 대안 평가 및 선택, 결정, 구매 및 평가의 순서로 진행된다. 하지만 모든 소비자가 이러한 과정을 준수하여 소비하지는 않으며, 순서가 바뀌거나 또는 건너뛰는 경우도 있다. 다음의 사례는 5명의 사람이 여름휴가철을 맞아 드넓은 동해바다 앞의 게스트 하우스를 예약하고 이를 찾아가기 위해 활용할 교통수단을 놓고 선택에 대한 고민을 하고 있다. 이 부분은 소비자 의사 결정과정 중 대안평가 및 선택에 해당하는 부분인데, 아래의 조건들은 대안을 평가하는 방식들을 나열한 것이다. 이들 중 ⊙의 내용을 참고하여 보완적 평가방식을 활용해 목적지까지 가는 동안의 이동수단으로 가장 적절한 것을 고르면?

> Ⅰ. 조건
> ⊙ 보완적 평가방식이란 각각의 상표에 있어 어떤 속성의 약점을 다른 속성의 강점에 의해 보완하여 전반적인 평가를 내리는 방식을 말한다.
> ⓒ 사전편집식이란 가장 중요시하는 평가기준에서 최고로 평가되는 상표를 선택하는 방식을 말한다.
> ⓒ 순차적 제거식이란 중요하게 생각하는 특정 속성의, 최소 수용기준을 설정하고 난 뒤에 그 속성에서 수용 기준을 만족시키지 못하는 상표를 제거해 나가는 방식을 말한다.
> ② 결합식이란, 상표 수용을 위한 최소 수용기준을 모든 속성에 대해 마련하고, 각 상표별로 모든 속성의 수준이 최소한의 수용 기준을 만족시키는가에 따라 평가하는 방식을 말한다.

> Ⅱ. 내용
>
> | 평가기준 | 중요도 | 이동수단들의 가치 값 | | | | |
> |---|---|---|---|---|---|---|
> | | | 비행기 | 고속철도 | 고속버스 | 오토바이 | 도보 |
> | 속도감 | 40 | 9 | 8 | 2 | 1 | 1 |
> | 경제성 | 30 | 2 | 5 | 8 | 9 | 1 |
> | 승차감 | 20 | 4 | 5 | 6 | 2 | 1 |

① 고속철도
② 비행기
③ 오토바이
④ 고속버스
⑤ 도보

23 다음은 철도운행 안전관리자의 자격취소·효력정지 처분에 대한 내용이다. 다음의 내용을 참고하였을 때 옳지 않은 설명은? (단, 사고는 모두 철도운행 안전관리자의 고의 또는 중과실로 일어났다고 본다.)

> 1. 일반기준
> ⊙ 위반행위가 둘 이상인 경우로서 그에 해당하는 각각의 처분기준이 다른 경우에는 그중 무거운 처분기준에 따르며, 위반행위가 둘 이상인 경우로서 그에 해당하는 각각의 처분기준이 같은 경우에는 무거운 처분기준의 2분의 1까지 가중하되, 각 처분기준을 합산한 기간을 초과할 수 없다.
> ⓒ 위반행위의 횟수에 따른 행정처분의 기준은 최근 1년간 같은 위반행위로 행정처분을 받은 경우에 적용한다. 이 경우 행정처분 기준의 적용은 같은 위반행위에 대하여 최초로 행정처분을 한 날과 그 처분 후의 위반행위가 다시 적발된 날을 기준으로 한다.
> 2. 개별기준
>
> | 위반사항 및 내용 | 처분기준 | | |
> |---|---|---|---|
> | | 1차 위반 | 2차 위반 | 3차 위반 |
> | • 거짓이나 그 밖의 부정한 방법으로 철도운행 안전관리자 자격을 받은 경우 | 자격 취소 | | |
> | • 철도운행 안전관리자 자격의 효력정지 기간 중 철도운행 안전관리자 업무를 수행한 경우 | 자격 취소 | | |
> | • 철도운행 안전관리자 자격을 다른 사람에게 대여한 경우 | 자격 취소 | | |
> | • 철도운행 안전관리자의 업무 수행 중 고의 또는 중과실로 인한 철도사고가 일어난 경우 | | | |
> | 1) 사망자가 발생한 경우 | 자격 취소 | | |
> | 2) 부상자가 발생한 경우 | 효력 정지 6개월 | 자격 취소 | |
> | 3) 1천만 원 이상 물적 피해가 발생한 경우 | 효력 정지 3개월 | 효력 정지 6개월 | 자격 취소 |
> | • 약물을 사용한 상태에서 철도운행 안전관리자 업무를 수행한 경우 | 자격 취소 | | |
> | • 술을 마신 상태의 기준을 넘어서 철도운행 안전관리자 업무를 하다가 철도사고를 일으킨 경우 | 자격 취소 | | |
> | • 술을 마신상태에서 철도운행 안전관리자 업무를 수행한 경우 | 효력 정지 3개월 | 자격 취소 | |
> | • 술을 마시거나 약물을 사용한 상태에서 업무를 하였다고 인정할만한 상당한 이유가 있음에도 불구하고 확인이나 검사 요구에 불응한 경우 | 자격 취소 | | |

① 영호씨는 부정한 방법으로 철도운행 안전관리자 자격을 얻은 사실이 확인되어 자격이 취소되었다.

② 6개월 전 중과실 사고로 인해 효력정지 3개월의 처분을 받은 민수씨가 다시 철도운행 안전관리자의 업무 수행 중 2천만 원의 물적 피해를 입히는 사고를 일으켰다면 효력정지 6개월의 처분을 받게 된다.

③ 지만씨는 업무 수행 도중 사망자가 발생하는 사고를 일으켜 철도운행 안전관리자의 자격이 취소되었다.

④ 입사 후 처음으로 음주 상태에서 철도운행 안전관리자 업무를 수행한 정혜씨는 효력정지 3개월 처분을 받았다.

⑤ 위반행위가 없었던 경호씨는 이번 달 업무 수행 중 1천만 원의 물적 피해와 부상자가 발생하는 사고를 일으켰고 효력정지 3개월의 처분을 받았다.

24 다음 〈조건〉을 근거로 판단할 때, 〈보기〉에서 옳은 것만을 모두 고르면?

〈조건〉
• 인공지능 컴퓨터와 매번 대결할 때마다, 甲은 A, B, C전략 중 하나를 선택할 수 있다.
• 인공지능 컴퓨터는 대결을 거듭할수록 학습을 통해 각각의 전략에 대응하므로, 동일한 전략을 사용할수록 甲이 승리할 확률은 하락한다.
• 각각의 전략을 사용한 횟수에 따라 각 대결에서 甲이 승리할 확률은 아래와 같고, 甲도 그 사실을 알고 있다.
• 전략별 사용횟수에 따른 甲의 승률

(단위 : %)

전략별 사용횟수 / 전략종류	1회	2회	3회	4회
A전략	60	50	40	0
B전략	70	30	20	0
C전략	90	40	10	0

㉠ 甲이 총 3번의 대결을 하면서 각 대결에서 승리할 확률이 가장 높은 전략부터 순서대로 선택한다면, 3가지 전략을 각각 1회씩 사용해야 한다.

㉡ 甲이 총 5번의 대결을 하면서 각 대결에서 승리할 확률이 가장 높은 전략부터 순서대로 선택한다면, 5번째 대결에서는 B전략을 사용해야 한다.

㉢ 甲이 1개의 전략만을 사용하여 총 3번의 대결을 하면서 3번 모두 승리할 확률을 가장 높이려면, A전략을 선택해야 한다.

㉣ 甲이 1개의 전략만을 사용하여 총 2번의 대결을 하면서 2번 모두 패배할 확률을 가장 낮추려면, A전략을 선택해야 한다.

① ㉠, ㉡ ② ㉠, ㉢
③ ㉡, ㉣ ④ ㉠, ㉢, ㉣
⑤ ㉡, ㉢, ㉣

25 어느 날 진수는 직장선배로부터 '직장 내에서 서열과 직위를 고려한 소개의 순서'를 정리하라는 요청을 받았다. 진수는 다음의 내용처럼 정리하고 직장선배에게 보여 주었다. 하지만 직장선배는 세 가지 항목이 틀렸다고 지적하였다. 지적을 받은 세 가지 항목은 무엇인가?

㉠ 연소자를 연장자보다 먼저 소개한다.
㉡ 같은 회사 관계자를 타 회사 관계자에게 먼저 소개한다.
㉢ 상급자를 하급자에게 먼저 소개한다.
㉣ 동료임원을 고객, 방문객에게 먼저 소개한다.
㉤ 임원을 비임원에게 먼저 소개한다.
㉥ 되도록 성과 이름을 동시에 말한다.
㉦ 상대방이 항상 사용하는 경우라면 Dr, 등의 칭호를 함께 언급한다.
㉧ 과거 정부 고관일지라도, 전직인 경우 호칭사용은 결례이다.

① ㉠, ㉡, ㉥ ② ㉢, ㉤, ㉧
③ ㉣, ㉤, ㉥ ④ ㉣, ㉤, ㉧
⑤ ㉣, ㉦, ㉧

26 다음 조직도를 올바르게 이해한 사람은 누구인가?

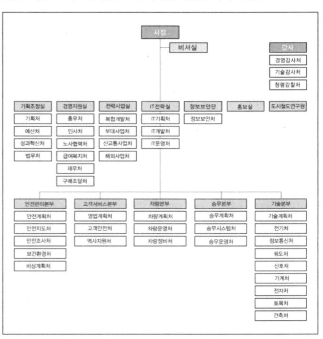

① 경영감사처는 사장 직속이 아니라 감사 산하에 별도로 소속되어 있다.

② 5본부가 사장 직속으로 구성되어 있다.

③ 7실 44처로 구성되어 있다.

④ 사장, 감사, 본부, 실, 단, 원, 처로 분류할 수 있다.

⑤ 기술본부는 9개의 처로 구성되어 있다.

다음은 '갑'사의 내부 결재 규정에 대한 설명이다. 다음 글을 읽고 이어지는 물음에 답하시오.

제○○조(결재)

① 기안한 문서는 결재권자의 결재를 받아야 효력이 발생한다.

② 결재권자는 업무의 내용에 따라 이를 위임하여 전결하게 할 수 있으며, 이에 대한 세부사항은 따로 규정으로 정한다. 결재권자가 출장, 휴가, 기타의 사유로 상당한 기간 동안 부재중일 때에는 그 직무를 대행하는 자가 대결할 수 있되, 내용이 중요한 문서는 결재권자에게 사후에 보고(후열)하여야 한다.

③ 결재에는 완결, 전결, 대결이 있으며 용어에 대한 정의와 결재방법은 다음과 같다.

  1. 완결은 기안자로부터 최종 결재권자에 이르기까지 관계자가 결재하는 것을 말한다.

  2. 전결은 사장이 업무내용에 따라 각 부서장에게 결재권을 위임하여 결재하는 것을 말하며, 전결하는 경우에는 전결하는 자의 서명 란에 '전결'표시를 하고 맨 오른쪽 서명 란에 서명하여야 한다.

  3. 대결은 결재권자가 부재중일 때 그 직무를 대행하는 자가 하는 결재를 말하며, 대결하는 경우에는 대결하는 자의 서명 란에 '대결'표시를 하고 맨 오른쪽 서명 란에 서명하여야 한다.

제○○조(문서의 등록)

① 문서는 당해 마지막 문서에 대한 결재가 끝난 즉시 결재일자순에 따라서 번호를 부여하고 처리과별로 문서등록대장에 등록하여야 한다. 동일한 날짜에 결재된 문서는 조직내부 원칙에 의해 우선순위 번호를 부여한다. 다만, 비치문서는 특별한 규정이 있을 경우를 제외하고는 그 종류별로 사장이 정하는 바에 따라 따로 등록할 수 있다.

② 문서등록번호는 일자별 일련번호로 하고, 내부결재문서인 때에는 문서등록대장의 수신처란에 '내부결재'표시를 하여야 한다.

③ 처리과는 당해 부서에서 기안한 모든 문서, 기안형식 외의 방법으로 작성하여 결재권자의 결재를 받은 문서, 기타 처리과의 장이 중요하다고 인정하는 문서를 제1항의 규정에 의한 문서등록대장에 등록하여야 한다.

④ 기안용지에 의하여 작성하지 아니한 보고서 등의 문서는 그 문서의 표지 왼쪽 위의 여백에 부서기호, 보존기간, 결재일자 등의 문서등록 표시를 한 후 모든 내용을 문서등록대장에 등록하여야 한다.

---

27 다음 중 '갑'사의 결재 및 문서의 등록 규정을 올바르게 이해하지 못한 것은?

① '대결'은 결재권자가 부재중일 경우 직무대행자가 행하는 결재 방식이다.

② 최종 결재권자는 여건에 따라 상황에 맞는 전결권자를 지정할 수 있다.

③ '전결'과 '대결'은 문서 양식상의 결재방식이 동일하다.

④ 문서등록대장은 매년 1회 과별로 새롭게 정리된다.

⑤ 기안문과 보고서 등 모든 문서는 결재일자가 기재되며 그 일자에 따라 문서등록대장에 등록된다.

28 '갑'사에 근무하는 직원의 다음과 같은 결재 문서 관리 및 조치 내용 중 규정에 따라 적절하게 처리한 것은?

① A 대리는 같은 날짜에 결재된 문서 2건을 같은 문서번호로 분류하여 등록하였다.

② B 대리는 중요한 내부 문서에는 '내부결재'를 표시하였고, 그 밖의 문서에는 '일반문서'를 표시하였다.

③ C 과장은 부하 직원에게 문서등록대장에 등록된 문서 중 결재 문서가 아닌 것도 포함될 수 있다고 알려주었다.

④ D 사원은 문서의 보존기간은 보고서에 필요한 사항이며 기안 문서에는 기재할 필요가 없다고 판단하였다.

⑤ 본부장이 최종 결재권자로 위임된 문서를 본부장 부재 시에 팀장이 최종 결재하게 되면, 팀장은 '전결' 처리를 한 것이다.

29 다음 시트의 [D10]셀에서 =DCOUNT(A2:F7,4,A9:B10)을 입력했을 때 결과 값으로 옳은 것은?

	A	B	C	D	E	F
1	4차 산업혁명 주요 테마별 사업체당 종사자 수					
2		2015	2016	2017	2018	2019
3	자율주행	24.2	21.2	21.9	20.6	20
4	인공지능	22.6	17	19.2	18.7	18.7
5	빅데이터	21.8	17.5	18.9	17.8	18
6	드론	43.8	37.2	40.5	39.6	39.7
7	3D프린팅	25	18.6	21.8	22.7	22.6
8						
9	2015	2019				
10	<25	>19				

① 0   ② 1

③ 2   ④ 3

⑤ 4

30 원모와 친구들은 여름휴가를 와서 바다에 입수하기 전 팬션 1층에 모여 날씨가 궁금해 인터넷을 통해 날씨를 보고 있다. 이때 아래에 주어진 조건을 참조하여 원모와 친구들 중 주어진 날씨 데이터를 잘못 이해한 사람을 고르면?

(조건 1) 현재시간은 월요일 오후 15시이다.
(조건 2) 5명의 휴가기간은 월요일 오후 15시(팬션 첫날)부터 금요일 오전 11시(팬션 마지막 날)까지이다.

① 원모 : 우리 팬션 퇴실하는 날에는 우산을 준비 해야겠어.
② 형일 : 내일 오전에는 비가 와서 우산 없이는 바다를 보며 산책하기는 어려울 것 같아.
③ 우진 : 우리들이 휴가 온 이번 주 날씨 중에서 수요일 오후 온도가 가장 높아.
④ 연철 : 자정이 되면 지금보다 온도가 더 높아져서 열대야 현상으로 인해 오늘밤 잠을 자기가 힘들 거야.
⑤ 규호 : 오늘 미세먼지는 보통수준이야.

31 아래 워크시트에서 부서명[E2:E4]을 번호[A2:A11] 순서대로 반복하여 발령부서[C2:C11]에 배정하고자 한다. 다음 중 [C2] 셀에 입력할 수식으로 옳은 것은?

	A	B	C	D	E
1	번호	이름	발령부서		부서명
2	1	황현아	기획팀		기획팀
3	2	김지민	재무팀		재무팀
4	3	정미주	총무팀		총무팀
5	4	오민아	기획팀		
6	5	김혜린	재무팀		
7	6	김윤중	총무팀		
8	7	박유미	기획팀		
9	8	김영주	재무팀		
10	9	한상미	총무팀		
11	10	서은정	기획팀		

① = INDEX($E$2:$E$4, MOD(A2, 3))
② = INDEX($E$2:$E$4, MOD(A2, 3) + 1)
③ = INDEX($E$2:$E$4, MOD(A2 − 1, 3) + 1)
④ = INDEX($E$2:$E$4, MOD(A2 − 1, 3))
⑤ = INDEX($E$2:$E$4, MOD(A2 − 1, 3) − 1)

32 다음 글에서 의미하는 자원의 특성을 가장 적절하게 설명한 것은 어느 것인가?

물적자원을 얼마나 확보하고 활용할 수 있느냐가 큰 경쟁력이 된다. 국가의 입장에 있어서도 자국에서 생산되지 않는 물품이 있으면 다른 나라로부터 수입을 하게 되고, 이러한 물품으로 인해 양국 간의 교류에서 비교우위가 가려지게 된다. 이러한 상황에서 자신이 보유하고 있는 자원을 얼마나 잘 관리하고 활용하느냐 하는 물적자원 관리는 매우 중요하다고 할 수 있다.

한편, 물적자원 확보를 위해 경쟁력 있는 해외의 물건을 수입하는 경우가 있다. 이 때, 필요한 물적자원을 얻기 위하여 예산이라는 자원을 쓰게 된다. 또한 거꾸로 예산자원을 벌기 위해 내가 확보한 물적자원을 내다 팔기도 한다.

① 물적자원을 많이 보유하고 있는 것이 다른 유형의 자원을 보유한 것보다 가치가 크다.
② 양국 간에 비교우위 물품이 가려지게 되면, 더 이상 그 국가와의 물적자원 교류는 무의미하다.
③ 물적자원과 예산자원 외에는 상호 보완하며 교환될 수 있는 자원의 유형이 없다.
④ 물적자원의 유한성은 외국과의 교류를 통해 극복될 수 있다.
⑤ 서로 다른 자원이 상호 반대급부로 작용할 수 있고, 하나의 자원을 얻기 위해 다른 유형의 자원이 동원될 수 있다.

33 다음과 같은 상황에서 길동이가 '맛나 음식점'에서 계속 일하기 위한 최소한의 연봉은 얼마인가?

> 현재 '맛나 음식점'에서 일하고 있는 길동이는 내년도 연봉 수준에 대해 '맛나 음식점' 사장과 협상을 하고 있다. 길동이는 협상이 결렬될 경우를 대비하여 퓨전 음식점 T의 개업을 고려하고 있다. 시장 조사 결과는 다음과 같다.
> • 보증금 3억 원(은행에서 연리 7.5%로 대출 가능)
> • 임대료 연 3,000만 원
> • 연간 영업비용
> – 직원 인건비 8,000만 원
> – 음식 재료비 7,000만 원
> – 기타 경비 6,000만 원
> • 연간 기대 매출액 3.5억 원

① 8,600만 원 ② 8,650만 원
③ 8,700만 원 ④ 8,750만 원
⑤ 8,800만 원

34 다음 글과 표를 근거로 판단할 때, A직원이 선택할 광고수단은?

> • 서울교통공사 홍보팀에 근무하는 A는 12월 1일부터 31일까지 연말 광고를 진행하려고 한다.
> • 주어진 예산은 3천만 원이며, 월별 광고 효과가 가장 큰 광고수단 하나만을 선택한다.
> • 광고비용이 예산을 초과하면 해당 광고수단은 선택하지 않는다.
> • 광고효과는 $\dfrac{\text{총 광고 횟수} \times \text{회당 광고노출자 수}}{\text{광고비용}}$ 으로 계산한다.

광고수단	광고 횟수	회당 광고노출자 수	월 광고비용 (천 원)
TV	월 3회	100만 명	30,000
버스	일 1회	10만 명	20,000
KTX	일 70회	1만 명	35,000
지하철	일 60회	2천 명	25,000
포털사이트	일 50회	5천 명	30,000

① TV ② 버스
③ KTX ④ 지하철
⑤ 포털사이트

35 다음은 장식품 제작 공정을 나타낸 것이다. 이에 대한 설명으로 옳은 것만을 〈보기〉에서 있는 대로 고른 것은? (단, 주어진 조건 이외의 것은 고려하지 않는다)

> 〈조건〉
> • A~E의 모든 공정 활동을 거쳐 제품이 생산되며, 제품 생산은 A 공정부터 시작된다.
> • 각 공정은 공정 활동별 한 명의 작업자가 수행하며, 공정 간 부품의 이동 시간은 고려하지 않는다.
>
> 〈작업순서〉

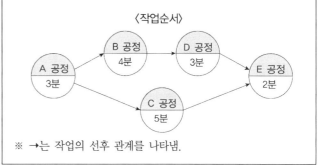

> ※ →는 작업의 선후 관계를 나타냄.

> 〈보기〉
> ㉠ 첫 번째 완제품은 생산 시작 12분 후에 완성된다.
> ㉡ 제품은 최초 생산 후 매 3분마다 한 개씩 생산될 수 있다.
> ㉢ C 공정의 소요 시간이 2분 지연되어도 첫 번째 완제품을 생산하는 총소요시간은 변화가 없다.

① ㉠
② ㉡
③ ㉠, ㉢
④ ㉡, ㉢
⑤ ㉠, ㉡, ㉢

36 다음은 노면전차 운행과 관련한 법률 내용의 일부이다. 다음의 내용을 참고한 운행에 대한 설명으로 옳지 않은 것은?

① 운전 원칙
　㉠ 노면전차 운전자는 일정한 운행 간격을 유지하면서 노면전차를 운전하여야 하고, 선행하는 노면전차가 비정상적으로 정지하는 경우에도 안전하게 정지할 수 있도록 안전거리를 유지하여야 한다.
　㉡ 노면전차 운전자는 노면전차 신호기가 고장 나거나 신호기를 명확히 인식하기 곤란한 경우에는 정지신호가 있는 것으로 보아 정지하여야 한다.
　㉢ 노면전차 운전자는 도로연계형 선로에서는 시계운전을 하여야 하고, 선로독립형 선로에서는 시스템운전을 하여야 한다. 다만, 하나의 노선에 도로연계형 선로와 선로독립형 선로가 함께 있는 경우에는 시스템운전을 하지 않을 수 있다.

② 운전방향
　㉠ 복선으로 된 선로를 운행하는 노면전차는 우측으로 통행하여야 한다.
　㉡ ㉠에도 불구하고 다음의 어느 하나에 해당하는 경우에는 보행자 또는 자동차 등의 안전을 확보하기 위한 조치를 한 후 운행 방향을 달리할 수 있다.
　　• 선로 또는 노면전차가 고장난 경우
　　• 구원전차(救援電車 : 사고 등의 복구에 운행되는 전차를 말한다)나 공사전차(工事電車 : 공사를 위해서 운행되는 전차를 말한다)를 운전하는 경우

③ 속도제한
　㉠ 도로연계형 선로를 운행하는 노면전차는 해당 도로의 최고속도 및 시속 70킬로미터를 초과해서 운행할 수 없다.
　㉡ 다음의 어느 하나에 해당하는 경우에는 시속 15킬로미터 이하로 운행하여야 한다.
　　• 선로전환기가 쇄정되어 있지 아니한 곳을 운행할 때
　　• 퇴행운전(최초로 진행한 방향과 반대방향으로 운전하는 것을 말한다)을 할 때
　　• 같은 차로 내에서 선행하는 노면전차 또는 자동차 등과의 거리가 100미터 이하일 때
　㉢ 노면전차 운영자는 안전운전에 필요한 속도제한 기준을 정하여야 한다. 이 경우 다음의 사항을 고려하여야 한다.
　　• 곡선 구간 : 노면전차의 성능 및 승객의 승차감
　　• 내리막길 구간 : 제동거리 및 제동성능

④ 승객안전 및 안내
　㉠ 노면전차 운전자는 정거장에서 승객이 승하차하고 노면전차의 모든 출입문이 닫힌 것을 확인한 후 출발하여야 한다.
　㉡ 노면전차 운전자는 정상 운영 과정에서 정차 시 승강장 방향으로만 노면전차의 출입문이 열리도록 하여야 한다.
　㉢ 노면전차 운전자는 도착하는 정거장명, 출입문 열림 방향 및 환승정보를 승객에게 제공하여야 한다.
　㉣ 노면전차 운전자는 운행 장애로 승객의 불편이 예상되는 경우 정거장과 노면전차 내 승객에게 장애 정보 및 대체 교통수단에 대한 정보를 제공하여야 한다.

① 운전자 A는 하나의 노선에 도로연계형 선로와 선로독립형 선로가 함께 있어 시스템운전을 하지 않았다.
② 운전자 B는 복선으로 된 선로를 운행하던 도중 선로가 고장나서 보행자 또는 자동차 등의 안전을 확보하기 위한 조치를 한 후 운행 방향을 달리했다.
③ 운전자 C는 선로전환기가 쇄정되어 있지 아니한 곳을 운행하고 있어서 30킬로미터로 운행했다.
④ 운전자 D는 정거장에서 승객이 승하차하고 노면전차의 모든 출입문이 닫힌 것을 확인한 후 출발했다.
⑤ 운전자 E는 도착하는 정거장명, 출입문 열림 방향 및 환승정보를 승객에게 제공했다.

37 다음은 A, B 사원의 직업 기초 능력을 평가한 결과이다. 이에 대한 설명으로 가장 적절한 것은?

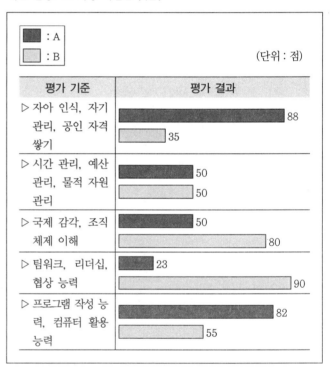

① A는 B보다 스스로를 관리하고 개발하는 능력이 우수하다.
② A는 B보다 조직의 체제와 경영을 이해하는 능력이 우수하다.
③ A는 B보다 업무 수행 시 만나는 사람들과 원만하게 지내는 능력이 우수하다.
④ B는 A보다 정보를 검색하고 정보 기기를 활용하는 능력이 우수하다.
⑤ B는 A보다 업무 수행에 필요한 시간, 자본 등의 자원을 예측 계획하여 할당하는 능력이 우수하다.

38 다음 중 팀워크에 관한 설명에 부합하는 사례로 옳은 것은?

팀워크란 팀 구성원이 공동의 목적을 달성하기 위해 상호 관계성을 가지고 서로 협력하여 일을 해나가는 것을 말한다. 좋은 팀워크를 유지한다고 해서 의견충돌이나 갈등이 없는 것이 아니지만 구성원은 상호 신뢰하고 존중하고 각자 역할과 책임을 다하므로 의견충돌이나 갈등상황이 지속되지 않고 효율적으로 업무를 추진한다. 이러한 조직에서는 이기주의 또는 자의식 과잉 등 개인을 우선하는 분위기, 팀 내 분열을 조장하는 파벌주의, 비효율적 업무처리 등 팀워크를 저해하는 요소를 찾을 수 없다.

〈사례〉
㉠ 평소 구성원 간 협동 또는 교류보다는 경쟁을 모토로 삼는 A팀은 올 상반기 매출실적이 사내 1위였다.
㉡ B팀은 지난주 회의 때 ○○제품의 출시일자를 두고 의견이 갈려 결론을 내지 못했지만, 이번 회의에서는 토론 및 설득을 통해 출시일자를 늦추자는 방안을 만장일치로 채택하였다.
㉢ C팀은 팀원 간 사적으로 친밀하고 단합을 중시하여 화기애애한 분위기이지만 사적인 관계로 인해 업무처리 속도가 다른 팀에 비하여 떨어지고 실수가 잦다.

① ㉠
② ㉡
③ ㉢
④ ㉠, ㉢
⑤ ㉡, ㉢

39 스마트 트레인과 관련하여 CBM 시스템을 설명하는 甲과 乙의 말에서 알 수 있는 직업윤리의 덕목은 무엇인가?

甲 : "CBM(Condition Based Maintenance) 시스템은 4차산업혁명의 핵심인 ABC 산업으로 불리는 AI, Big Data, Cloud 이 세 가지가 모두 집약되어 최적의 차량 유지보수를 가능하게 합니다. CBM 시스템과 연결된 운전실 디스플레이나 운영자 및 정비자에게 태블릿 PC로 열차상태를 실시간으로 확인할 수 있습니다. 이런 경우, 정해진 방법에 따라 운전자는 조속한 고장 조치를 취할 수 있으며, 이러한 정보는 서버를 통해 자동으로 운영자 및 유지보수자에게 전달되어 열차의 운행일정과 유지보수 일정의 효율적인 계획을 수립할 수 있습니다. 저는 이러한 CBM 시스템을 개발하는 것이 누구나 할 수 있는 것은 아니며 교육을 통한 지식과 경험을 갖추어야만 가능한 것임을 알고 있기에 제가 알고 있는 지식을 총 동원하여 최고의 시스템을 개발하기 위해 앞으로 더욱 노력할 것입니다."

乙 : "CBM 시스템은 차량과 지상 양쪽에서 모두 열차 상태에 대해 실시간 모니터링이 가능합니다. 현재 운행되는 열차는 유지보수 매뉴얼 등 별도의 문서 없이는 정비 인력이 설계나 유지보수 방법을 모두 파악하기 어렵습니다. 여기서 CBM 시스템을 이용하면 이러한 문제도 쉽게 해결할 수 있습니다. CBM 시스템에 연결된 모바일 장비 또는 사무실의 PC에서 웹 기반의 빅데이터 분석 플랫폼에 접속하여 각 고장에 대한 유지보수 메뉴를 클릭하면 고장과 관련된 데이터와 작업 지시서를 확인할 수 있습니다. 작업지시서에는 작업 매뉴얼과 관련 부품 재고, 위치 등 유지보수 작업에 필요한 모든 정보가 표시되어 엔지니어가 차량의 고장에 효율적으로 대처할 수 있습니다. 차량의 부품에도 각각 센서를 부착해 마모 상태 등을 측정한 후 정말 문제가 있을 때에 한해서 교체하게 되면 불필요한 비용을 절감할 수 있게 됩니다. 저는 평소에도 스마트 트레인 분야에 관심이 많았는데 이러한 시스템을 개발하는 것은 저에게 딱 맞는 일이라고 생각합니다. 앞으로도 긍정적인 생각을 갖고 업무 수행을 원활히 하도록 노력할 것입니다."

	甲	乙
①	전문가의식	천직의식
②	전문가의식	직분의식
③	천직의식	전문가의식
④	천직의식	소명의식
⑤	소명의식	직분의식

40 당신은 서울교통공사 입사 지원자이다. 서류전형 통과 후, NCS 기반의 면접을 보기 위해 면접장에 들어가 있는데, 면접관이 당신에게 다음과 같은 질문을 하였다. 다음 중 면접관의 질문에 대한 당신의 대답으로 가장 적절한 것은?

> 면접관 : 최근 많은 회사들이 윤리경영을 핵심 가치로 내세우며, 개혁을 단행하고 있습니다. 그건 저희 회사도 마찬가지입니다. 윤리경영을 단행하고 있는 저희 회사에 도움이 될 만한 개인 사례를 말씀해 주시기 바랍니다.
>
> 당신 : (   )

① 저는 시간관념이 철저하므로 회의에 늦은 적이 한 번도 없습니다.
② 저는 총학생회장을 역임하면서, 맡은 바 책임이라는 것이 무엇인지 잘 알고 있습니다.
③ 저는 상담사를 준비한 적이 있어서, 타인의 말을 귀 기울여 듣는 것이 얼마나 중요한지 알고 있습니다.
④ 저는 동아리 생활을 할 때, 항상 동아리를 사랑하는 마음으로 남들보다 먼저 동아리실을 청소하고, 시설을 유지하기 위해 노력했습니다.
⑤ 저는 모든 일이 투명하게 이뤄져야 한다고 생각합니다. 그래서 어린 시절 반에서 괴롭힘을 당하는 친구가 있으면 일단 선생님께 말씀드리곤 했습니다.

✎ 직무수행능력평가_궤도 · 토목일반(40문항/50분)

1 궤도강도를 증진시키기 위한 대책으로 거리가 먼 것은?
① 레일의 장대화
② 운행차량의 중량화
③ 침목 간격의 축소
④ 도상두께 확보
⑤ 침목 접지면의 확대

2 궤도에 작용하는 외력 중 횡압에 해당하는 것은?
① 레일 온도변화에 의한 축력
② 동력차의 가속, 제동 및 시동하중
③ 레일면 또는 차륜면의 주정에 기인한 충격력
④ 기울기 구간에서 차량 중량이 점착력에 의해 전후로 작용
⑤ 곡선 통과 시 불평형 원심력에 따른 수평성분

3 철도 소음 발생에 대한 궤도대책으로 가장 거리가 먼 것은?
① 레일을 장대화한다.
② 슬래브궤도의 하면 또는 도상궤도의 자갈아래에 설치한다.
③ 호륜레일을 설치한다.
④ 레일 연마에 의하여 파상마로를 삭정한다.
⑤ 궤도틀림을 방지한다.

4 다음 중 콘크리트 침목에 대한 설명으로 옳은 것은?
① 부식우려가 있어 내구연한이 짧다.
② 궤도틀림이 빈번하게 발생한다.
③ 보수비가 적어 경제적이다.
④ 탄성이 풍부하다.
⑤ 목침목에 비해 전기절연도가 높다.

5 다음 중 레일 이음매의 구비 조건이 아닌 것은?

① 이음매 이외의 부분과 강도와 강성이 동일할 것

② 구조가 간단하고 철거가 복잡할 것

③ 레일의 온도신축에 대하여 길이 방향으로 이동할 수 있을 것

④ 연직하중뿐만 아니라 횡압력에 대해서도 충분히 견딜 수 있을 것

⑤ 가격이 저렴하고 보수에 편리할 것

6 본선 레일과 마모 방지용 레일과의 간격에 대한 설명으로 옳은 것은?

① 탈선 방지용 레일과 동일한 간격이어야 한다.

② 안전레일과 같이 180mm정도이다.

③ 탈선 방지용 레일과 같이 65+Smm이다.

④ 탈선 방지용 레일보다 좁아야 효과가 있다.

⑤ 120mm이다.

7 다음 중 하중의 종류가 같은 것끼리 묶인 것은?

> ㉠ 차체중량
> ㉡ 궤도틀림
> ㉢ 침하
> ㉣ 곡선과 분기기에서 원심력 · 구심력
> ㉤ 횡풍
> ㉥ 불규칙한 레일 주행면

① ㉠, ㉡   ② ㉠, ㉡, ㉢

③ ㉢, ㉣   ④ ㉣, ㉤, ㉥

⑤ ㉡, ㉢, ㉥

8 다음 중 특수이음매에 해당하는 것을 모두 고른 것은?

> ㉠ 절연이음매   ㉡ 이형이음매
> ㉢ 신축이음매   ㉣ 용접이음매

① ㉠   ② ㉡, ㉢

③ ㉡, ㉢, ㉣   ④ ㉢, ㉣

⑤ ㉠, ㉡, ㉢, ㉣

9 다음 중 궤도에 작용하는 힘에 대한 설명으로 옳은 것은?

① 궤도에 작용하는 힘의 발생원인은 열차하중과 속도이다.

② 하중은 두 개의 레일에 걸쳐 균등하게 분포한다.

③ 하중은 공식에 따라 정량화하기 쉬워 파악이 용이하다.

④ 궤도에 작용되는 힘은 정하중과 동하중의 차이다.

⑤ 궤도에 발생되는 최대응력과 변형은 동하중 하에서 발생하는데 동하중은 정하중에 일정한 증가율을 곱하여 구한다.

10 다음 중 레일의 구성 원소가 아닌 것은?

① 탄소   ② 규소

③ 망간   ④ 알루미늄

⑤ 인

11 도상반력 $P=22kg/cm^2$, 측정지점의 탄성침하 $r=2cm$일 때 도상계수 값 K는 얼마이며, 이 노반에 대한 평가는?

① $1.1kg/cm^3$, 불량노반

② $1.1kg/cm^3$, 양호노반

③ $11kg/cm^3$, 불량노반

④ $11kg/cm^3$, 양호노반

⑤ $5kg/cm^3$, 불량노반

12 곡선 반경이 $800mm$인 곡선궤도에서 열차가 $100km/h$로 주행 시 산출 캔트량은 얼마인가? (단, $C_d=40mm$)

① $108mm$ ② $112mm$

③ $116mm$ ④ $118mm$

⑤ $120mm$

13 선로 3급선, $R=1,000m$, $C'=38mm$, $V=100km/h$일 때 원곡선구간의 설정 캔트량은?

① $65mm$ ② $70mm$

③ $75mm$ ④ $80mm$

⑤ $85mm$

14 $R = 600m$, $S' = 2mm$일 때 슬랙량은?

① $1.5mm$

② $2mm$

③ $2.5mm$

④ $3mm$

⑤ $3.5mm$

15 $R = 400m$와 $R = 600m$의 복심곡선이 있다. 운전속도가 $80km/h$이고, 캔트 부족량이 $40mm$이다. $R = 600m$에서 최소 캔트 체감거리는?

① $25.6m$

② $27.8m$

③ $31.7m$

④ $35.5m$

⑤ $37.8m$

16 다음 지반개량 공법 중 사질지반에 적당하지 않은 것은?

① 동압밀공법

② 다짐말뚝공법

③ 바이브로 컴포져공법

④ 폭파다짐법

⑤ 선하중재하공법

17 유선 위 한 점의 x, y, z축에 대한 좌표를 $(x,\ y,\ z)$라 하고 x, y, z축 방향속도성분을 각각 u, v, w라고 할 때 서로의 관계가 $\dfrac{dx}{u} = \dfrac{dv}{v} = \dfrac{dz}{w}$, $u = -ky$, $v = kx$, $w = 0$인 흐름에서 유선의 형태는? (단, k는 상수)

① 원

② 직선

③ 타원

④ 쌍곡선

⑤ 단곡선

18 경간 10m인 대칭 T형보에서 양쪽 슬래브의 중심간 거리 2,100mm, 슬래브두께 100mm, 복부의 폭 400mm일 때 플랜지의 유효폭은 얼마인가?

① 2,000mm ② 2,100mm

③ 2,300mm ④ 2,500mm

⑤ 2,800mm

19 PSC보의 휨강도 계산 시 긴장재의 응력 f_{ps}의 계산은 강재 및 콘크리트의 응력-변형률 관계로부터 정확히 계산할 수도 있으나 콘크리트 구조기준에서는 f_{ps}를 계산하기 위한 근사적 방법을 제시하고 있다. 그 이유는 무엇인가?

① PSC구조물은 강재가 항복한 이후 파괴까지 도달함에 있어 강도의 증가량이 거의 없기 때문이다.

② PSC구조물 인장에 대한 강도를 고려하지 않기 때문이다.

③ PSC보를 과보강 PSC보로부터 저보강 PSC보의 파괴상태로 유도하기 위함이다.

④ PSC구조물은 균열에 취약하므로 균열을 방지하기 위함이다.

⑤ PS강재의 응력은 항복응력 도달 이후에도 파괴시까지 점진적으로 증가하기 때문이다.

20 고속도로 공사에서 측점 10의 단면적은 318[m²], 측점 11의 단면적은 512[m²], 측점 12의 단면적은 682[m²]일 때 측점 10에서 측점 12까지의 토량은? (단, 양단면평균법에 의하며 측점 간의 거리는 20[m]이다.)

① $15,120[m^2]$ ② $20,160[m^2]$

③ $20,240[m^2]$ ④ $30,160[m^2]$

⑤ $30,240[m^2]$

21 동일한 재료 및 단면을 사용한 다음 기둥 중 좌굴하중이 가장 큰 기둥은?

① 양단힌지의 길이가 L인 기둥

② 양단고정의 길이가 2L인 기둥

③ 일단 자유 타단 고정의 길이가 0.5L인 기둥

④ 일단 힌지 타단 고정의 길이가 1.4L인 기둥

⑤ 일단 힌지 타단 고정의 길이가 1.2L인 기둥

22 내민보에 그림과 같이 지점 A에 모멘트가 작용하고 집중하중이 보의 양 끝에 작용한다. 이 보에 발생하는 최대휨모멘트의 절댓값은?

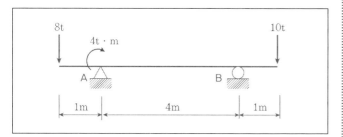

① 6t · m

② 8t · m

③ 10t · m

④ 12t · m

⑤ 14t · m

23 질과 단면이 같은 다음 2개의 외팔보에서 자유단의 처짐을 같게 하는 P_1/P_2의 값은?

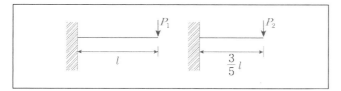

① 0.216

② 0.325

③ 0.437

④ 0.546

⑤ 0.598

24 단면의 성질에 관한 설명으로 바르지 않은 것은?

① 단면2차 모멘트의 값은 항상 0보다 크다.

② 도심축에 대한 단면1차 모멘트의 값은 항상 0이다.

③ 단면상승모멘트의 값은 항상 0보다 크거나 같다.

④ 단면2차 극모멘트의 값은 항상 극을 원점으로 하는 두 직교좌표축에 대한 단면2차 모멘트의 합과 같다.

⑤ 단면1차 모멘트는 면적의 도심을 구하는 데 사용되는 평균치 개념이다.

25 다음 그림과 같은 트러스에서 부재력이 0인 부재는 모두 몇 개인가?

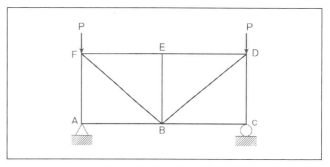

① 3개   ② 4개

③ 5개   ④ 7개

⑤ 8개

26 다음 그림과 같은 단면의 단면상승모멘트 I_{xy}는?

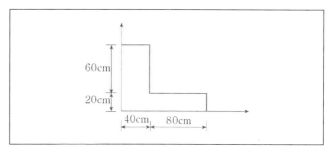

① 384,000cm⁴   ② 3,840,000cm⁴

③ 3,360,000cm⁴   ④ 3,520,000cm⁴

⑤ 3,640,000cm⁴

27 아래의 표에서 설명하는 것은?

> 탄성체에 저장된 변형에너지 U를 변위의 함수로 나타내는 경우에, 임의의 변위 $\triangle_i$에 관한 변형에너지 U의 1차 편도함수는 대응되는 하중 P_i와 같다.
>
> 즉, $P_i = \dfrac{\partial U}{\partial \triangle_i}$ 이다.

① 중첩의 원리

② 카스틸리아노의 제1정리

③ 베티의 정리

④ 멕스웰의 정리

⑤ 변형 에너지 최소의 정리

28 표고가 350[m]인 산 위에서 키가 1.80[m]인 사람이 볼 수 있는 수평거리의 한계는? (단, 지구곡률 반지름은 6,370[km]이다.)

① 47.34[km] ② 55.22[km]

③ 66.95[km] ④ 69.44[km]

⑤ 78.26[km]

29 곡선반지름이 700[m]인 원곡선을 70[km/h]의 속도로 주행하려 할 때 캔트(Cant)는? (단, 궤간은 1,073[m], 중력가속도는 9.8[m/s^2]로 한다.)

① 57.14[mm] ② 58.14[mm]

③ 59.14[mm] ④ 60.14[mm]

⑤ 61.14[mm]

30 다음 중 수준측량에서 전시와 후시의 거리를 같게 하여 소거할 수 있는 오차를 모두 고른 것은?

> ㉠ 지구의 곡률에 의해 생기는 오차
> ㉡ 기포관축과 시준축이 평행되지 않기 때문에 생기는 오차
> ㉢ 시준선상에 생기는 빛의 굴절에 의한 오차
> ㉣ 표척의 조정 불완전으로 인해 생기는 오차

① ㉠㉡ ② ㉡㉣

③ ㉠㉢㉣ ④ ㉠㉡㉣

⑤ ㉠㉡㉢

31 측량에 있어 미지값을 관측할 경우에 나타나는 오차와 관련된 설명으로 바르지 않은 것은?

① 경중률은 분산에 반비례한다.

② 경중률은 반복관측일 경우 각 관측값 간의 편차를 의미한다.

③ 일반적으로 큰 오차가 생길 확률은 작은 오차가 생길 확률보다 매우 작다.

④ 표준편차는 각과 거리와 같은 1차원의 경우에 대한 정밀도의 척도이다.

⑤ 경중률의 결정 방법은 주관적 방법과 객관적 방법이 있다.

32 축척 1:25000의 지형도에서 거리가 6.73cm인 두 점 사이의 거리를 다른 축척의 지형도에서 측정한 결과 11.21cm이었다면 이 지형도의 축척은 약 얼마인가?

① 1:20000

② 1:18000

③ 1:15000

④ 1:13000

⑤ 1:11000

33 단동식 증기해머로 말뚝을 박았다. 해머의 무게 2.5t, 낙하고 3m, 타격 당 말뚝의 평균관입량 1cm, 안전율 6일 때 Engineering -News공식으로 허용지지력을 구하면?

① 250t ② 200t

③ 100t ④ 50t

⑤ 25t

34 흙의 강도에 대한 설명으로 바르지 않은 것은?

① 점성토에서는 내부마찰각이 작고 사질토에서는 점착력이 작다.

② 일축압축시험은 주로 점성토에 많이 사용한다.

③ 이론상 모래의 내부마찰각은 0이다.

④ 흙의 전단응력은 내부마찰각과 점착력의 두 성분으로 이루어진다.

⑤ 흙의 강도는 점착력과 내부마찰각의 합이다.

35 토질조사에 대한 설명으로 바르지 않은 것은?

① 표준관입시험은 정적인 사운딩이다.

② 보링의 깊이는 설계의 형태 및 크기에 따라 변한다.

③ 보링의 위치와 수는 지형조건 및 설계형태에 따라 변한다.

④ 보링구멍은 사용 후에 흙이나 시멘트 그라우트로 메워야 한다.

⑤ 충격식보링은 굴진속도가 빠르고 비용도 저렴하나 분말상의 교란된 시료만 얻어진다.

36 부분 프리스트레싱(Partial Prestressing)에 대한 설명으로 옳은 것은?

① 부재단면의 일부에만 프리스트레스를 도입하는 방법이다.

② 구조물에 부분적으로 프리스트레스트 콘크리트 부재를 사용하는 방법이다.

③ 사용하중 작용 시 프리스트레스트 콘크리트 부재 단면의 일부에 인장응력이 생기는 것을 허용하는 방법이다.

④ 프리스트레스트 콘크리트 부재 설계 시 부재 하단에만 프리스트레스를 주고 부재 상단에는 프리스트레스 하지 않는 방법이다.

⑤ 사용하중 하에서 부재전면에 인장응력이 일어나도록 설계하는 방법이다.

37 다음 중 표준갈고리를 갖는 인장이형철근의 정착에 대한 설명으로 바르지 않은 것을 모두 고른 것은? (단, d_b는 철근의 공칭지름이다.)

> ㉠ 갈고리는 압축을 받는 경우 철근정착에 유효한 것으로 본다.
> ㉡ 정착길이는 위험단면으로부터 갈고리의 외측단까지의 길이로 나타낸다.
> ㉢ f_{sp}값이 규정되어 있지 않은 경우 모래경량콘크리트계수는 0.7이다.
> ㉣ 기본정착길이에 보정계수를 곱하여 정착길이를 계산하는데 이렇게 구한 정착길이는 항상 $8d_b$이상, 또한 150mm 이상이어야 한다.

① ㉠㉡ ② ㉠㉢

③ ㉡㉢ ④ ㉢㉣

⑤ ㉡㉣

38 강도설계에서 $f_{ck} = 29MPa$, $f_y = 300MPa$일 때 단철근 직사각형보의 균형철근비(ρ_b)는?

① 0.034

② 0.046

③ 0.051

④ 0.067

⑤ 0.071

39 철근의 겹침이음 등급에서 A급이음의 조건은 다음 중 어느 것인가?

① 배치된 철근량이 이음부 전체구간에서 해석결과 요구되는 소요철근량의 3배 이상이고 소요겹침이음길이 내 겹침이음된 철근량이 전체 철근량의 1/3 이상인 경우

② 배치된 철근량이 이음부 전체 구간에서 해석결과 요구되는 소요철근량의 3배 이상이고 소요겹침이음길이 내 겹침이음된 철근량이 전체 철근량의 1/2 이하인 경우

③ 배치된 철근량이 이음부 전체 구간에서 해석결과 요구되는 소요철근량의 2배 이상이고 소요겹침이음길이 내 겹침이음된 철근량이 전체 철근량의 1/3 이상인 경우

④ 배치된 철근량이 이음부 전체 구간에서 해석결과 요구되는 소요철근량의 2배 이상이고 소요겹침이음길이 내 겹침이음된 철근량이 전체 철근량의 1/2 이상인 경우

⑤ 배치된 철근량이 이음부 전체 구간에서 해석결과 요구되는 소요철근량의 2배 이상이고 소요겹침이음길이 내 겹침이음된 철근량이 전체 철근량의 2배 이상인 경우

40 그림과 같은 단주에서 편심거리 e에 $P=800$kg이 작용할 때 단면에 인장력이 생기지 않기 위한 e의 한계는?

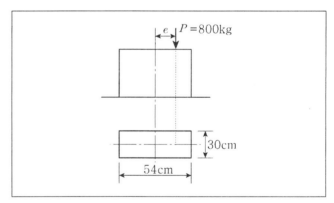

① 7cm ② 8cm

③ 9cm ④ 10cm

⑤ 11cm

서울교통공사

필기시험 모의고사

	영 역	직업기초능력평가, 직무수행능력평가(궤도 · 토목일반)
제 3 회	문항수	80문항
	시 간	100분
	비 고	객관식 5지선다형

SEOWONGAK
(주)서원각

제3회 필기시험 모의고사

✏️ **직업기초능력평가(40문항/50분)**

1 다음 밑줄 친 어휘의 쓰임이 가장 적절하지 않은 것은?

알고리즘으로 <u>무장</u>한 국내외 ICT 사업자들이 무시할 수 없는 원칙이 나왔다. 방송통신위원회와 정보통신정책연구원이 '이용자 중심의 지능정보사회를 위한 원칙'을 <u>발표</u>했다. 이번 원칙을 만들기 위해 구글코리아, 페이스북코리아, 넷플릭스, 카카오, 삼성전자, KT, SKT, LG유플러스, 한국 IBM, 한국 마이크로소프트 등 사업자를 대표하는 13명과 학계 6명이 <u>자문</u>단으로 참여했다. 방통위는 보도자료를 내고 "신기술의 도입이 <u>초월</u>할 수 있는 기술적, 사회적 위험으로부터 안전한 지능정보서비스 환경을 <u>조성</u>하기 위해, 지능정보사회의 구성원들이 고려할 공동의 기본 원칙"을 만들었다고 밝혔다.

① 무장
② 발표
③ 자문
④ 초월
⑤ 조성

2 다음 중 밑줄 친 단어와 같은 의미로 사용된 문장은?

종묘(宗廟)는 조선시대 역대 왕과 왕비, 그리고 추존(追尊)된 왕과 왕비의 신주(神主)를 봉안하고 제사를 <u>지내는</u> 왕실의 사당이다. 신주는 사람이 죽은 후 하늘로 돌아간 신혼(神魂)이 의지하는 것으로, 왕과 왕비의 사후에도 그 신혼이 의지할 수 있도록 신주를 제작하여 종묘에 봉안했다. 조선 왕실의 신주는 우주(虞主)와 연주(練主) 두 종류가 있는데, 이 두 신주는 모양은 같지만 쓰는 방식이 달랐다. 먼저 우주는 묘호(廟號), 상시(上諡), 대왕(大王)의 순서로 붙여서 썼다. 여기에서 묘호와 상시는 임금이 승하한 후에 신위(神位)를 종묘에 봉안할 때 올리는 것으로서, 묘호는 '태종', '세종', '문종' 등과 같은 추존 칭호이고 상시는 8글자의 시호로 조선의 신하들이 정해 올렸다.

한편 연주는 유명증시(有明贈諡), 사시(賜諡), 묘호, 상시, 대왕의 순서로 붙여서 썼다. 사시란 중국이 조선의 승하한 국왕에게 내려준 시호였고, 유명증시는 '명나라 왕실이 시호를 내린다'는 의미로 사시 앞에 붙여 썼던 것이었다. 하지만 중국 왕조가 명나라에서 청나라로 바뀐 이후에는 연주의 표기 방식이 바뀌었는데, 종래의 표기 순서 중에서 유명증시와 사시를 빼고 표기하게 되었다. 유명증시를 뺀 것은 더 이상 시호를 내려줄 명나라가 존재하지 않았기 때문이었고, 사시를 뺀 것은 청나라가 시호를 보냈음에도 불구하고 조선이 청나라를 오랑캐의 나라로 치부하여 그것을 신주에 반영하지 않았기 때문이었다.

① 그는 산속에서 <u>지내면서</u> 혼자 공부를 하고 있다.
② 둘은 전에 없이 친하게 <u>지내고</u> 있었다.
③ 그는 이전에 시장을 <u>지내고</u> 지금은 시골에서 글을 쓰며 살고 있다.
④ 비가 하도 오지 않아 기우제를 <u>지내기로</u> 했다.
⑤ 아이들은 휴양지에서 여름 방학을 <u>지내기를</u> 소원하였다.

3 다음 서식을 보고 빈칸에 들어갈 알맞은 단어를 고른 것은?

납품(장착) 확인서

1. 제　품　　명 : 슈퍼터빈(연료과급기)
2. 회　사　　명 : 서원각
3. 사업자등록번호 : 123-45-67890
4. 주　　　　　소 : 경기도 고양시 일산서구 가좌동 846
5. 대　표　　자 : 정 확 한
6. 공 급 받 는 자 : ㈜소정 코리아
7. 납품(계약)단가 : 일금 이십육만원정(₩ 260,000)
8. 납품(계약)금액 : 일금 이백육십만원정(₩ 2,600,000)
9. 장착차량 현황

차종	연식	차량번호	사용연료	규격(size)	수량	비고
스타렉스			경유	72mm	4	
카니발			경유		2	
투싼			경유	56mm	2	
야무진			경유		1	
이스타나			경유		1	
합계					10	₩2,600,000

귀사 제품 슈퍼터빈을 테스트한 결과 연료절감 및 매연저감에 효과가 있으므로 당사 차량에 대해 (　　　) 장착하였음을 확인합니다.

　　　납 품 　 처 : ㈜소정 코리아
　　　사업자등록번호 : 987-65-43210
　　　상　　　　　호 : ㈜소정 코리아
　　　주　　　　　소 : 서울시 강서구 가양동 357-9
　　　대　표　　자 : 장 착 해

---

① 일절
② 일체
③ 전혀
④ 반품
⑤ 환불

4 다음 글을 읽고 이 글을 뒷받침할 수 있는 주장으로 가장 적합한 것은?

X선 사진을 통해 폐질환 진단법을 배우고 있는 의과대학 학생을 생각해 보자. 그는 암실에서 환자의 가슴을 찍은 X선 사진을 보면서, 이 사진의 특징을 설명하는 방사선 전문의의 강의를 듣고 있다. 그 학생은 가슴을 찍은 X선 사진에서 늑골뿐만 아니라 그 밑에 있는 폐, 늑골의 음영, 그리고 그것들 사이에 있는 아주 작은 반점들을 볼 수 있다. 하지만 처음부터 그럴 수 있었던 것은 아니다. 첫 강의에서는 X선 사진에 대한 전문의의 설명을 전혀 이해하지 못했다. 그가 가리키는 부분이 무엇인지, 희미한 반점이 과연 특정질환의 흔적인지 전혀 알 수가 없었다. 전문의가 상상력을 동원해 어떤 가상적 이야기를 꾸며내는 것처럼 느껴졌을 뿐이다. 그러나 몇 주 동안 이론을 배우고 실습을 하면서 지금은 생각이 달라졌다. 그는 문제의 X선 사진에서 이제는 늑골 뿐 아니라 폐와 관련된 생리적인 변화, 흉터나 만성 질환의 병리학적 변화, 급성질환의 증세와 같은 다양한 현상들까지도 자세하게 경험하고 알 수 있게 될 것이다. 그는 전문가로서 새로운 세계에 들어선 것이고, 그 사진의 명확한 의미를 지금은 대부분 해석할 수 있게 되었다. 이론과 실습을 통해 새로운 세계를 볼 수 있게 된 것이다.

---

① 관찰은 배경지식에 의존한다.
② 과학에서의 관찰은 오류가 있을 수 있다.
③ 과학 장비의 도움으로 관찰 가능한 영역은 확대된다.
④ 관찰정보는 기본적으로 시각에 맺혀지는 상에 의해 결정된다.
⑤ X선 사진의 판독은 과학데이터 해석의 일반적인 원리를 따른다.

5 甲의 견해에 근거할 때 정치적으로 가장 불안정할 것으로 예상되는 정치체제의 유형은?

민주주의 정치체제 분류는 선거제도와 정부의 권력구조(의원내각제 혹은 대통령제)를 결합시키는 방식에 따라 크게 A, B, C, D, E 다섯 가지 유형으로 나눌 수 있다. A형은 의원들이 비례대표제에 의해 선출되는 의원내각제의 형태다. 비례대표제는 총 득표수에 비례해서 의석수를 배분하는 방식이다. B형은 단순다수대표제 방식으로 의원들을 선출하는 의원내각제의 형태다. 단순다수대표제는 지역구에서 1인의 의원을 선출하는 방식이다. C형은 의회 의원들을 단순다수대표 선거제도에 의해 선출하는 대통령제 형태다. D형의 경우 의원들은 비례대표제 방식을 통해 선출하며 권력구조는 대통령제를 선택하고 있는 형태다. 마지막으로 E형은 일종의 혼합형으로 권력구조에서는 상당한 권한을 가진 선출직 대통령과 의회에 기반을 갖는 수상이 동시에 존재하는 형태다. 의회 의원은 단순다수대표제에 의해 선출된다.

한편 甲은 "한 국가의 정당체제는 선거제도에 의해 영향을 받는다. 민주주의 국가들에 대한 비교 연구 결과에 의하면 비례대표제를 의회 선거제도로 운용하고 있는 국가들의 정당체제는 대정당과 더불어 군소정당이 존립하는 다당제 형태가 일반적이다. 전국을 다수의 지역구로 나누고 그 지역구별로 1인을 선출하는 단순다수대표제의 경우 군소정당 후보자들에게 불리하며, 따라서 두 개의 지배적인 정당이 출현하는 양당제의 형태가 자리 잡게 된다. 또한 정치적 안정 여부는 정당체제가 어떤 권력 구조와 결합하는가에 따라 결정된다. 의원내각제는 양당제와 다당제 모두와 조화되어 정치적 안정을 도모할 수 있는 반면 혼합형과 대통령제의 경우 정당체제가 양당제일 경우에만 정치적으로 안정되는 현상을 보인다."라고 주장하였다.

① A형 ② B형
③ C형 ④ D형
⑤ E형

| 6~7 | (가)는 카드 뉴스, (나)는 신문 기사이다. 물음에 답하시오.

(가)

— [카드뉴스] —
노약자석? **NO** 교통약자석!

버스나 지하철 '노약자석'의 정식 명칭은 '교통약자석'입니다.

교통약자석의 설치 근거는 '교통약자의 이동편의 증진법' 입니다.

여기서 '교통약자'란 고령자 뿐만 아니라 장애인, 임산부, 영유아 동반자 등을 말합니다.

그러나 이에 대한 인식부족으로 교통약자석이 제 기능을 못하고 있습니다.

교통약자에 대한 배려와 평등권 보장이라는 의의를 지닌 교통약자석에 대해 올바른 인식이 필요한 때입니다.

(나)

− 교통약자석, 본래의 기능 다하고 있나? −
좌석에 대한 올바른 인식 필요

요즘 대중교통 교통약자석이 논란이 되고 있다. 실제로 서울 지하철 교통약자석 관련 민원이 2014년 117건에서 2016년 400건 이상으로 대폭 상승했다. 다음은 교통약자석과 관련된 인터뷰 내용이다.

"저는 출근 전 아이를 시댁에 맡길 때 지하철을 이용해요. 가끔 교통약자석에 앉곤 하는데, 그 자리가 어르신들을 위한 자리 같아 마음이 불편해요. 자리다툼이 있었다는 뉴스를 본 후 앉는 것이 더 망설여져요." (회사원 김○○ 씨 (여, 32세))

'교통약자의 이동편의 증진법'에 따라 설치된 교통약자석은 장애인, 고령자, 임산부, 영유아를 동반한 사람, 어린이 등 일상생활에서 이동에 불편을 느끼는 사람이라면 누구나 이용할 수 있다. 그러나 위 인터뷰에서처럼 시민들이 교통약자석에 대해 제대로 알지 못해 교통약자석이 본래의 기능을 다하고 있지 못하는 실정이다. 교통약자석이 제 기능을 다하기 위해서는 이에 대한 시민들의 올바른 인식이 필요하다.
− 2017. 10. 24. ○○신문, □□□기자

6 ㈎에 대한 이해로 적절하지 않은 것은?

① 의문을 드러내고 그에 답하는 방식을 통해 교통약자석에 대한 잘못된 통념을 환기하고 있다.

② 교통약자석과 관련된 법을 제시하여 글의 정확성과 신뢰성을 높이고 있다.

③ 용어에 대한 설명을 통해 '교통약자'의 의미를 이해하도록 돕고 있다.

④ 교통약자석에 대한 인식 부족으로 인해 발생하는 문제점들을 원인에 따라 분류하고 있다.

⑤ 교통약자석의 설치 의의를 언급함으로써 글의 주제에 대해 공감할 수 있도록 유도하고 있다.

7 ㈎와 ㈏를 비교한 내용으로 적절한 것은?

① ㈎와 ㈏는 모두 다양한 통계 정보를 활용하여 주제를 뒷받침하고 있다.

② ㈎는 ㈏와 달리 글과 함께 그림들을 비중 있게 제시하여 의미 전달을 용이하게 하고 있다.

③ ㈎는 ㈏와 달리 제목을 표제와 부제의 방식으로 제시하여 뉴스에 담긴 의미를 강조하고 있다.

④ ㈏는 ㈎와 달리 비유적이고 함축적인 표현들을 주로 사용하여 주제 전달의 효과를 높이고 있다.

⑤ ㈏는 ㈎와 달리 표정이나 몸짓 같은 비언어적 요소를 활용하여 내용을 실감 나게 전달하고 있다.

8 어떤 이동 통신 회사에서는 휴대폰의 사용 시간에 따라 매월 다음과 같은 요금 체계를 적용한다고 한다.

요금제	기본 요금	무료 통화	사용 시간(1분)당 요금
A	10,000원	0분	150원
B	20,200원	60분	120원
C	28,900원	120분	90원

예를 들어, B요금제를 사용하여 한 달 동안의 통화 시간이 80분인 경우 사용 요금은 다음과 같이 계산한다.

$$20,200 + 120 \times (80 - 60) = 22,600 \text{ 원}$$

B요금제를 사용하는 사람이 A요금제와 C요금제를 사용할 때 보다 저렴한 요금을 내기 위한 한 달 동안의 통화 시간은 a분 초과 b분 미만이다. 이때, $b - a$의 최댓값은? (단, 매월 총 사용 시간은 분 단위로 계산한다.)

① 70 ② 80

③ 90 ④ 100

⑤ 110

9 어느 인기 그룹의 공연을 준비하고 있는 기획사는 다음과 같은 조건으로 총 1,500장의 티켓을 판매하려고 한다. 티켓 1,500장을 모두 판매한 금액이 6,000만 원이 되도록 하기 위해 판매해야 할 S석 티켓의 수를 구하면?

㈎ 티켓의 종류는 R석, S석, A석 세 가지이다.

㈏ R석, S석, A석 티켓의 가격은 각각 10만 원, 5만 원, 2만 원이고, A석 티켓의 수는 R석과 S석 티켓의 수의 합과 같다.

① 450장

② 600장

③ 750장

④ 900장

⑤ 1,050장

10 다음은 이 대리가 휴가 기간 중 할 수 있는 활동 내역을 정리한 표이다. 집을 출발한 이 대리가 활동을 마치고 다시 집으로 돌아올 경우 전체 소요시간이 가장 짧은 것은 어느 것인가?

활동	이동수단	거리	속력	목적지 체류시간
당구장	전철	12km	120km/h	3시간
한강공원 라이딩	자전거	30km	15km/h	–
파워워킹	도보	5.4km	3km/h	–
북카페 방문	자가용	15km	50km/h	2시간
강아지와 산책	도보	3km	3km/h	1시간

① 당구장

② 한강공원 라이딩

③ 파워워킹

④ 북카페 방문

⑤ 강아지와 산책

11 다음은 산업재산권 유지를 위한 등록료에 관한 자료이다. 다음 중 권리 유지비용이 가장 많이 드는 것은? (단, 특허권, 실용신안권의 기본료는 청구범위의 항 수와는 무관하게 부과되는 비용으로 청구범위가 1항인 경우 기본료와 1항에 대한 가산료가 부과된다)

(단위 : 원)

구분\권리	설정등록료 (1~3년분)		연차등록료			
			4~6 년차	7~9 년차	10~12 년차	13~15 년차
특허권	기본료	81,000	매년 60,000	매년 120,000	매년 240,000	매년 480,000
	가산료 (청구범위의 1항마다)	54,000	매년 25,000	매년 43,000	매년 55,000	매년 68,000
실용 신안권	기본료	60,000	매년 40,000	매년 80,000	매년 160,000	매년 320,000
	가산료 (청구범위의 1항마다)	15,000	매년 10,000	매년 15,000	매년 20,000	매년 25,000
디자인권	75,000		매년 35,000	매년 70,000	매년 140,000	매년 280,000
상표권	211,000 (10년분)		10년 연장 시 256,000			

① 청구범위가 3항인 특허권에 대한 3년간의 권리 유지

② 청구범위가 1항인 특허권에 대한 4년간의 권리 유지

③ 청구범위가 3항인 실용신안권에 대한 5년간의 권리 유지

④ 한 개의 디자인권에 대한 7년간의 권리 유지

⑤ 한 개의 상표권에 대한 10년간의 권리 유지

12 다음은 H 그룹사 중 철강과 지원 분야에 관한 자료이다. 다음을 이용하여 A, B, C, D 중 두 번째로 큰 값은? (단, 지점은 역할에 따라 실, 연구소, 공장, 섹션, 사무소 등으로 구분되며, 하나의 지점은 1천명의 직원으로 조직된다)

구분	그룹사	편제	직원 수(명)
철강	H강판	1지점	1,000
	SNNC	2지점	2,000
지원	H메이트	실 10지점, 공장 A지점	( )
	H터미날	실 5지점, 공장 B지점	( )
	H기술투자	실 7지점, 공장 C지점	( )
	H휴먼스	공장 D지점, 연구소 1지점	( )
	H인재창조원	섹션 1지점, 사무소 1지점	2,000
	H경영연구원	1지점	1,000
계		45지점	45,000

• H터미날과 H휴먼스의 직원 수는 같다.

• H메이트의 공장 수와 H터미날의 공장 수를 합하면 H기술투자의 공장 수와 같다.

• H메이트의 공장 수는 H휴먼스의 공장 수의 절반이다.

① 3

② 4

③ 5

④ 6

⑤ 7

13 다음은 ○○그룹의 1997년도와 2008년도 7개 계열사의 영업이익률이다. 자료 분석 결과로 옳은 것은?

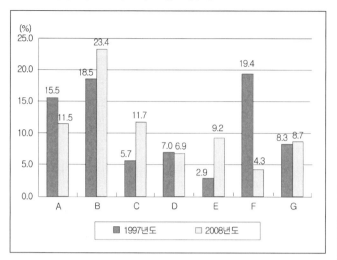

① B계열사의 2008년 영업이익률은 나머지 계열사의 영업이익률의 합보다 많다.

② 1997년도에 가장 높은 영업이익률을 낸 계열사는 2008년에도 가장 높은 영업이익률을 냈다.

③ 2008년 G계열사의 영업이익률은 1997년 E계열사의 영업이익률의 2배가 넘는다.

④ 7개 계열사 모두 1997년 대비 2008년의 영업이익률이 증가하였다.

⑤ 1997년과 2008년 모두 영업이익률이 10%을 넘은 계열사는 3곳이다.

┃14~15┃ 다음은 우리나라의 연도별 지역별 수출입액을 나타낸 자료이다. 물음에 답하시오.

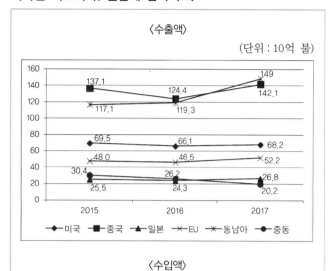

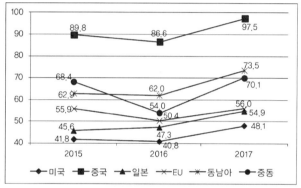

※ 무역수지는 수출액에서 수입액을 뺀 것을 의미한다. 무역수지가 양수이면 흑자, 음수이면 적자를 나타내며, 무역수지의 수치가 작아질수록 무역수지가 '악화'된 것이다.

14 위 내용을 참고할 때, 연도별 무역수지 증감내역을 올바르게 설명한 것은 어느 것인가?

① 무역수지 악화가 지속적으로 심해진 무역 상대국(지역)은 일본뿐이다.

② 매년 무역수지 흑자를 나타낸 무역 상대국(지역)은 2개국(지역)이다.

③ 무역수지 흑자가 매년 감소한 무역 상대국(지역)은 미국과 중국이다.

④ 무역수지가 흑자에서 적자 또는 적자에서 흑자로 돌아선 무역 상대국(지역)은 1개국(지역)이다.

⑤ 매년 무역수지 적자규모가 가장 큰 무역 상대국(지역)은 일본이다.

15 2018년 동남아 수출액은 전년대비 20% 증가하고 EU 수입액은 20% 감소하였다면, 2018년 동남아 수출액과 EU 수입액의 차이는 얼마인가?

① 1,310억 불 ② 1,320억 불

③ 1,330억 불 ④ 1,340억 불

⑤ 1,350억 불

16 수인이와 혜인이는 주말에 차이나타운(인천역)에 가서 자장면도 먹고 쇼핑도 할 계획이다. 지하철노선도를 보고 계획을 짜고 있는 상황에서 아래의 노선도 및 각 조건에 맞게 상황을 대입했을 시에 두 사람의 개인 당 편도 운임 및 역의 수가 바르게 짝지어진 것은? (단, 출발역과 도착역의 수를 포함한다)

(조건 1)	두 사람의 출발역은 청량리역이며, 환승하지 않고 직통으로 간다. (1호선)
(조건 2)	추가요금은 기본운임에 연속적으로 더한 금액으로 한다. 청량리~서울역 구간은 1,250원(기본운임)이며, 서울역~구로역까지 200원 추가, 구로역~인천역까지 300원씩 추가된다.

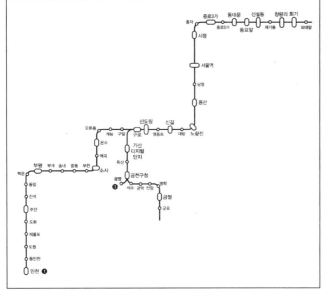

	편도 금액	역의 수
①	㉠ 1,600원	㉡ 33개 역
②	㉠ 1,650원	㉡ 38개 역
③	㉠ 1,700원	㉡ 31개 역
④	㉠ 1,750원	㉡ 38개 역
⑤	㉠ 1,800원	㉡ 35개 역

17 A, B, C, D, E 5명은 원탁 테이블에 앉아 오전 회의를 진행한 후, 오후에는 〈조건〉과 같이 좌석배치를 달리 하였다. 〈조건〉을 만족할 때 오후의 좌석배치를 오전 A의 위치부터 시계방향으로 올바르게 나열한 것은 어느 것인가?

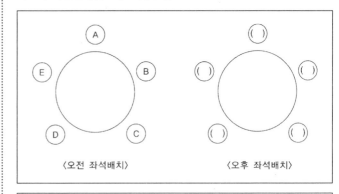

〈오전 좌석배치〉 〈오후 좌석배치〉

〈조건〉

• A는 오전 D와 C의 위치로 이동하지 않았다.
• C는 오전 B와 D의 위치로 이동하지 않았다.
• D는 오전 B와 E의 위치로 이동하지 않았다.
• B는 오전 A의 위치로 이동하였다.

① C − E − A − D − B

② A − C − D − B − E

③ B − D − E − A − C

④ C − D − A − E − B

⑤ B − A − D − E − C

18 다음은 ○○문화회관 전시기획팀의 주간회의록이다. 자료에 대한 내용으로 옳은 것은?

<table>
<tr><td colspan="6" align="center">주 간 회 의 록</td></tr>
<tr><td>회의 일시</td><td colspan="2">2018. 7. 2(월)</td><td>부서</td><td>전시기획팀</td><td>작성자</td><td>사원 甲</td></tr>
</table>

회의 일시	2018. 7. 2(월)	부서	전시기획팀	작성자	사원 甲
참석자	戊 팀장, 丁 대리, 丙 사원, 乙 사원				
회의 안건	1. 개인 주간 스케줄 및 업무 점검 2. 2018년 하반기 전시 일정 조정				

	내용	비고
회의 내용	1. 개인 주간 스케줄 및 업무 점검 • 戊 팀장 : 하반기 전시 참여 기관 미팅, 외부 전시장 섭외 • 丁 대리 : 하반기 전시 브로슈어 작업, 브로슈어 인쇄 업체 선정 • 丙 사원 : 홈페이지 전시 일정 업데이트 • 乙 사원 : 2018년 상반기 전시 만족도 조사 2. 2018년 하반기 전시 일정 조정 • 하반기 전시 기간 : 9~11월, 총 3개월 • 전시 참여 기관 : A~I 총 9팀 −관내 전시장 6팀, 외부 전시장 3팀 • 전시 일정 : 관내 2팀, 외부 1팀으로 3회 진행	• 7월 7일 AM 10:00 외부 전시장 사전답사 (戊 팀장, 丁 대리) • 회의 종료 후, 전시 참여 기관에 일정 안내 (7월 4일까지 변경 요청 없을 시 그대로 확정)

장소\기간	관내 전시장	외부 전시장
9월	A, B	C
10월	D, E	F
11월	G, H	I

	내용	작업자	진행일정
결정 사항	브로슈어 표지 이미지 샘플조사	丙 사원	2018. 7. 2~7. 3
	상반기 전시 만족도 설문조사	乙 사원	2018. 7. 2~7. 5

특이 사항	다음 회의 일정 : 7월 9일 • 2018년 상반기 전시 만족도 확인 • 브로슈어 표지 결정, 내지 1차 시안 논의

① 이번 주 금요일 외부 전시장 사전 답사에는 戊 팀장과 丁 대리만 참석한다.

② 丙 사원은 이번 주에 홈페이지 전시 일정 업데이트만 하면 된다.

③ 7월 4일까지 전시 참여 기관에서 별도의 연락이 없었다면, H팀의 전시는 2018년 11월 관내 전시장에 볼 수 있다.

④ 2018년 하반기 전시는 ○○문화회관 관내 전시장에서만 열릴 예정이다.

⑤ 乙 사원은 이번 주 금요일까지 상반기 전시 만족도 설문 조사를 진행할 예정이다.

---

19 다음은 L공사의 토지판매 알선장려금 산정 방법에 대한 표와 알선장려금을 신청한 사람들의 정보이다. 이를 바탕으로 지급해야 할 알선장려금이 잘못 책정된 사람을 고르면?

[토지판매 알선장려금 산정 방법]

□ 일반토지(산업시설용지 제외) 알선장려금(부가가치세 포함된 금액)

계약기준금액	수수료율(중개알선장려금)	한도액
4억 원 미만	계약금액 × 0.9%	360만 원
4억 원 이상~ 8억 원 미만	360만 원 + (4억 초과 금액 × 0.8%)	680만 원
8억 원 이상~ 15억 원 미만	680만 원 + (8억 초과 금액 × 0.7%)	1,170만 원
15억 원 이상~ 40억 원 미만	1,170만 원 + (15억 초과 금액 × 0.6%)	2,670만 원
40억 원 이상	2,670만 원 + (40억 초과 금액 × 0.5%)	3,000만 원 (최고한도)

□ 산업·의료시설용지 알선장려금(부가가치세 포함된 금액)

계약기준금액	수수료율(중개알선장려금)	한 도 액
해당 없음	계약금액 × 0.9%	5,000만 원 (최고한도)

□ 알선장려금 신청자 목록

− 김유진 : 일반토지 계약금액 3억 5천만 원

− 이영희 : 산업용지 계약금액 12억 원

− 심현우 : 일반토지 계약금액 32억 8천만 원

− 이동훈 : 의료시설용지 계약금액 18억 1천만 원

− 김원근 : 일반용지 43억 원

① 김유진 : 315만 원

② 이영희 : 1,080만 원

③ 심현우 : 2,238만 원

④ 이동훈 : 1,629만 원

⑤ 김원근 : 3,000만 원

〈각 교통편 운행 노선〉

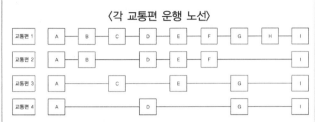

※ 전체 노선의 길이는 모든 교통편이 500km이며, 각 지점 간의 거리는 모두 동일하다.

※ A~I는 정차하는 지점을 의미하며 B~H 지점마다 공히 15분씩의 정차 시간이 소요된다.

〈교통편별 운행 정보 내역〉

구분	평균속도(km/h)	연료	연료비/리터	연비(km/L)
교통편 1	60	무연탄	1,000	4.2
교통편 2	80	중유	1,200	4.8
교통편 3	120	디젤	1,500	6.2
교통편 4	160	가솔린	1,600	5.6

20 다음 중 A 지점에서 I 지점까지 이동할 경우, 총 연료비가 가장 적게 드는 교통편과 가장 많이 드는 교통편이 순서대로 올바르게 짝지어진 것은 어느 것인가?

① 교통편 2, 교통편 3
② 교통편 1, 교통편 2
③ 교통편 3, 교통편 2
④ 교통편 1, 교통편 4
⑤ 교통편 2, 교통편 4

21 교통편 1~4를 이용하는 교통수단이 같은 시각에 A 지점을 출발하여 I 지점까지 이동할 경우, 가장 빨리 도착하는 교통편과 가장 늦게 도착하는 교통편과의 시간 차이는 얼마인가? (단, 시간의 계산은 반올림하여 소수 첫째 자리까지 표시하며, 0.1시간은 6분으로 계산한다.)

① 5시간 50분　　　　② 6시간 5분
③ 6시간 15분　　　　④ 6시간 30분
⑤ 6시간 45분

〈SWOT 분석방법〉

구분		내부환경요인	
		강점 (Strengths)	약점 (Weaknesses)
외부환경요인	기회 (Opportunities)	SO 내부강점과 외부기회 요인을 극대화	WO 외부기회를 이용하여 내부약점을 강점으로 전환
	위협 (Threats)	ST 강점을 이용한 외부환경 위협의 대응 및 전략	WT 내부약점과 외부위협을 최소화

〈사례〉

S	편의점 운영 노하우 및 경험 보유, 핵심 제품 유통채널 차별화로 인해 가격 경쟁력 있는 제품 판매 가능
W	아르바이트 직원 확보 어려움, 야간 및 휴일 등 시간에 타 지역 대비 지역주민 이동이 적어 매출 증가 어려움
O	주변에 편의점 개수가 적어 기본 고객 확보 가능, 매장 앞 휴게 공간 확보로 소비 유발 효과 기대
T	지역주민의 생활패턴에 따른 편의점 이용률 저조, 근거리에 대형 마트 입점 예정으로 매출 급감 우려 존재

22 다음 중 위의 SWOT 분석방법을 올바르게 설명하지 못한 것은 어느 것인가?

① 외부환경요인 분석 시에는 자신을 제외한 모든 것에 대한 요인을 기술하여야 한다.
② 구체적인 요인부터 시작하여 점차 객관적이고 상식적인 내용으로 기술한다.
③ 같은 데이터도 자신에게 미치는 영향에 따라 기회요인과 위협요인으로 나뉠 수 있다.
④ 외부환경요인 분석에는 SCEPTIC 체크리스트가, 내부환경요인 분석에는 MMMITI 체크리스트가 활용될 수 있다.
⑤ 내부환경 요인은 경쟁자와 비교한 나의 강점과 약점을 분석하는 것이다.

23 다음 중 위의 SWOT 분석 사례에 따른 전략으로 적절하지 않은 것은 어느 것인가?

① 가족들이 남는 시간을 투자하여 인력 수급 및 인건비 절감을 도모하는 것은 WT 전략으로 볼 수 있다.

② 저렴한 제품을 공급하여 대형 마트 등과의 경쟁을 극복하고자 하는 것은 SW 전략으로 볼 수 있다.

③ 다년간의 경험을 활용하여 지역 내 편의점 이용 환경을 더욱 극대화시킬 수 있는 방안을 연구하는 것은 SO 전략으로 볼 수 있다.

④ 매장 앞 공간을 쉼터로 활용해 지역 주민 이동 시 소비를 유발하도록 하는 것은 WO 전략으로 볼 수 있다.

⑤ 고객 유치 노하우를 바탕으로 사은품 등 적극적인 홍보활동을 통해 편의점 이용에 대한 필요성을 부각시키는 것은 ST 전략으로 볼 수 있다.

24 조직문화에 관한 다음 글의 말미에서 언급한 밑줄 친 '몇 가지 기능'에 해당한다고 보기 어려운 것은 어느 것인가?

> 개인의 능력과 가능성을 판단하는데 개인의 성격이나 특성이 중요하듯이 조직의 능력과 가능성을 판단할 때 조직문화는 중요한 요소가 된다. 조직문화는 주어진 외부환경 속에서 오랜 시간 경험을 통해 형성된 기업의 고유한 특성을 말하며, 이러한 기업의 나름대로의 특성을 조직문화란 형태로 표현하고 있다. 조직문화에 대한 연구가 활발하게 전개된 이유 가운데 하나는 '조직문화가 기업경쟁력의 한 원천이며, 조직문화는 조직성과에 영향을 미치는 중요한 요인'이라는 기본 인식에 바탕을 두고 있다.
>
> 조직문화는 한 개인의 독특한 성격이나 한 사회의 문화처럼 조직의 여러 현상들 중에서 분리되어질 수 있는 성질의 것이 아니라, 조직의 역사와 더불어 계속 형성되고 표출되며 어떤 성과를 만들어 나가는 종합적이고 총체적인 현상이다. 또한 조직문화의 수준은 조직문화가 조직 구성원들에게 어떻게 전달되어 지각하는가를 상하부구조로서 설명하는 것이다. 조직문화의 수준은 그것의 체계성으로 인하여 조직문화를 쉽게 이해하는데 도움을 준다.
>
> 한편, 세계적으로 우수성이 입증된 조직들은 그들만의 고유의 조직문화를 조성하고 지속적으로 다듬어 오고 있다. 그들에게 조직문화는 언제나 중요한 경영자원의 하나였으며 일류조직으로 성장할 수 있게 하는 원동력이었던 것이다. 사업의 종류나 사회 및 경영환경, 그리고 경영전략이 다른데도 불구하고 일류조직은 나름의 방식으로 조직문화적인 특성을 공유하고 있는 것으로 확인되었다.
>
> 기업이 조직문화를 형성, 개발, 변화시키려고 노력하는 것은 조직문화가 기업경영에 효율적인 작용과 기능을 하기 때문이다. 즉, 조직문화는 기업을 경영함에 있어 매우 중요한 <u>몇 가지 기능</u>을 수행하고 있다.

① 조직의 영역을 정의하여 구성원에 대한 정체성을 제공한다.

② 이직률을 낮추고 외부 조직원을 흡인할 수 있는 동기를 부여한다.

③ 조직의 성과를 높이고 효율을 제고할 수 있는 역할을 한다.

④ 개인적 이익보다는 조직을 위한 몰입을 촉진시킨다.

⑤ 조직 내의 사회적 시스템의 안정을 도모한다.

25 다음 S사의 업무분장표이다. 업무분장표를 참고할 때, 창의력과 분석력을 겸비한 경영학도인 신입사원이 배치되기에 가장 적합한 팀은 다음 중 어느 것인가?

팀	주요 업무	필요 자질
영업관리	영업전략 수립, 단위조직 손익 관리, 영업인력 관리 및 지원	마케팅/유통/회계지식, 대외 섭외력, 분석력
생산관리	원가/재고/외주 관리, 생산 계획 수립	제조공정/회계/통계/제품 지식, 분석력, 계산력
생산기술	공정/시설 관리, 품질 안정화, 생산 검증, 생산력 향상	기계/전기 지식, 창의력, 논리력, 분석력
연구개발	신제품 개발, 제품 개선, 원재료 분석 및 기초 연구	연구 분야 전문지식, 외국어 능력, 기획력, 시장분석력, 창의/집중력
기획	중장기 경영전략 수립, 경영정보 수집 및 분석, 투자사 관리, 손익 분석	재무/회계/경제/경영 지식, 창의력, 분석력, 전략적 사고
영업 (국내/해외)	신시장 및 신규고객 발굴, 네트워크 구축, 거래선 관리	제품지식, 협상력, 프리젠테이션 능력, 정보력, 도전정신
마케팅	시장조사, 마케팅 전략수립, 성과 관리, 브랜드 관리	마케팅/제품/통계지식, 분석력, 통찰력, 의사결정력
총무	자산관리, 문서관리, 의전 및 비서, 행사 업무, 환경 등 위생관리	책임감, 협조성, 대외 섭외력, 부동산 및 보험 등 일반지식
인사/교육	채용, 승진, 평가, 보상, 교육, 인재개발	조직구성 및 노사 이해력, 교육학 지식, 객관성, 사회성
홍보/광고	홍보, 광고, 언론/사내 PR, 커뮤니케이션	창의력, 문장력, 기획력, 매체의 이해

① 연구개발팀   ② 홍보/광고팀

③ 마케팅팀   ④ 기획팀

⑤ 영업팀

┃26~27┃ 다음 한국 주식회사의 〈조직도〉 및 〈전결규정〉을 보고 이어지는 물음에 답하시오.

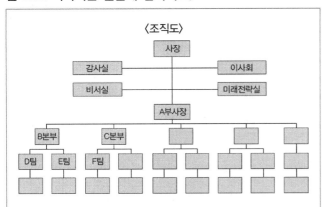

〈조직도〉

〈전결규정〉

업무내용	결재권자			
	사장	부사장	본부장	팀장
주간업무보고				○
팀장급 인수인계		○		
백만 불 이상 예산집행	○			
백만 불 이하 예산집행		○		
이사회 위원 위촉	○			
임직원 해외 출장	○(임원)			○(직원)
임직원 휴가	○(임원)			○(직원)
노조관련 협의사항		○		

※ 결재권자가 출장, 휴가 등 사유로 부재중일 경우에는 결재권자의 차상급 직위자의 전결사항으로 하되, 반드시 결재권자의 업무 복귀 후 후결로 보완한다.

26 한국 주식회사의 업무 조직도로 보아 사장에게 직접 보고를 할 수 있는 조직원은 모두 몇 명인가?

① 1명
② 2명
③ 3명
④ 4명
⑤ 5명

27 한국 주식회사 임직원들의 다음과 같은 업무 처리 내용 중 사내 규정에 비추어 적절한 행위로 볼 수 있는 것은 어느 것인가?

① C본부장은 해외 출장을 위해 사장 부재 시 비서실장에게 최종 결재를 득하였다.

② B본부장과 E팀 직원의 동반 출장 시 각각의 출장신청서에 대해 사장에게 결재를 득하였다.

③ D팀에서는 50만 불 예산이 소요되는 프로젝트의 최종 결재를 위해 부사장 부재 시 본부장의 결재를 득하였고, 중요한 결재 서류인 만큼 결재 후 곧바로 문서보관함에 보관하였다.

④ E팀에서는 그간 심혈을 기울여 온 300만 불의 예산이 투입되는 해외 프로젝트의 최종 계약 체결을 위해 사장에게 동반 출장을 요청하기로 하였다.

⑤ F팀 직원 甲은 해외 출장을 위해 사장 부재 시 부사장에게 최종 결재를 득한 후 후결로 보완하였다.

28 아래 워크시트에서 매출액[B3:B9]을 이용하여 매출 구간별 빈도수를 [F3:F6] 영역에 계산하고자 한다. 다음 중 이를 위한 배열 수식으로 옳은 것은?

	A	B	C	D	E	F
1						
2		매출액		매출구간		빈도수
3		75		0	50	1
4		93		51	100	2
5		130		101	200	3
6		32		201	300	1
7		123				
8		257				
9		169				

① { = PERCENTILE(B3:B9, E3:E6)}

② { = PERCENTILE(E3:E6, B3:B9)}

③ { = FREQUENCY(B3:B9, E3:E6)}

④ { = FREQUENCY(E3:E6, B3:B9)}

⑤ { = PERCENTILE(E3:E9, B3:B9)}

29 다음 [조건]에 따라 작성한 [함수식]에 대한 설명으로 옳은 것을 〈보기〉에서 고른 것은?

[조건]

• 품목과 수량에 대한 위치는 행과 열로 표현한다.

열\행	A	B
1	품목	수량
2	설탕	5
3	식초	6
4	소금	7

[함수 정의]

• IF(조건식, ㉠, ㉡) : 조건식이 참이면 ㉠ 내용을 출력하고, 거짓이면 ㉡ 내용을 출력한다.
• MIN(B2, B3, B4) : B2, B3, B4 중 가장 작은 값을 반환한다.

[함수식]

= IF(MIN(B2, B3, B4) > 3, "이상 없음", "부족")

〈보기〉

㉠ 반복문이 사용되고 있다.
㉡ 조건문이 사용되고 있다.
㉢ 출력되는 결과는 '부족'이다.
㉣ 식초의 수량(B3) 6을 1로 수정할 때 출력되는 결과는 달라진다.

① ㉠, ㉡
② ㉠, ㉢
③ ㉡, ㉢
④ ㉡, ㉣
⑤ ㉢, ㉣

30 다음은 책꽂이 1개를 제작하기 위한 자재 소요량 계획이다. [주문]을 완료하기 위해 추가적으로 필요한 칸막이와 옆판의 개수로 옳은 것은?

<자재 소요량 계획>

[주문] 책꽂이 20개 제작

[자재 명세서]

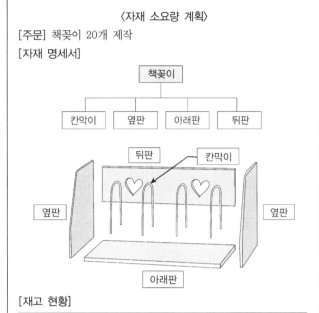

[재고 현황]

책꽂이	칸막이	옆판	아래판	뒤판
0개	40개	30개	20개	20개

[조건]

1. 책꽂이 1개를 만들기 위해서는 칸막이 4개, 옆판 2개, 아래판 1개, 뒤판 1개가 필요하다.
2. 책꽂이를 제작할 때 자재 명세서에 제시된 부품 이외의 기타 부품은 고려하지 않는다.

	칸막이	옆판
①	20	10
②	20	20
③	40	10
④	40	20
⑤	40	40

31

다음은 소정기업의 재고 관리 사례이다. 금요일까지 부품 재고 수량이 남지 않게 완성품을 만들 수 있도록 월요일에 주문할 A ~C 부품 개수로 옳은 것은? (단, 주어진 조건 이외에는 고려하지 않는다)

○○ 기업 재고 관리 사례

[부품 재고 수량과 완성품 1개당 소요량]

부품명	부품 재고 수량	완성품 1개당 소요량
A	500	10
B	120	3
C	250	5

[완성품 납품 수량]

항목 ＼ 요일	월	화	수	목	금
완성품 납품 개수	없음	30	20	30	20

[조건]

1. 부품 주문은 월요일에 한 번 신청하며 화요일 작업 시작 전 입고된다.
2. 완성품은 부품 A, B, C를 모두 조립해야 한다.

	A	B	C
①	100	100	100
②	100	180	200
③	500	100	100
④	500	150	200
⑤	500	180	250

32

신입사원 甲은 각 부서별 소모품 구매업무를 맡게 되었다. 아래 자료를 참고할 때, 가장 저렴한 가격에 소모품을 구입할 수 있는 곳은 어디인가?

〈소모품별 1회 구매수량 및 구매 제한가격〉

구분	A 물품	B 물품	C 물품	D 물품	E 물품
1회 구매수량	2 묶음	3 묶음	2 묶음	2 묶음	2 묶음
구매 제한가격	25,000원	5,000원	5,000원	3,000원	23,000원

※ 물품 신청 시 1회 구매수량은 부서에 상관없이 매달 일정하다. 예를 들어, A 물품은 2 묶음, B 물품은 3 묶음 단위이다.
※ 물품은 제한된 가격 내에서 구매해야 하며, 구매 제한가격을 넘는 경우에는 구매할 수 없다. 단, 총 구매 가격에는 제한이 없다.

〈소모품 구매 신청서〉

구분	A 물품	B 물품	C 물품	D 물품	E 물품
부서 1	○		○		○
부서 2		○	○	○	
부서 3	○		○	○	○
부서 4		○			○
부서 5	○		○	○	○

〈업체별 물품 단가〉

구분	A 물품	B 물품	C 물품	D 물품	E 물품
가 업체	12,400	1,600	2,400	1,400	11,000
나 업체	12,200	1,600	2,450	1,400	11,200
다 업체	12,400	1,500	2,550	1,500	11,500
라 업체	12,500	1,500	2,400	1,300	11,300

(물품 단가는 한 묶음당 가격)

① 가 업체
② 나 업체
③ 다 업체
④ 라 업체

33 다음은 프린터의 에러표시과 이에 대한 조치사항을 설명한 것이다. 에러표시에 따른 조치로 적절하지 못한 것은?

에러 표시	원인 및 증상	조치
Code 02	용지 걸림	프린터를 끈 후, 용지나 이물질을 제거하고 프린터의 전원을 다시 켜십시오.
	용지가 급지되지 않거나 한 번에 두 장 이상의 용지가 급지됨	용지를 다시 급지하고 ◎버튼을 누르십시오.
	조절레버 오류	급지된 용지에 알맞은 위치와 두께로 조절레버를 조정하십시오.
Code 03	잉크 잔량이 하단선에 도달	새 잉크 카트리지로 교체하십시오.
	잉크 잔량 부족	잉크 잔량이 하단선에 도달할 때까지 계속 사용할 것을 권장합니다.
	잉크카트리지가 인식되지 않음	• 잉크 카트리지의 보호 테이프가 제거되었는지 확인하십시오. • 잉크 카트리지를 아래로 단단히 눌러 딸깍 소리가 나는 것을 확인하십시오.
	지원하지 않는 잉크 카트리지가 설치됨	프린터와 카트리지 간의 호환 여부를 확인하십시오.
	잉크패드의 수명이 다 되어감	잉크패드를 고객지원센터에서 교체하십시오. ※ 잉크패드는 사용자가 직접 교체할 수 없습니다.
Code 04	메모리 오류	• 메모리에 저장된 데이터를 삭제하십시오. • 해상도 설정을 낮추십시오. • 스캔한 이미지의 파일 형식을 변경하십시오.

① Code 02 : 프린터를 끈 후 용지가 제대로 급지되었는지 확인하였다.

② Code 03 : 잉크 카트리지 잔량이 부족하지만 그대로 사용하였다.

③ Code 03 : 카트리지의 보호테이프가 제거되었는지 확인 후 다시 단단히 결합하였다.

④ Code 03 : 잉크패드 수명이 다 되었으므로 고객지원센터에서 정품으로 구매하여 교체하였다.

⑤ Code 04 : 스캔한 이미지를 낮은 메모리방식의 파일로 변경하였다.

34 다음은 새로운 맛의 치킨을 개발하는 과정이다. 단계 1~5를 프로그래밍 절차에 비유했을 경우, 이에 대한 설명으로 옳은 것을 모두 고른 것은?

> 단계 1 : 소비자가 어떤 맛의 치킨을 선호하는지 온라인으로 설문 조사한 결과 ○○ 소스 맛을 가장 좋아한다는 것을 알게 되었다.
> 단계 2 : ○○ 소스 맛 치킨을 만드는 과정을 이해하기 쉽도록 약속된 기호로 작성하였다.
> 단계 3 : 단계 2의 결과에 따라 ○○ 소스를 개발하여 새로운 맛의 치킨을 완성하였다.
> 단계 4 : 새롭게 만든 치킨을 손님들에게 무료로 시식할 수 있도록 제공하였다.
> 단계 5 : 시식 결과 손님들의 반응이 좋아 새로운 메뉴로 결정하였다.

> ㉠ 단계 1은 '문제 분석' 단계이다.
> ㉡ 단계 2는 '코딩·입력' 단계이다.
> ㉢ 단계 4는 '논리적 오류'를 발견할 수 있는 단계이다.
> ㉣ 단계 5는 '프로그램 모의 실행' 단계이다.

① ㉠, ㉡

② ㉠, ㉢

③ ㉡, ㉢

④ ㉡, ㉣

⑤ ㉢, ㉣

35 다음은 발전소에서 만들어진 전기가 가정으로 공급되기까지의 과정을 요약하여 설명한 글이다. 다음을 참고하여 도식화한 〈전기 공급 과정〉의 빈 칸 (A)~(D)에 들어갈 말이 순서대로 바르게 나열된 것은?

발전소에서 만들어지는 전기는 크게 화력과 원자력이 있다. 수력, 풍력, 태양열, 조력, 태양광 등 여러 가지 방법이 있지만 현재 우리나라에서 발전되는 대부분의 전기는 화력과 원자력에 의존한다. 발전회사에서 만들어진 전기는 변압기를 통하여 승압을 하게 된다. 승압을 거치는 것은 송전상의 이유 때문이다.

전력은 전압과 전류의 곱과 같게 되므로 동일 전력에서 승압을 하면 전류가 줄어들게 되고, 전류가 작을수록 선로에서 발생하는 손실은 적어지게 된다. 하지만 너무 높게 승압을 할 경우 고주파가 발생하기 때문에 전파 장애 혹은 선로와 지상 간의 대기가 절연파괴를 일으킬 수도 있으므로 적정 수준까지 승압을 하게 된다. 이것이 345KV, 765KV 정도가 된다.

이렇게 승압된 전기는 송전 철탑을 거쳐서 송전을 하게 된다. 송전되는 중간에도 연가(선로의 위치를 서로 바꾸어 주는) 등 여러 작업을 거친 전기는 변전소로 들어가게 된다. 변전소에서는 배전 과정을 거치게 되며, 이 과정에서 전압을 다시 22.9KV로 강하시키게 된다. 강하된 전기는 변압기를 통하여 가정으로 나누어지기 위해 최종 변압인 220V로 다시 바뀌게 된다.

대단위 아파트나 공장 등에서는 22.9KV의 전기가 주상변압기를 거치지 않고 바로 들어가는 경우도 있으며, 이 경우 자체적으로 변압기를 사용해서 변압을 하여 사용하기도 한다.

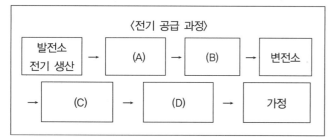

〈전기 공급 과정〉

발전소 전기 생산 → (A) → (B) → 변전소

→ (C) → (D) → 가정

① 승압, 배전, 송전, 변압
② 변압, 배전, 송전, 강압
③ 승압, 송전, 배전, 변압
④ 송전, 배전, 강압, 변압
⑤ 승압, 송전, 변압, 배전

---

36 아래의 기사는 기자와 어느 국회의원과의 일문일답 중 한 부분을 발췌한 것이다. 다음 중 인터뷰에 응하는 A 국회의원이 중요하게 여기는 리더십에 대한 설명으로 옳은 것을 고르면?

기자 : 역대 대통령들은 지역 기반이 확고했습니다. A 의원님처럼 수도권이 기반이고, 지역 색이 옅은 정치인은 대권에 도전하기 쉽지 않다는 지적이 있습니다. 이에 대해 어떻게 생각 하시는지요

A 의원 : 여러 가지 면에서 수도권 후보는 새로운 시대정신에 부합한다고 생각합니다.

기자 : 통일은 언제쯤 가능하다고 보십니까. 남북이 대치한 상황에서 남북 간 관계는 어떻게 운용해야 한다고 생각하십니까?

A 의원 : 누가 알겠습니까? 통일이 언제 갑자기 올지…. 다만 언제가 될지 모르는 통일에 대한 준비와 함께, 통일을 앞당기려는 노력이 필요하다고 생각합니다.

기자 : 최근 읽으신 책 가운데 인상적인 책이 있다면 두 권만 꼽아주십시오.

A 의원 : 댄 세노르, 사울 싱어의 「창업국가」와 최재천 교수의 「손잡지 않고 살아남은 생명은 없다」입니다. 「창업국가」는 이전 정부의 창조경제 프로젝트 덕분에 이미 많은 분들이 접하셨을 것이라 생각하는데요. 이 책에는 정부 관료와 기업인들은 물론 혁신적인 리더십이 필요한 사람들이 참고할만한 내용들이 풍부하게 담겨져 있습니다. 특히 인텔 이스라엘 설립자 도브 프로먼의 '리더의 목적은 저항을 극대화시키는 일이다. 그래야 의견차이나 반대를 자연스럽게 드러낼 수 있기 때문이다' 라는 말에서, 서로의 의견 차이를 존중하면서도 끊임없는 토론을 자극하는 이스라엘 문화의 특징이 인상 깊었습니다. 뒤집어 생각해보면, 다양한 사람들의 반대 의견까지 청취하고 받아들이는 리더의 자세가, 제가 중요하게 여기는 '경청의 리더십, 서번트 리더십'과도 연결되지 않나 싶습니다.

(후략)

① 탁월한 리더가 되기 위해서는 차가운 지성만이 아닌 뜨거운 가슴도 함께 가지고 있어야 한다.

② 리더 자신의 특성에서 나오는 힘과 부하들이 리더와 동일시하려는 심리적 과정을 통해서 영향력을 행사하며, 부하들에게 미래에 대한 비전을 제시하거나 공감할 수 있는 가치체계를 구축하여 리더십을 발휘하게 하는 것이다.

③ 리더가 직원을 보상 및 처벌 등으로 촉진시키는 것이다.

④ 자신에게 실행하는 리더십을 말하는 것으로 자신이 스스로에게 영향을 미치는 지속적인 과정이다.

⑤ 기업 조직에 적용했을 경우 기업에서는 팀원들이 목표달성뿐만이 아닌 업무와 관련하여 개인이 서로 성장할 수 있도록 지원하고 배려하는 것이라고 할 수 있다.

37 N팀 직원들은 4차 산업혁명 기술을 이용한 서비스 방법에 대해 토의를 진행하며 다음과 같은 의견들을 제시하였다. 다음 중 토의를 위한 기본적인 태도를 제대로 갖추지 못한 사람은 누구인가?

> A : "고객 정보 빅데이터 구축에 관련해서 추가 진행 사항 있습니까?"
>
> B : "시스템 관련부서와 논의를 해보았는데요. 고객 정보의 보안문제도 중요하기 때문에 모든 정보를 개방하여 빅데이터를 구축하기엔 한계가 있다는 의견입니다."
>
> C : "입사한 지 얼마 안 돼서 그런지 모르겠지만 일의 추진력이 부족하시네요. 일단은 시험 서비스를 진행하고 그런 문제는 추후에 해결하는 게 좋겠습니다."
>
> D : "철도자율주행 시스템을 도입하는 것은 어떻습니까?"
>
> E : "자율주행 시스템이 도입되면 도착, 출발 시간이 더욱 정확해져 알림 서비스의 질도 높아 질 것 같습니다."
>
> F : "저도 관련 자료를 찾아봤는데요. 한 번 같이 보시고 이야기 나눠보죠."

① B   ② C
③ D   ④ E
⑤ F

38 대인관계의 가장 중요한 요인 중 하나는 협력이라고 할 수 있다. 다음 중 협력을 장려하는 환경을 조성하기 위한 노력으로 적절하지 않은 것은?

① 아이디어가 상식에서 벗어난다고 해도 공격적인 비판은 삼간다.
② 팀원들이 침묵하지 않도록 자극을 주어야 한다.
③ 팀원들의 말에 흥미를 가져야 한다.
④ 아이디어를 개발하도록 팀원들을 고무시켜야 한다.
⑤ 관점을 바꿔야 한다.

39 다음의 기사를 읽고 제시된 사항 중 올바른 명함교환예절로 볼 수 없는 항목을 모두 고르면?

> 직장인의 신분을 증명하는 명함. 명함을 주고받는 간단한 행동 하나가 나의 첫인상을 결정짓기도 한다. 나의 명함을 받은 상대방이 한 달 후에 내 명함을 보관할 수도 버릴 수도 있다. 명함을 어떻게 활용하느냐에 따라 기억이 되는 사람이 될 수도, 잊히는 사람이 될 수도 있다는 것. 그렇다면 나에 대한 첫인상을 좋게 남기기 위한 명함 예절에는 어떤 것들이 있을까?
>
> 명함은 나를 표현하는 얼굴이며, 상대방의 명함 역시 그의 얼굴이다. 메라비언 법칙에 따르면 첫인상을 결정짓는 가장 큰 요소는 바디 랭귀지(표정·태도) 55%, 목소리 38%, 언어·내용 7% 순이라고 한다. 단순히 명함을 주고받을 때의 배려있는 행동만으로도 상대방에게 좋은 첫인상을 심어 줄 수 있다. 추후 상대방이 나의 명함을 다시 보게 됐을 때 교양 있는 사람으로 기억되고 싶다면 명함 예절을 꼭 기억해 두는 것이 좋다.

> ㉠ 명함은 오른손으로 받는 것이 원칙이다.
> ㉡ 거래를 위한 만남인 경우 판매하는 쪽이 먼저 명함을 건넨다.
> ㉢ 자신의 소속 및 이름 등을 명확하게 밝힌다.
> ㉣ 명함을 맞교환 할 시에는 왼손으로 받고 오른손으로 건넨다.
> ㉤ 손윗사람이 먼저 건넨다.

① ㉠, ㉡, ㉢, ㉣, ㉤
② ㉠, ㉡, ㉣, ㉤
③ ㉡, ㉢, ㉣, ㉤
④ ㉢, ㉣
⑤ ㉤

40 A사에 입사한 원모는 근무 첫날부터 지각을 하는 상황에 놓이게 되었다. 급한 마음에 계단이 아닌 엘리베이터를 이용하게 되었고 다행히도 지각을 면한 원모는 교육 첫 시간에 엘리베이터 및 계단 이용에 관한 예절교육을 듣게 되었다. 다음 중 원모가 수강하고 있는 엘리베이터 및 계단 이용 시의 예절 교육에 관한 내용으로써 가장 옳지 않은 내용을 고르면?

① 방향을 잘 인지하고 있는 여성 또는 윗사람과 함께 엘리베이터를 이용할 시에는 여성이나 윗사람이 먼저 타고 내려야 한다.
② 엘리베이터의 경우에 버튼 방향의 뒤 쪽이 상석이 된다.
③ 계단의 이용 시에 상급자 또는 연장자가 중앙에 서도록 한다.
④ 안내원은 엘리베이터를 탈 시에 손님들보다는 나중에 타며, 내릴 시에는 손님들보다 먼저 내린다.
⑤ 계단을 올라갈 시에는 남성이 먼저이며, 내려갈 시에는 여성이 앞서서 간다.

1 다음 중 궤도에 작용하는 축방향력에 미치는 영향을 모두 고른 것은?

㉠ 레일의 온도변화
㉡ 열차의 제동하중
㉢ 차량의 사행동
㉣ 열차의 시동하중

① ㉠, ㉢

② ㉠, ㉣

③ ㉠, ㉡, ㉢

④ ㉠, ㉡, ㉣

⑤ ㉠, ㉢, ㉣

2 궤도 응력 계산 시 레일에 대한 응력 검토는 일반적으로 어느 부분에 대하여 검토하는가?

① 레일 두부의 인장응력

② 레일 두부의 압축응력

③ 레일 저부의 인장응력

④ 레일 복부의 압축응력

⑤ 레일 복부의 인장응력

3 레일이음 침목 배치 방법 중 레일 단부가 내민보 역할을 하여 이음매 충격을 완화할 수 있는 것은?

① 지접법

② 현접법

③ 2정이음매법

④ 3정이음매법

⑤ 절연 이음매법

4 다음 캔트에 대한 설명으로 옳지 않은 것은?

① 윤중 및 횡압에 의한 궤도파괴를 경감하기 위해 캔트를 설치한다.

② 열차의 실제 운행속도와 설계속도의 차이가 큰 경우에는 초과캔트를 검토하여야 한다.

③ 분기기 내의 곡선과 그 전후의 곡선, 축선 내의 곡선 등 캔트를 부설하기 곤란한 곳에 있어서 열차의 운행 안전성을 확보한 경우에는 캔트를 설치하지 않을 수 있다.

④ 곡선 내방에 작용하는 초과원심력에 의한 승차감 악화 방지를 위해 설치한다.

⑤ 내측 레일과 외측 레일과의 높이차를 캔트량이라 한다.

5 다음 중 레일복부 기입 사항이 아닌 것은?

① 강괴의 두부방향

② 레일중량

③ 제조년

④ 레일 제작회사

⑤ 탄산함유량

6 차량이 주행하는 경우 정지하고 있는 경우보다 횡압이 증가하는 요인으로 옳지 않은 것은?

① 곡선통과 시 전향횡압

② 분기기 및 신축이음매 등 궤도의 특수개소에 있어서의 충격력

③ 차량동요에 의한 횡압

④ 곡선통과 시 불평형 원심력의 수평성분

⑤ 레일 온도변화에 의한 축력

7 일반적으로 도상을 불량, 양호, 우량노반으로 구분할 때, 양호 노반의 기준이 되는 도상계수 값은?

① $2kg/cm^3$

② $4kg/cm^3$

③ $7kg/cm^3$

④ $9kg/cm^3$

⑤ $11kg/cm^3$

8 궤도의 구성요소 중 레일 이음매 및 체결장치의 구비조건으로 옳지 않은 것은?

① 이음매 이외의 부분과 강도와 강성이 동일해야 한다.

② 구조가 간단하고 설치와 철거가 용이해야 한다.

③ 열차하중과 진동을 흡수(완충)할 수 있는 강도를 가져야 한다.

④ 곡선부의 원심력 등에 의한 차륜의 횡압력에 저항할 수 있어야 한다.

⑤ 레일의 이동, 부상, 경사를 억제할 수 있는 강도를 가져야 한다.

9 다음 중 PC침목의 특징이 아닌 것은?

① 콘크리트 침목보다 단면적이 적어 자중이 적다.

② 가격이 저렴하여 경제적이다.

③ 탄성이 부족하다는 단점이 있다.

④ 목침목보다 전기전열성이 뛰어나다.

⑤ 중량물로 취급이 곤란하다.

10 목침목의 방부처리 방법이 아닌 것은?

① 뉴튼법

② 로오리법

③ 뤼핑법

④ 불톤법

⑤ 베셀법

11 단면은 약 $64m^2$, 인장강도 $8,000kg/cm^2$인 $50kgN$ 레일 1개가 받을 수 있는 인장력은?

① 80ton

② 60ton

③ 486ton

④ 503ton

⑤ 512ton

12 도상의 횡저항력을 알기 위하여 침목 1개의 저항력을 측정하니 $620kg$이었다. 침목 배치간격이 $588mm$라면 도상의 횡저항력은 얼마인가?

① $518kg/m$

② $527kg/m$

③ $545kg/m$

④ $553kg/m$

⑤ $598kg/m$

13 곡선반경 $400m$ 구간의 선로를 $45km/h$로 주행하는 차량의 곡선 불균형 원심력에 의한 횡압 크기는 얼마인가? (단, 슬랙은 $9mm$, 캔트는 $72mm$, 차량중량은 $40t$이며, 궤간은 표준치수를 적용)

① 구심력에 의한 횡압 $0.2t$

② 원심력에 의한 횡압 $0.2t$

③ 구심력에 의한 횡압 $0.4t$

④ 원심력에 의한 횡압 $0.4t$

⑤ 구심력에 의한 횡압 $0.6t$

14 레일 $10m$당 16개의 침목이 부설되어 있다. 침목 1개의 저항력이 $800kg$일 때, 도상종저항력은?

① $440kg/m$

② $490kg/m$

③ $540kg/m$

④ $640kg/m$

⑤ $690kg/m$

15 복심곡선궤도에서 대반경의 곡선은 $R=800m$, 소반경 곡선은 $R=400m$이다. 열차 운전속도가 $90km/h$이고 캔트 부족량이 $50mm$일 때 $R=800m$에서의 최소 캔트 체감거리는 얼마인가?

① $21.3m$

② $22.6m$

③ $23.1m$

④ $23.4m$

⑤ $24.3m$

16 직사각형 단면 보의 단면적을 A, 전단력을 V라고 할 때 최대 전단응력 τ_{max} 는?

① $\dfrac{2}{3}\dfrac{V}{A}$

② $\dfrac{3}{2}\dfrac{V}{A}$

③ $3\dfrac{V}{A}$

④ $2\dfrac{V}{A}$

⑤ $\dfrac{4}{3}\dfrac{V}{A}$

17 다음과 같은 보의 A점의 수직반력 V_A는?

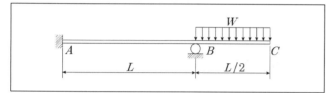

① $\dfrac{3}{8}wL(\downarrow)$

② $\dfrac{1}{4}wL(\downarrow)$

③ $\dfrac{1}{12}wL(\downarrow)$

④ $\dfrac{3}{16}wL(\downarrow)$

⑤ $\dfrac{3}{32}wL(\downarrow)$

18 철도의 궤도간격 $b = 1.067[m]$, 곡선반지름은 $R = 600[m]$인 원곡선 상을 열차가 100[km/h]로 주행하려고 할 때 캔트는? (단, 중력가속도는 9.8[m/S²]로 한다.)

① 100[mm]

② 140[mm]

③ 180[mm]

④ 220[mm]

⑤ 240[mm]

19 평판측량 시 평판을 측점에 세울 때의 조건 중 하나인 표정(Orientation)에 대한 설명으로 옳은 것은?

① 평판이 일정한 방향이나 방위를 갖도록 설정하는 것

② 평판면을 수평이 되도록 하는 것

③ 평판 상의 측점 위치와 지상의 측점 위치가 동일 수직선 상에 있도록 하는 것

④ 앨리데이드의 기포관이 정중앙에 오도록 맞추는 것

⑤ 앨리데이드의 축척자는 모서리가 직선이 되도록 맞추는 것

20 삼각망의 종류 중 유심삼각망에 대한 설명으로 옳은 것은?

① 삼각망 가운데 가장 간단한 형태이며 측량의 정확도를 얻기 위한 조건이 부족하므로 특수한 경우 외에는 사용하지 않는다.

② 거리에 비하여 측점수가 가장 적으므로 측량이 간단하며 조건식의 수가 적어 정도가 낮다. 노선 및 하천측량과 같이 폭이 좁고 거리가 먼 지역의 측량에 사용한다.

③ 광대한 지역의 측량에 적합하며 정확도가 비교적 높은 편이다.

④ 가장 높은 정확도를 얻을 수 있으나 조정이 복잡하고 포함된 면적이 작으며 특히 기선을 확대할 때 주로 사용한다.

⑤ 동일 측정수에 비해 표면적이 좁고, 정도는 사변형보다는 높으나 단열보다는 낮다.

21 도면에서 곡선에 둘러싸여 있는 부분의 면적을 구하기에 가장 적합한 방법은?

① 좌표법에 의한 방법

② 배횡거법에 의한 방법

③ 삼사법에 의한 방법

④ 구적기에 의한 방법

⑤ 양단면 평균법에 의한 방법

22 다음 중 완화곡선(transition curve)에 대한 설명으로 옳지 않은 것은?

① 차량이 직선에서 원곡선으로 진입하거나, 원곡선에서 직선으로 진입할 경우 차량의 동요를 경감시키기 위하여 삽입하는 것을 말한다.

② 완화곡선의 종류에는 클로소이드 곡선, 렘니스케이트 곡선 등이 있다.

③ 캔트, 캔트부족량의 변화를 서서히 행하여 승차감을 향상시키는 데 목적이 있다.

④ 직선과 곡선 사이에 반경이 무한대에서 원곡선반경, 또는 원곡선반경에서 무한대로 변화하는 완만한 곡률의 곡선이다.

⑤ 본선에서 설계속도가 70km/h 미만이라면 700m 미만의 곡선반경을 가진 곡선과 직선이 접속하는 곳에 완화곡선을 둔다.

23 다음 중 궤도의 구성요소만으로 묶인 것은?

㉠ 도상	㉡ 노반
㉢ 레일	㉣ 침목
㉤ 선로구조물	

① ㉠, ㉡

② ㉡, ㉢

③ ㉣, ㉤

④ ㉠, ㉢, ㉣

⑤ ㉢, ㉣, ㉤

24 어떤 사질기초지반의 평판재하시험결과 항복강도가 $60[t/m^2]$, 극한강도가 $100[t/m^2]$이었다. 그리고 그 기초는 지표에서 1.5[m]깊이에 설치될 것이고 그 기초지반의 단위중량이 $1.8[t/m^3]$일 대 지지력계수 $N_q = 5$이었다. 이 기초의 장기허용지지력은?

① $24.7[t/m^2]$

② $26.9[t/m^2]$

③ $30[t/m^2]$

④ $32.4[t/m^2]$

⑤ $34.5[t/m^2]$

25 모어(Mohr)의 응력원에 대한 설명 중 바르지 않은 것은?

① 임의 평면의 응력상태를 나타내는데 매우 편리하다.

② σ_1과 σ_3의 차의 벡터를 반지름으로 해서 그린 원이다.

③ 한 면에 응력이 작용하는 경우 전단력이 0이면, 그 연직응력을 주응력으로 가정한다.

④ 평면기점(O_p)은 최소주응력이 표시되는 좌표에서 최소주응력면과 평행하게 그은 선이 Mohr의 원과 만나는 점이다.

⑤ 모어의 응력원과 파괴선이 접할 때 파괴가 일어난다.

26 클로소이드의 종류 중 복합형에 대한 설명으로 옳은 것은?

① 직선부, 클로소이드, 원곡선, 클로소이드, 직선부가 연속되는 평면 선형

② 반향곡선 사이에 2개의 클로소이드를 삽입한 평면 선형

③ 같은 방향으로 구부러진 2개의 클로소이드 사이에 직선부를 삽입한 평면 선형

④ 같은 방향으로 구부러진 2개 이상의 클로소이드로 이어진 평면 선형

⑤ 다른 방향으로 구부러진 2개의 클로소이드 사이로 이어진 평면 선형

27 다음 중 최소 전단철근을 배치하지 않아도 되는 경우가 아닌 것은? (단, $\frac{1}{2}\phi V_c < V_u$인 경우이며, 콘크리트 구조전단 및 비틀림 설계기준에 따른다.)

① 슬래브와 기초판

② 전체 깊이가 450mm 이하인 보

③ 교대 벽체 및 날개벽, 옹벽의 벽체, 암거 등과 같이 휨이 주거동인 판부재

④ 전단철근이 없어도 계수휨모멘트와 계수전단력에 저항할 수 있다는 것을 실험에 의해 확인할 수 있는 경우

⑤ I형보, T형보에서 그 깊이가 플랜지 두께의 2.5배 또는 복부폭의 $\frac{1}{2}$ 중 큰 값 이하인 보

28 철근콘크리트 부재에서 처짐을 방지하기 위해서는 부재의 두께를 크게 하는 것이 효과적인데 구조상 가장 두꺼워야 될 순서대로 나열된 것은? (단, 동일한 부재의 길이를 갖는다고 가정)

① 캔틸레버 > 단순지지 > 양단연속 > 일단연속

② 단순지지 > 캔틸레버 > 일단연속 > 양단연속

③ 일단연속 > 양단연속 > 단순지지 > 캔틸레버

④ 양단연속 > 일단연속 > 단순지지 > 캔틸레버

⑤ 캔틸레버 > 양단연속 > 일단연속 > 단순지지

29 다음 중 옹벽의 구조해석에 대한 내용으로 바르지 않은 것은?

① 부벽식 옹벽의 전면벽은 3변 지지된 2방향 슬래브로 설계할 수 있다.

② 캔틸레버식 옹벽의 전면벽은 저판에 지지된 캔틸레버로 설계할 수 있다.

③ 뒷부벽은 T형보로 설계해야 하며, 앞부벽은 직사각형 보로 설계해야 한다.

④ 부벽식 옹벽의 저판은 정밀한 해석이 사용되지 않는 한 부벽의 높이를 경간으로 가정한 고정보 또는 연속보로 설계할 수 있다.

⑤ 활동에 대한 저항력은 옹벽에 작용하는 수평력의 1.5배 이상이어야 한다.

30 철근콘크리트 부재의 전단철근에 관한 다음 설명 중 바르지 않은 것은?

① 주인장철근에 30° 이상의 각도로 구부린 굽힘철근도 전단철근으로 사용할 수 있다.

② 부재축에 직각으로 배치된 전단철근의 간격은 d/2 이하, 600mm 이하로 하여야 한다.

③ 최소 전단철근량은 $0.35\dfrac{b_w s}{f_{yt}}$보다 작지 않아야 한다.

④ 전단철근의 설계기준항복강도는 300MPa를 초과할 수 없다.

⑤ 주인장철근에 45° 이상의 각도로 설치되는 스터럽과 같은 형태의 전단철근을 사용할 수 있다.

31 삼각측량과 삼변측량에 대한 설명으로 바르지 않은 것은?

① 삼변측량은 변 길이를 관측하여 삼각점의 위치를 구하는 측량이다.

② 삼각측량의 삼각망 중 가장 정확도가 높은 망은 사변형 삼각망이다.

③ 삼각점의 선점 시 기계나 측표가 동요할 수 있는 습지나 하상은 피한다.

④ 삼각점의 등급을 정하는 주된 목적은 표석설치를 편리하게 하기 위함이다.

⑤ 삼각측량은 넓은 지역에 동일 정밀도로 기준점배치에 편리하다.

32 GNSS 관측성과로 바르지 않은 것은?

① 지오이드 모델

② 경도와 위도

③ 지구중심좌표

④ 타원체고

⑤ 고도

33 Meyerhof의 극한지지력 공식에서 사용하지 않는 계수는?

① 형상계수

② 깊이계수

③ 시간계수

④ 하중경사계수

⑤ 지지력계수

34 흙의 다짐시험에서 다짐에너지를 증가시키면 일어나는 결과는?

① 최적함수비는 증가하고, 최대건조단위중량은 감소한다.

② 최적함수비는 감소하고, 최대건조단위중량은 증가한다.

③ 최적함수비와 최대건조단위중량이 모두 감소한다.

④ 최적함수비와 최대건조단위중량이 모두 증가한다.

⑤ 최적함수비와 최대건조단위중량이 같은 방향으로 증감한다.

35 사면의 안정에 관한 다음 설명 중 바르지 않은 것은?

① 사면의 안정은 흙쌓기·흙깎기 등의 사면이 미끄럼을 일으키지 않는 것을 말한다.

② 안전율이 최소로 되는 활동면을 이루는 원을 임계원이라 한다.

③ 활동면에 발생하는 전단응력이 흙의 전단강도를 초과할 경우 활동이 일어난다.

④ 활동면은 일반적으로 원형활동면으로도 가정한다.

⑤ 임계활동면이란 안전율이 가장 크게 나타나는 활동면을 말한다.

36 다음 지반개량공법 중 연약한 점토지반에 적당하지 않은 것은?

① 샌드드레인 공법

② 프리로딩 공법

③ 치환 공법

④ 바이브로 플로테이션 공법

⑤ 선하중재하공법

37 흙의 다짐에 대한 설명으로 바르지 않은 것은?

① 최적함수비는 흙의 종류와 다짐에너지에 따라 다르다.

② 일반적으로 조립토일수록 다짐곡선의 기울기가 급하다.

③ 흙이 조립토에 가까울수록 최적함수비가 커지며 최대건조단위중량은 작아진다.

④ 함수비의 변화에 따라 건조단위중량이 변하는데 건조단위중량이 가장 클 때의 함수비를 최적함수비라고 한다.

⑤ 흙의 다짐이란 함수비를 일정하게 하면서 간극공기의 양을 감소시키는 것을 말한다.

38 T형보에서 주철근이 보의 방향과 같은 방향일 때 하중이 직접적으로 플랜지에 작용하게 되면 플랜지가 아래로 휘면서 파괴될 수 있다. 이 휨 파괴를 방지하기 위해서 배치하는 철근은?

① 연결철근

② 표피철근

③ 종방향철근

④ 횡방향철근

⑤ 표면철근

39 다음 중 프리스트레스 손실의 원인이 아닌 것은?

① 프레스트레스 도입후 콘크리트의 크리프

② 프레스트레스 도입시 PS강재와 쉬스 사이의 마찰

③ 프레스트레스 도입후 콘크리트의 건조수축

④ 프레스트레스 도입시 정착장치의 활동

⑤ 프레스트레스 도입시 PS강재의 릴렉세이션

40 깊은 기초의 지지력 평가에 관한 설명으로 바른 것을 모두 고른 것은?

> ㉠ 말뚝 항타분석기(PDA)는 말뚝의 응력분포, 경시효과 및 해머효율을 파악할 수 있다.
> ㉡ 정역학적 지지력 추정방법은 논리적으로 타당하나 강도정수를 추정하는데 한계성을 내포하고 있다.
> ㉢ 동역학적 방법은 항타장비, 말뚝과 지반조건이 고려된 방법으로 해머효율의 측정이 필요하다.

① ㉠

② ㉡

③ ㉡㉢

④ ㉠㉡

⑤ ㉠㉡㉢

서울교통공사

필기시험 모의고사

제 4 회	영 역	직업기초능력평가, 직무수행능력평가(궤도 · 토목일반)
	문항수	80문항
	시 간	100분
	비 고	객관식 5지선다형

제4회 필기시험 모의고사

✏️ **직업기초능력평가(40문항/50분)**

1 다음 밑줄 친 어휘의 쓰임이 가장 적절하지 않은 것은?

해양수산부가 정부세종청사에서 4차 산업혁명 시대 해양수산 분야 혁신성장을 위한 '해양수산 스마트화 전략'을 발표했다. 이번에 발표한 '해양수산 스마트화 전략'은 빅데이터·사물인터넷(IoT)·인공지능(AI) 등 4차 산업혁명 기술을 적용해 해양수산업의 <u>체질</u>을 개선하고, 새로운 미래성장동력을 창출하기 위해 마련했다. 해양수산부는 전략 수립을 위해 지난 6월, 4차 산업혁명 기술 전문가와 해양수산 전문가가 참여하는 '해양수산 4차 산업혁명위원회'를 구성하고 방향과 추진과제에 대해 <u>자문</u>을 받았다. 이번 전략은 '스마트 해양수산 선도국가 도약'이라는 비전 아래, △2030년까지 자율운항선박 세계시장 50% <u>점거</u> △스마트양식 50% <u>보급</u> △사물인터넷 기반 항만 대기질 측정망 1,000개소 구축 △해양재해 예측 소요시간 <u>단축</u>(12시간→4시간) △해양수산 통합 빅데이터 플랫폼 구축 등을 목표로 하고 있다.

① 체질 ② 자문
③ 점거 ④ 보급
⑤ 단축

2 다음 글을 읽고, 오늘날 유행성 감기의 적절한 통제가 필요한 이유 중 가장 옳은 것을 고르면?

유행성 감기는 인간의 여행 속도에 비례하여 퍼진다. 수레가 없던 시대에는 이 병의 퍼지는 속도가 느렸다. 1918년 인간은 8주에 지구를 한 바퀴 돌 수 있었으며, 이는 유행성 감기가 지구 일주를 완료하는데 걸리는 것과 꼭 같은 시간이었다. 오늘날 대형 비행기 등을 통해 인간은 보다 빠른 속도로 여행한다. 이 같은 현대식 속도는 시시각각으로 유행성 감기의 도래를 예측할 수 없게 만든다. 이것은 이 질병에 대한 통제수단도 이에 비례하여 더 빨라져야 한다는 것을 뜻한다.

① 세계 전역 어디에서나 발생할 수 있기 때문에
② 병균이 비행기만큼 빨리 퍼질 수 있기 때문에
③ 인간이 유행성 감기를 피할 수 있을 만큼 빨리 여행할 수 있기 때문에
④ 유행성 감기는 항상 인간의 몸속에 기생하고 있기 때문에
⑤ 유행성 감기에 대한 적절한 백신이나 치료제가 없기 때문에

3 다음 글을 읽고 이 글을 뒷받침할 수 있는 주장으로 가장 적합한 것은?

X선 사진을 통해 폐질환 진단법을 배우고 있는 의과대학 학생을 생각해 보자. 그는 암실에서 환자의 가슴을 찍은 X선 사진을 보면서, 이 사진의 특징을 설명하는 방사선 전문의의 강의를 듣고 있다. 그 학생은 가슴을 찍은 X선 사진에서 늑골뿐만 아니라 그 밑에 있는 폐, 늑골의 음영, 그리고 그것들 사이에 있는 아주 작은 반점들을 볼 수 있다. 하지만 처음부터 그럴 수 있었던 것은 아니다. 첫 강의에서는 X선 사진에 대한 전문의의 설명을 전혀 이해하지 못했다. 그가 가리키는 부분이 무엇인지, 희미한 반점이 과연 특정질환의 흔적인지 전혀 알 수가 없었다. 전문의가 상상력을 동원해 어떤 가상적 이야기를 꾸며내는 것처럼 느껴졌을 뿐이다. 그러나 몇 주 동안 이론을 배우고 실습을 하면서 지금은 생각이 달라졌다. 그는 문제의 X선 사진에서 이제는 늑골 뿐 아니라 폐와 관련된 생리적인 변화, 흉터나 만성 질환의 병리학적 변화, 급성질환의 증세와 같은 다양한 현상들까지도 자세하게 경험하고 알 수 있게 될 것이다. 그는 전문가로서 새로운 세계에 들어선 것이고, 그 사진의 명확한 의미를 지금은 대부분 해석할 수 있게 되었다. 이론과 실습을 통해 새로운 세계를 볼 수 있게 된 것이다.

① 관찰은 배경지식에 의존한다.
② 과학에서의 관찰은 오류가 있을 수 있다.
③ 과학 장비의 도움으로 관찰 가능한 영역은 확대된다.
④ 관찰정보는 기본적으로 시각에 맺혀지는 상에 의해 결정된다.
⑤ X선 사진의 판독은 과학데이터 해석의 일반적인 원리를 따른다.

4 유기농 식품 매장에서 근무하는 K씨에게 계란 알레르기가 있는 고객이 제품에 대해 문의를 해왔다. K씨가 제품에 부착된 다음 설명서를 참조하여 고객에게 반드시 안내해야 할 말로 가장 적절한 것은?

- 제품명 : 든든한 현미국수
- 식품의 유형 : 면 – 국수류, 스프 – 복합조미식품
- 내용량 : 95g(면 85g, 스프 10g)
- 원재료 및 함량
  - 면 : 무농약 현미 98%(국내산), 정제염
  - 스프 : 멸치 20%(국내산), 다시마 10%(국내산), 고춧가루, 정제소금, 마늘분말, 생강분말, 표고분말, 간장분말, 된장분말, 양파분말, 새우분말, 건미역, 건당근, 건파, 김, 대두유
- 보관장소 : 직사광선을 피하고 서늘한 곳에 보관
- 이 제품은 계란, 메밀, 땅콩, 밀가루, 돼지고기를 이용한 제품과 같은 제조시설에서 제조하였습니다.
- 본 제품은 공정거래위원회 고시 소비분쟁해결 기준에 의거 교환 또는 보상받을 수 있습니다.
- 부정불량식품신고는 국번 없이 1399

① 조리하실 때 계란만 넣지 않으시면 문제가 없을 것입니다.
② 제품을 조리하실 때 집에서 따로 육수를 우려서 사용하시는 것이 좋겠습니다.
③ 이 제품은 무농약 현미로 만들어져 있기 때문에 알레르기 체질 개선에 효과가 있습니다.
④ 이 제품은 계란이 들어가는 식품을 제조하는 시설에서 생산되었다는 점을 참고하시기 바랍니다.
⑤ 알레르기 반응이 나타나실 경우 구매하신 곳에서 교환 또는 환불 받으실 수 있습니다.

5 다음 자료는 '인공지능'과 '통계'에 대한 관계를 설명하는 글이다. 다음 자료를 보고 대화를 나누는 5명의 의견 중, 맥락상 어긋나는 발언을 한 사람은 누구인가?

요즘 인공지능이 대세다. 딥러닝이 여기저기서 언급되기 시작하면서 슬슬 지펴지던 열기는 지난 3월 이세돌과 알파고의 바둑 대결이 이뤄지고, 알파고가 4 : 1로 이세돌을 이기면서 한층 달아올랐다. 최근 업무 관련해서 사람들과 이야기를 나누다 보면, 전에는 '데이터 분석에는 기계 학습(Machine Learning)을 사용하느냐', '통계와 데이터 마이닝이 뭐가 다르냐', 데이터 분석에는 무엇을 쓰냐 등의 질문이었다. 그런데 최근에는 거기에 한 종류가 더 추가되었다. '데이터 분석은 인공지능하고 무슨 관계일까', '통계 기법은 인공지능 시대에 뒤떨어진 게 아니냐 같은 이야기 들이다.

하지만 이 질문들에 대해 내 답은 보통 유사하다. 데이터를 사용해서 문제를 풀어서 해답을 찾는 것에서, 최적의 방식은 문제에 따라 다르고, 그 방식을 사용하면 되는 것이라고 생각한다. 그 방식이 문제에 따라 통계 기법이 될 수도 있고, 알고리즘을 활용한 데이터 마이닝이 될 수도 있다. 머신 러닝은 인공지능의 다양한 가치 중 하나이니 크게 보면 인공지능 문제가 될 수도 있을 것이다. 이런 것들이 서로 연관성이 없는 것도 아니고, 어느 한 쪽이 다른 한 쪽보다 뒤떨어진다고는 생각하지 않는다.

기계 학습, 빅데이터, 인공지능, 고급 분석 등 최근 데이터 분석 관련 용어들이 무분별하게 쏟아지다보니 많은 사람들이 이런 용어들의 개념에 대해서 헷갈려하고, 더욱 어려워한다. 하지만 이를 뜯어보면 일부는 용어 자체가 모호하거나, 혹은 각 용어들의 개념이 일부 중첩되어 있고, 어떤 한 용어가 갑자기 주목을 받는다고 해서 갑자기 사라지거나 하는 것이 아니다.

김 과장 : 이제 '인공지능' 붐이 불면서, 늘 도전을 맞이해야 했던 통계 관련 분야도 새로운 도전을 맞이하고 있는 것 같습니다.
박 과장 : 하지만 통계는 앞으로도 더욱 많은 인공지능 관련 분야에서는 활용되는 것과 동시에, 인공지능 분야 내에서 많은 기여를 할 것입니다.
정 대리 : 그렇다면 인공지능을 위한 기본적인 초석이자 근간으로, AI가 빠진 통계란 이미 상상할 수도 없으며, 아무 것도 아니라는 의미라고 할 수 있겠군요.
유 대리 : 네, 다시 말하면, 데이터에 맞게 최적화하는 과정은 대부분 무수한 통계적 기법을 활용한 변수 튜닝 및 집계 방식 변경 등으로 이루어지게 된다는 의미이지요.
문 과장 : 하지만 통계 입장에서 생각해 보면, 늘 그랬듯이, 기본적으로 '데이터가 중시되는' 변화에서는 앞으로도 통계의 역할은 작아지려야 작아질 수 없다고 봅니다.

① 김 과장
② 박 과장
③ 정 대리
④ 유 대리
⑤ 문 과장

6 다음은 산재보험의 소멸과 관련된 글이다. 다음 보기 중 글의 내용을 올바르게 이해한 것이 아닌 것은 무엇인가?

가. 보험관계의 소멸사유
- 사업의 폐지 또는 종료 : 사업이 사실상 폐지 또는 종료된 경우를 말하는 것으로 법인의 해산등기 완료, 폐업신고 또는 보험관계소멸신고 등과는 관계없음
- 직권소멸 : 근로복지공단이 보험관계를 계속해서 유지할 수 없다고 인정하는 경우에는 직권소멸 조치
- 임의가입 보험계약의 해지신청 : 사업주의 의사에 따라 보험계약해지 신청가능하나 신청 시기는 보험가입승인을 얻은 해당 보험 연도 종료 후 가능
- 근로자를 사용하지 아니할 경우 : 사업주가 근로자를 사용하지 아니한 최초의 날부터 1년이 되는 날의 다음날 소멸
- 일괄적용의 해지 : 보험가입자가 승인을 해지하고자 할 경우에는 다음 보험 연도 개시 7일 전까지 일괄적용해지신청서를 제출하여야 함

나. 보험관계의 소멸일 및 제출서류
- (1) 사업의 폐지 또는 종료의 경우
  - 소멸일 : 사업이 사실상 폐지 또는 종료된 날의 다음 날
  - 제출서류 : 보험관계소멸신고서 1부
  - 제출기한 : 사업이 폐지 또는 종료된 날의 다음 날부터 14일 이내
- (2) 직권소멸 조치한 경우
  - 소멸일 : 공단이 소멸을 결정·통지한 날의 다음날
- (3) 보험계약의 해지신청
  - 소멸일 : 보험계약해지를 신청하여 공단의 승인을 얻은 날의 다음 날
  - 제출서류 : 보험관계해지신청서 1부
  - ※ 다만, 고용보험의 경우 근로자(적용제외 근로자 제외)과 반수의 동의를 받은 사실을 증명하는 서류(고용보험 해지 신청 동의서)를 첨부하여야 함

① 고용보험과 산재보험의 해지 절차가 같은 것은 아니다.
② 사업장의 사업 폐지에 따른 서류 및 행정상의 절차가 완료되어야 보험관계가 소멸된다.
③ 근로복지공단의 판단으로도 보험관계가 소멸될 수 있다.
④ 보험 일괄해지를 원하는 보험가입자는 다음 보험 연도 개시 일주일 전까지 서면으로 요청을 해야 한다.
⑤ 보험계약해지 신청에 대한 공단의 승인이 12월 1일에 났다면 그 보험계약은 12월 2일에 소멸된다.

7 다음은 일자별 교통사고에 관한 자료이다. 이를 참고로 보고서를 작성할 때, 알 수 없는 정보는?

〈일자별 하루 평균 전체교통사고 현황〉

(단위 : 건, 명)

구분	1일	2일	3일	4일
사고	822.0	505.3	448.0	450.0
부상자	1,178.0	865.0	1,013.3	822.0
사망자	17.3	15.3	10.0	8.3

〈보고서〉
㉠ 1~3일의 교통사고 건당 입원자 수
㉡ 평소 주말 평균 부상자 수
㉢ 1~2일 평균 교통사고 증가량
㉣ 4일간 교통사고 부상자 증감의 흐름

① ㉠, ㉡
② ㉢, ㉣
③ ㉠, ㉡, ㉢
④ ㉡, ㉢, ㉣
⑤ ㉠, ㉡, ㉢, ㉣

8 다음 자료에 대한 올바른 해석이 아닌 것은 어느 것인가?

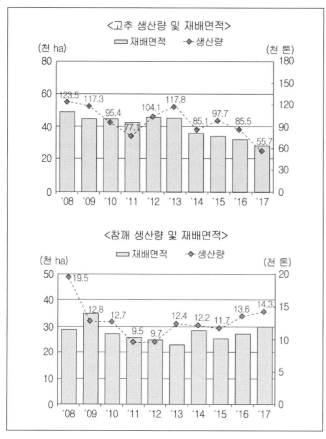

① 전년대비 2017년의 재배면적은 고추와 참깨가 모두 증가하였다.

② 2015~2017년의 재배면적과 생산량의 증감 추이는 고추와 참깨가 상반된다.

③ 2008년 대비 2017년에는 고추와 참깨의 생산이 모두 감소하였다.

④ 재배면적의 감소세는 고추가 참깨보다 더 뚜렷하다.

⑤ 재배면적이 감소하였다고 반드시 생산량도 함께 감소한 것은 아니다.

9 다음은 사무용 물품의 조달단가와 구매 효용성을 나타낸 것이다. 20억 원 이내에서 구매예산을 집행한다고 할 때, 정량적 기대효과 총합의 최댓값은? (단, 각 물품은 구매하지 않거나, 1개만 구매 가능하며 구매 효용성 = $\dfrac{정량적\ 기대효과}{조달단가}$ 이다)

구분 \ 물품	A	B	C	D	E	F	G	H
조달단가(억 원)	3	4	5	6	7	8	10	16
구매 효용성	1	0.5	1.8	2.5	1	1.75	1.9	2

① 35

② 36

③ 37

④ 38

⑤ 39

10 다음 중 제시된 자료를 올바르게 분석한 것이 아닌 것은?

〈65세 이상 노인인구 대비 기초 (노령)연금 수급자 현황〉

(단위 : 명, %)

연도	65세 이상 노인인구	기초(노령) 연금수급자	국민연금 동시 수급자
2009	5,267,708	3,630,147	719,030
2010	5,506,352	3,727,940	823,218
2011	5,700,972	3,818,186	915,543
2012	5,980,060	3,933,095	1,023,457
2013	6,250,986	4,065,672	1,138,726
2014	6,520,607	4,353,482	1,323,226
2015	6,771,214	4,495,183	1,444,286
2016	6,987,489	4,581,406	1,541,216
2017	7,015,278	4,592,382	1,553,179

〈가구유형별 기초연금 수급자 현황(2016년)〉

(단위 : 명, %)

65세 이상 노인 수	수급자 수					수급률
	계	단독가구	부부가구			
			소계	1인수급	2인수급	
6,987,489	4,581,406	2,351,026	2,230,380	380,302	1,850,078	65.6

① 기초연금 수급자 대비 국민연금 동시 수급자의 비율은 2009년 대비 2016년에 증가하였다.

② 기초연금 수급률은 65세 이상 노인 수 대비 수급자의 비율이다.

③ 2016년 단독가구 수급자는 전체 수급자의 50%가 넘는다.

④ 2016년 1인 수급자는 전체 기초연금 수급자의 약 17%에 해당한다.

⑤ 2009년부터 65세 이상 노인인구는 꾸준히 증가하였다.

▌11~12▐ 다음은 연도별 우울증 진료 환자 추이에 대한 자료이다. 물음에 답하시오.

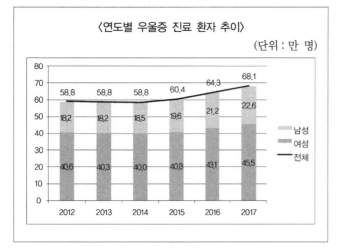

11 자료를 통하여 알 수 있는 사실로 옳은 것을 〈보기〉에서 모두 고르면?

〈보기〉
㈎ 2014년 이후 남녀 우울증 진료 환자의 수는 매년 증가하고 있다.
㈏ 전체 우울증 진료 환자에서 여성이 차지하는 비중은 매년 감소하고 있다.
㈐ 전체 우울증 진료 환자에서 남성이 차지하는 비중은 2016년이 가장 높다.
㈑ 전년 대비 전체 우울증 진료 환자의 증가율은 2016년이 2017년보다 더 높다.

① ㈎, ㈏, ㈑
② ㈎, ㈐, ㈑
③ ㈎, ㈏, ㈐
④ ㈏, ㈐, ㈑
⑤ ㈎, ㈏, ㈐, ㈑

12 2018년 남성 우울증 환자 수는 전년대비 10% 증가하고 여성 우울증 환자 수는 10% 감소하였다면, 2018년 전체 우울증 환자 수는 몇 명인가? (소수 둘째 자리에서 반올림함)

① 67.9만 명
② 66.3만 명
③ 65.8만 명
④ 64.2만 명
⑤ 63.1만 명

13 다음 A, B 두 국가 간의 시간차와 비행시간으로 옳은 것은?

〈A↔B 국가 간의 운항 시간표〉

구간	출발시각	도착시각
A → B	09 : 00	13 : 00
B → A	18 : 00	06 : 00(다음날)

- 출발 및 도착시간은 모두 현지시각이다.
- 비행시간은 A→B 구간, B→A 구간 동일하다.
- A가 B보다 1시간 빠르다는 것은 A가 오전 5시일 때, B가 오전 4시임을 의미한다.

	시차	비행시간
①	A가 B보다 4시간 느리다.	12시간
②	A가 B보다 4시간 빠르다.	8시간
③	A가 B보다 2시간 느리다.	10시간
④	A가 B보다 2시간 빠르다.	8시간
⑤	A가 B보다 4시간 느리다.	10시간

14 다음은 서원이가 매일하는 운동에 관한 기록지이다. 1회당 정문에서 후문을 왕복하여 달리는 운동을 할 때, **정문에서 후문까지의 거리 ㉠과 후문에서 정문으로 돌아오는데 걸린 시간 ㉡은?** (단, 매회 달리는 속도는 일정하다고 가정한다.)

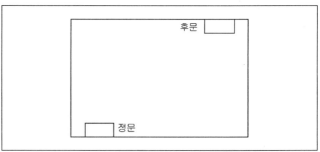

회차	속도		시간
1회	정문→후문	20m/초	5분
	후문→정문		
	⋮		
5회			70분

※ 총 5회 반복
※ 마지막 바퀴는 10분을 쉬고 출발

	㉠	㉡		㉠	㉡
①	6,000m	7분	②	5,000m	8분
③	4,000m	9분	④	3,000m	10분
⑤	2,000m	11분			

15 사고조사반원인 K는 2018년 12월 25일 발생한 총 6건의 사고에 대하여 보고서를 작성하고 있다. 사고 발생 순서에 대한 타임라인이 다음과 같을 때, 세 번째로 발생한 사고는? (단, 동시에 발생한 사고는 없다)

> ㉠ 사고 C는 네 번째로 발생하였다.
> ㉡ 사고 A는 사고 E보다 먼저 발생하였다.
> ㉢ 사고 B는 사고 A보다 먼저 발생하였다.
> ㉣ 사고 E는 가장 나중에 발생하지 않았다.
> ㉤ 사고 F는 사고 B보다 나중에 발생하지 않았다.
> ㉥ 사고 C는 사고 E보다 나중에 발생하지 않았다.
> ㉦ 사고 C는 사고 D보다 먼저 발생하였으나, 사고 B보다는 나중에 발생하였다.

① A ② B
③ D ④ E
⑤ F

16 아래는 이야기 내용과 그에 관한 설명이다. 이야기에 관한 설명 중 이야기 내용과 일치하는 것은 모두 몇 개인가?

> [이야기 내용] 미용사가 한 여성의 머리를 커트하고 있었고, 한 남성은 옆의 소파에 앉아 기다리고 있었다. 이 여성에 대한 커트가 끝나자, 기다리던 남성도 머리를 커트하였다. 커트 비용으로 여자 미용사는 남성으로부터 모두 10,000원을 받았다. 이들 3사람 외에 다른 사람은 없었다.
>
> [이야기에 관한 설명]
> 1. 이 미용실의 손님은 여성과 남성 각각 1명씩이었다.
> 2. 이 미용실의 미용사는 여성이다.
> 3. 여자 미용사는 남성의 머리를 커트하였다.
> 4. 돈을 낸 사람은 머리를 커트한 남자 손님이었다.
> 5. 이 미용실의 커트 비용은 일인당 5,000원이었다.
> 6. 머리를 커트한 사람은 모두 2명이다.

① 0개 ② 1개
③ 2개 ④ 3개
⑤ 4개

17 ○○정유회사에 근무하는 N씨는 상사로부터 다음과 같은 지시를 받았다. 다음 중 N씨가 표를 구성할 방식으로 가장 적절한 것은?

> 상사 : 이 자료를 간단하게 표로 작성해 줘. 다른 부분은 필요 없고, 어제 원유의 종류에 따라 전일 대비 각각 얼마씩 오르고 내렸는지 그 내용만 있으면 돼. 우리나라는 전국 단위만 표시하도록 하고. 한눈에 자료의 내용이 들어올 수 있도록, 알겠지?

> **자료**
> 주요 국제유가는 중국의 경제성장률이 시장 전망치와 큰 차이를 보이지 않으면서 사흘째 올랐다. 우리나라 유가는 하락세를 지속했으나, 다음 주에는 상승세로 전환될 전망이다.
> 한국석유공사는 오늘(14일) 석유정보망(http://www.petronet.co.kr/)을 통해 13일 미국 뉴욕상업거래소에서 8월 인도분 서부 텍사스산 원유(WTI)는 배럴당 87.10달러로 전날보다 1.02달러 오르면서 장을 마쳤다며 이같이 밝혔다. 또한 영국 런던 ICE선물시장에서 북해산 브렌트유도 배럴당 102.80달러로 전날보다 1.73달러 상승세로 장을 마감했다.
> 이는 중국의 지난 2·4분기 국내총생산(GDP)이 작년 동기 대비 7.6% 성장, 전분기(8.1%)보다 낮아졌으며 시장 전망을 벗어나지 않으면서 유가 상승세를 이끌었다고 공사 측은 분석했다. 이로 인해 중국 정부가 추가 경기 부양에 나설 것이라는 전망도 유가 상승에 힘을 보탰다.
> 13일 전국 주유소의 리터(ℓ)당 평균 휘발유가격은 1천892.14원, 경유가격은 1천718.72원으로 전날보다 각각 0.20원, 0.28원 떨어졌다. 이를 지역별로 보면 휘발유가격은 현재 전날보다 소폭 오른 경기·광주·대구를 제외하고 서울(1천970.78원, 0.02원↓) 등 나머지 지역에서는 인하됐다.
> 한편, 공사는 내주(15일~21일) 전국 평균 휘발유가격을 1천897원, 경유가격을 1천724원으로 예고, 이번 주 평균가격보다 각각 3원, 5원 오를 전망이다.

①

원유 종류	13일 가격	전일 대비
WTI	87.10 (달러/배럴)	▲ 1.02
북해산 브렌트유	102.80 (달러/배럴)	▲ 1.73
전국 휘발유	1892.14 (원/리터)	▼ 0.20
전국 경유	1718.72 (원/리터)	▼ 0.28

②

원유 종류	13일 가격	자료출처
WTI	87.10 (달러/배럴)	
북해산 브렌트유	102.80 (달러/배럴)	석유정보망 (http://www.petronet.co.kr/)
전국 휘발유	1892.14 (원/리터)	
전국 경유	1718.72 (원/리터)	

③

원유 종류	13일 가격	등락 폭
전국 휘발유	1892.14 (원/리터)	0.20 하락
서울 휘발유	1970.78 (원/리터)	0.02 하락
경기·광주·대구 휘발유	1718.12 (원/리터)	0.28 상승

④

원유 종류	내주 예상 가격	금주 대비	자료출처
전국 휘발유	1897 (원/리터)	▲ 3.0	한국석유공사
전국 경유	1724 (원/리터)	▲ 5.0	

⑤

원유 종류	내주 예상 가격	금주 대비
전국 휘발유	1897 (원/리터)	▲ 3.0
전국 경유	1724 (원/리터)	▲ 5.0
서울 휘발유	1970.78 (원/리터)	▼ 0.02
경기 · 광주 · 대구 휘발유	1718.12 (원/리터)	▲ 0.28

18 다음은 L공사의 국민임대주택 예비입주자 통합 정례모집 관련 신청자격에 대한 사전 안내이다. 甲~戊 중 국민임대주택 예비입주자로 신청할 수 있는 사람은? (단, 함께 살고 있는 사람은 모두 세대별 주민등록표상에 함께 등재되어 있고, 제시되지 않은 사항은 모두 조건을 충족한다고 가정한다)

□ 2019년 5월 정례모집 개요

구분	모집공고일	대 상 지 역
2019년 5월	2019. 5. 7(화)	수도권
	2019. 5. 15(수)	수도권 제외한 나머지 지역

□ 신청자격
입주자모집공고일 현재 무주택세대구성원으로서 아래의 소득 및 자산보유 기준을 충족하는 자

※ **무주택세대구성원이란?**
다음의 세대구성원에 해당하는 사람 전원이 주택(분양권 등 포함)을 소유하고 있지 않은 세대의 구성원을 말합니다.

세대구성원(자격검증대상)	비고
• 신청자	
• 신청자의 배우자	신청자와 세대 분리되어 있는 배우자도 세대구성원에 포함
• 신청자의 직계존속 • 신청자의 배우자의 직계존속 • 신청자의 직계비속 • 신청자의 직계비속의 배우자	신청자 또는 신청자의 배우자와 세대별 주민등록표상에 함께 등재되어 있는 사람에 한함
• 신청자의 배우자의 직계비속	신청자와 세대별 주민등록표상에 함께 등재되어 있는 사람에 한함

※ 소득 및 자산보유 기준

구분	소득 및 자산보유 기준		
	가구원수	월평균 소득기준	참고사항
소득	3인 이하 가구	3,781,270원 이하	• 가구원수는 세대구성원 전원을 말함 (외국인 배우자와 임신 중인 경우 태아 포함) • 월평균소득액은 세전금액으로서 세대구성원 전원의 월평균소득액을 모두 합산한 금액임
	4인 가구	4,315,641원 이하	
	5인 가구	4,689,906원 이하	
	6인 가구	5,144,224원 이하	
	7인 가구	5,598,542원 이하	
	8인 가구	6,052,860원 이하	
자산	• 총자산가액 : 세대구성원 전원이 보유하고 있는 총 자산가액 합산기준 28,000만 원 이하		
	• 자동차 : 세대구성원 전원이 보유하고 있는 전체 자동차가액 2,499만 원 이하		

① 甲의 아내는 주택을 소유하고 있지만, 甲과 세대 분리가 되어 있다.

② 아내의 부모님을 모시고 살고 있는 乙 가족의 월평균소득은 500만 원이 넘는다.

③ 丙은 재혼으로 만난 아내의 아들과 함께 살고 있는데, 아들은 전 남편으로부터 물려받은 아파트 분양권을 소유하고 있다.

④ 丁은 독신으로 주택을 소유하고 있지는 않지만 2억 원의 현금과 3천만 원짜리 자동차가 있다.

⑤ 어머니를 모시고 사는 戊은 아내가 셋째 아이를 출산하면서 戊 가족의 월평균소득으로는 1인당 80만 원도 돌아가지 않게 되었다.

19 다음은 서울교통공사가 안전하고 행복한 지하철 이용을 위해 제공한 '안전장비 취급요령'에 대한 내용이다. 보기 내용 중 가장 적절하지 않은 것은?

소화기 사용 방법	1. 안전핀 제거	소화기의 안전핀을 뽑는다. 이때 상단레버만 손으로 잡는다.
	2. 화재 방향 조준	바람을 등지고 3~5m 전방에서 호스를 불 쪽으로 향해 잡는다.
	3. 상단 레버	상단레버(손잡이)를 힘껏 움켜잡는다.
	4. 약제 방사	불길 양 옆으로 골고루 약제를 방사한다.
	유의사항	• 소화기를 방사할 때 너무 가까이 접근하여 화상을 입지 않도록 주의한다. • 바람을 등지고 상하로 방사한다. • 지하공간이나 창이 없는 곳에서 사용하면 질식의 우려가 있다. • 방사할 때 기화에 따른 동상을 주의한다. • 방사된 가스는 마시지 말고 사용 후 즉시 환기하여야 한다.
소화전 사용 방법	1. 호스 반출	소화전함을 열고 호스를 꺼내 불이 난 곳까지 꼬이지 않게 펼친다.
	2. 개폐밸브 개방	소화전 밸브를 왼쪽 방향으로 돌리면서 서서히 연다.
	3. 방수	호스 끝 부분을 두 손으로 꼭 잡고 불이 난 곳을 향하여 불을 끈다.
	유의사항	• 노즐 조작자와 개폐밸브 및 호스 조작자 등 최소 2명이 필요하다. • 소화전 사용 시 호스가 꺾이지 않도록 주의하고 호스의 반동력이 크므로 노즐을 도중에 내려놓거나 놓치지 않도록 주의한다.
비상 코크 사용 방법	1. 위치 확인	출입문 비상코크 위치를 확인하고 뚜껑을 연다.
	2. 비상코크 조작	비상코크를 잡고 몸 쪽으로 당긴다.
	3. 출입문 개방	출입문을 양손으로 잡고 당겨 연다.
	유의사항	• 출입문 비상코크는 객차 내 의자 양 옆 아래쪽에 위치해 있다. • 선로에 내릴 땐 다른 열차가 오는지 주의해야 한다.
비상 통화 장치 사용 방법	1. 커버 열기	커버를 열고 마이크를 꺼낸다.
	2. 통화	운전실에 비상경보음이 울리며, 마이크를 통해 승무원과 통화가 가능하다.
	기타사항	－객실당 2개 설치 －내장재 교체 차량에 설치

① 소화기를 잘못 사용하게 되면 화상 및 동상을 입을 수도 있다.

② 비상시에 출입문을 손으로 열기 위해서는 객차 양 끝의 장치를 조작해야만 한다.

③ 최소 2명이 있어야 사용할 수 있는 장치는 소화전뿐이다.

④ 소화기는 가급적 공기가 통하는 곳에서 사용하는 것이 안전하다.

⑤ 소화전 사용 시 노즐을 도중에 내려놓지 않도록 주의해야 한다.

┃20~21┃ 다음은 S공사에서 제공하는 휴양콘도 이용 안내문이다. 다음 안내문을 읽고 이어지는 물음에 답하시오.

▲ 휴양콘도 이용대상
• 주말, 성수기 : 월평균소득이 243만 원 이하 근로자
– 평일 : 모든 근로자(월평균소득이 243만 원 초과자 포함), 특수형태근로종사자
– 이용희망일 2개월 전부터 신청 가능
– 이용희망일이 주말, 성수기인 경우 최초 선정일 전날 23시 59분까지 접수 요망. 이후에 접수할 경우 잔여객실 선정일정에 따라 처리

▲ 휴양콘도 이용우선순위
① 주말, 성수기
• 주말·성수기 선정 박수가 적은 근로자
• 이용가능 점수가 높은 근로자
• 월평균소득이 낮은 근로자
  ※ 위 기준 순서대로 적용되며, 근로자 신혼여행의 경우 최우선 선정
② 평일: 선착순

▲ 이용·변경·신청취소
• 선정결과 통보: 이용대상자 콘도 이용권 이메일 발송
• 이용대상자로 선정된 후에는 변경 불가 → 변경을 원할 경우 신청 취소 후 재신청
• 신청취소는 「근로복지서비스 〉 신청결과확인」 메뉴에서 이용일 10일 전까지 취소
  ※ 9일전~1일전 취소는 이용점수가 차감되며, 이용당일 취소 또는 취소 신청 없이 이용하지 않는 경우 (No-Show) 1년 동안 이용 불가
• 선정 후 취소 시 선정 박수에는 포함되므로 이용우선순위에 유의(평일 제외)
  ※ 기준년도 내 선정 박수가 적은 근로자 우선으로 자동선발하고, 차순위로 점수가 높은 근로자 순으로 선발하므로 선정 후 취소 시 차후 이용우선순위에 영향을 미치니 유의하시기 바람
  – 이용대상자로 선정된 후 타인에게 양도 등 부정사용 시 신청일 부터 5년간 이용 제한

• 매년(년1회) 연령에 따른 기본점수 부여

[월평균소득 243만 원 이하 근로자]

연령대	50세 이상	40~49세	30~39세	20~29세	19세 이하
점수	100점	90점	80점	70점	60점

※ 월평균소득 243만 원 초과 근로자, 특수형태근로종사자, 고용·산재보험 가입사업장 : 0점

• 기 부여된 점수에서 연중 이용점수 및 벌점에 따라 점수 차감

구분	이용점수(1박당)			벌점	
	성수기	주말	평일	이용취소 (9~1일 전 취소)	No-show (당일취소, 미이용)
차감점수	20점	10점	0점	50점	1년 사용제한

▲ 벌점(이용취소, No-show)부과 예외

• 이용자의 배우자·직계존비속 또는 배우자의 직계존비속이 사망한 경우
• 이용자 본인·배우자·직계존비속 또는 배우자의 직계존비속이 신체이상으로 3일 이상 의료기관에 입원하여 콘도 이용이 곤란한 경우
• 운송기관의 파업·휴업·결항 등으로 운송수단을 이용할 수 없어 콘도 이용이 곤란한 경우
※ 벌점부과 예외 사유에 의한 취소 시에도 선정박수에는 포함되므로 이용우선순위에 유의하시기 바람

20 다음 중 위의 안내문을 보고 올바른 콘도 이용계획을 세운 사람은 누구인가?

① "난 이용가능 점수도 높아 거의 1순위인 것 같은데, 올해엔 시간이 없으니 내년 여름휴가 때 이용할 콘도나 미리 예약해 둬야겠군."

② "경태 씨, 우리 신혼여행 때 휴양 콘도 이용 일정을 넣고 싶은데 이용가능점수도 낮고 소득도 좀 높은 편이라 어려울 것 같네요."

③ "여보, 지난 번 신청한 휴양콘도 이용자 선정 결과가 아직 안 나왔나요? 신청할 때 제 전화번호를 기재했다고 해서 계속 기다리고 있는데 전화가 안 오네요."

④ "영업팀 최 부장님은 50세 이상이라서 기본점수가 높지만 지난 번 성수기에 2박 이용을 하셨으니 아직 미사용 중인 20대 엄 대리가 점수 상으로는 좀 더 선정 가능성이 높겠군."

⑤ "총무팀 박 대리는 엊그제 아버님 상을 당해서 오늘 콘도 이용은 당연히 취소겠군. 취소야 되겠지만 벌점 때문에 내년에 재이용은 어렵겠어."

21 다음 〈보기〉의 신청인 중 올해 말 이전 휴양콘도 이용 순위가 높은 사람부터 순서대로 올바르게 나열한 것은 어느 것인가?

〈보기〉
A씨 : 30대, 월 소득 200만 원, 주말 2박 선정 후 3일 전 취소 (무벌점)
B씨 : 20대, 월 소득 180만 원, 신혼여행 시 이용 예정
C씨 : 40대, 월 소득 220만 원, 성수기 2박 기 사용
D씨 : 50대, 월 소득 235만 원, 올 초 선정 후 5일 전 취소, 평일 1박 기 사용

① D씨 - B씨 - A씨 - C씨
② B씨 - D씨 - C씨 - A씨
③ C씨 - D씨 - A씨 - B씨
④ B씨 - D씨 - A씨 - C씨
⑤ B씨 - A씨 - D씨 - C씨

│22~23│ 다음 위임전결규정을 보고 이어지는 질문에 답하시오.

〈결재규정〉

• 결재를 받으려는 업무에 대해서는 최고결재권자(대표이사)를 포함한 이하 직책자의 결재를 받아야 한다.
• '전결'이라 함은 회사의 경영활동이나 관리활동을 수행함에 있어 의사 결정이나 판단을 요하는 일에 대하여 최고결재권자의 결재를 생략하고, 자신의 책임 하에 최종적으로 의사 결정이나 판단을 하는 행위를 말한다.
• 전결사항에 대해서도 위임 받은 자를 포함한 이하 직책자의 결재를 받아야 한다.
• 표시내용 : 결재를 올리는 자는 최고결재권자로부터 전결사항을 위임받은 자가 있는 경우 결재란에 전결이라고 표시하고 최종결재권자란에 위임 받은 자를 표시한다. 다만, 결재가 불필요한 직책자의 결재란은 상향대각선으로 표시한다.
• 최고결재권자의 결재사항 및 최고결재권자로부터 위임된 전결사항은 아래의 표에 따른다.

구분	내용	금액기준	결재서류	팀장	본부장	대표이사
접대비	거래처 식대, 경조사비 등	20만 원 이하	접대비지출품의서 지출결의서	● ■		
		30만 원 이하			● ■	
		30만 원 초과				● ■
교통비	국내 출장비	30만 원 이하	출장계획서 출장비신청서	● ■		
		50만 원 이하		●	■	
		50만 원 초과		●		■
	해외 출장비			●		■
소모품비	사무용품		지출결의서	■		
	문서, 전산 소모품					■
	기타 소모품	20만 원 이하		■		
		30만 원 이하			■	
		30만 원 초과				■
교육훈련비	사내외 교육		기안서 지출결의서	●		■
법인카드	법인카드 사용	50만 원 이하	법인카드신청서	■		
		100만 원 이하			■	
		100만 원 초과				■

※ ● : 기안서, 출장계획서, 접대비지출품의서
　 ■ : 지출결의서, 세금계산서, 발행요청서, 각종신청서

22 홍 대리는 바이어 일행 내방에 따른 저녁 식사비로 약 120만 원의 지출 비용을 책정하였다. 법인카드를 사용하여 이를 결제할 예정인 홍 대리가 작성해야 할 문서의 결재 양식으로 옳은 것은 어느 것인가?

①
	법인카드신청서			
결재	담당	팀장	본부장	대표이사
	홍 대리			

②
	접대비지출품의서			
결재	담당	팀장	본부장	대표이사
	홍 대리			

③
	법인카드신청서			
결재	담당	팀장	본부장	최종결재
	홍 대리			

④
	접대비지출품의서			
결재	담당	팀장	본부장	대표이사
	홍 대리		전결	

⑤
	법인카드신청서			
결재	담당	팀장	본부장	대표이사
	홍 대리			

23 권 대리는 광주로 출장을 가기 위하여 출장비 45만 원에 대한 신청서를 작성하려 한다. 권 대리가 작성해야 할 문서의 결재 양식으로 옳은 것은 어느 것인가?

①
	출장비신청서			
결재	담당	팀장	본부장	최종결재
	권 대리			본부장

②
	출장비계획서			
결재	담당	팀장	본부장	최종결재
	권 대리			

③
	접대비계획서			
결재	담당	팀장	본부장	최종결재
	권 대리		전결	

④
	출장비신청서			
결재	담당	팀장	본부장	최종결재
	권 대리			

⑤
	출장비신청서			
결재	담당	팀장	본부장	최종결재
	권 대리		전결	본부장

〈주요 안전투자 세부 내역〉

(단위 : 억 원)

구분	내용	2018년	2019년	증감
	합계	4,537	5,223	686
전동차	2·3호선 노후전동차 교체	1430	852	△578
	5·7호선 노후전동차 교체	1	704	703
	전동차 전방 CCTV설치 등	57	116	59
승강장 안전문	승강장안전문 전면 재시공	70	119	49
	PSD비상문 교체	132	105	△27
	PSD 검지센서 모니터링 등	2	13	11
내진 및 고가 구조물	내진성능 보강	592	551	△41
	방음벽 및 고가 구조물 보강	19	47	28
	고가 구조물 유지보수 및 진단	17	16	△1
공기질	시청(2)역 석면 제거	11	110	99
	공기질 개선 측정기구	0	72	72
	잠실새내역 환경개선 등	15	147	132
디지털 기반 안전 시스템 (SCM)	스마트 차량검수 시스템 구축	20	34	14
	기계설비자동제어(SAMBA)	36	95	59
	CCTV 지능형통합모니터링	20	174	154
	차세대 정보통신망 구축	110	253	143
	운행정보 실시간모니터링 등	9	9	0
노후시설 개선	노후 전선로 개량	97	193	96
	노후 전력설비 개량	326	268	△58
	노후 제연설비 개량 등	653	491	△162
기타	승강편의 유지관리 용역	156	129	△27
	통합관제 시스템 구축	37	147	110
	안전5중 방호벽 시제품	727	578	△149

〈조직도〉

24 다음 중 옳은 것을 모두 고르면?

> ㉠ 2018년과 2019년 모두 안전투자 비용에서 가장 큰 비중을 차지하고 있는 것은 '전동차'이다.
> ㉡ 공기질 개선 측정기구를 통해 공기질을 관리하는 것은 2019년에 새로 도입한 방법일 것이다.
> ㉢ 노후 전선로 및 노후 전력설비 개량비용은 2018년과 2019년 모두 노후시설 개선 분야에서 절반 이상의 비중을 차지한다.
> ㉣ 2018년에 비해 2019년에 각 세부 내용의 투자비용이 모두 증가한 분야는 '공기질'과 '디지털 기반 안전시스템(SCM)'이다.

① ㉠, ㉢ ② ㉡, ㉣
③ ㉠, ㉡, ㉣ ④ ㉡, ㉢, ㉣
⑤ ㉠, ㉡, ㉢, ㉣

25 조직도를 참고할 때, 유추할 수 있는 내용으로 가장 잘못된 것은?

① 승강장안전문에 대한 업무는 기술본부의 '승강장안전문관리단'에서 총괄할 것이다.
② 관제사가 되고자 하는 자는 종합관제단에서 실시하는 신체검사에 합격하여야 한다.
③ 통합 관제시스템 구축 예산안은 안전관리본부 소속 종합관제단에서 수립할 것이다.
④ 각종 유지보수에 필요한 소모품 등의 구매 및 계약은 구매물류실 소속 구매물류센터에서 총괄할 것이다.
⑤ 9호선운영부문은 업무와 관련하여 사장에게 직접 보고할 것이다.

26 다음은 서울교통공사의 데이터 관리 규칙 중 일부를 나타낸 것이다. 다음 중 옳지 않은 것은?

① 데이터는 공사의 핵심 자산으로 인식하여 체계적으로 관리되어야 한다.
② 데이터는 공사 데이터 표준이 준수되어야 하며, 데이터의 정의를 일관되고 명확하게 함으로써 사용자에게 유용할 수 있도록 하여야 한다.
③ 데이터 수요자에게 유효한 데이터를 적시, 적소에 공급될 수 있도록 데이터의 흐름을 관리하여야 한다.
④ 데이터 품질지표를 설정하여 주기적인 평가활동을 수행하고 데이터에 대한 책임 및 관리 주체를 명확히 하여야 한다.
⑤ 데이터는 개인적인 저장소에 수집·저장하여 정보 수요자에게 제공되어야 한다.

27 다음 중 아래 워크시트의 [A1] 셀에 사용자 지정 표시 형식 '#,###,'을 적용했을 때 표시되는 값은?

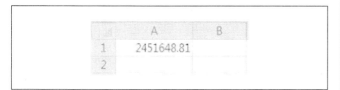

① 2,451
② 2,452
③ 2
④ 2.4
⑤ 2.5

▌28~29▐ 다음은 서울교통공사에서 제공한 '시간대별 지하철 이용 인원수'를 나타낸 자료 중 일부이다. 각 물음에 답하시오.

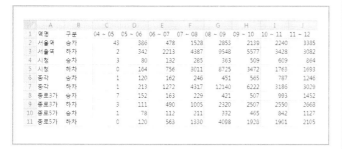

28 지하철역별로 시간대별 '승차' 인원수만 따로 보려고 할 때 가장 적절한 방법은?

① 구분에 '하차'라고 적혀 있는 3, 5, 7, 9, 11열을 삭제한다.
② lookup 함수를 이용한다.
③ 필터 기능을 이용하여 '구분' 셀(B1)에서 '승차'값만 선택한다.
④ '보기'의 '틀 고정'에서 '첫 행 고정'을 선택한다.
⑤ '조건부 서식 – 셀 강조 규칙'에서 '승차'를 포함한 텍스트 서식을 지정한다.

29 위 자료를 다음과 같이 나타내려고 한다. 다음 중 사용한 기능이 아닌 것은?

	A	B	C	D	E	F	G	H	I	J
1	역명	04~05	05~06	06~07	07~08	08~09	09~10	10~11	11~12	시간대별 인원수 추이
2	서울역	45	728	2691	5915	12401	7716	5668	6467	
3	시청	3	244	888	3296	9088	3981	2372	2557	
4	종각	2	333	1434	4563	12591	6787	3973	4275	
5	종로3가	10	263	653	1234	2741	3014	3543	4120	
6	종로5가	1	198	675	1541	4430	2393	2743	3232	
7	시간대별 평균 이용자수	12.2	353.2	1268.2	3309.8	8250.2	4778.2	3659.8	4130.2	

① 열 삭제
② sum 함수
③ 필터
④ 스파크라인
⑤ average 함수

30 ㈜서원각에서 근무하는 김 대리는 제도 개선 연구를 위해 영국 런던에서 관계자와 미팅을 하려고 한다. 8월 10일 오전 10시 미팅에 참석할 수 있도록 해외출장 계획을 수립하려고 한다. 김 대리는 현지 공항에서 입국 수속을 하는데 1시간, 예약된 호텔까지 이동하여 체크인을 하는데 2시간, 호텔에서 출발하여 행사장까지 이동하는데 1시간 이내의 시간이 소요된다는 사실을 파악하였다. 또한 서울 시각이 오후 8시 45분일 때 런던 현지 시각을 알아보니 오후 12시 45분이었다. 비행운임 및 스케줄이 다음과 같을 때, 김 대리가 선택할 수 있는 가장 저렴한 항공편은 무엇인가?

항공편	출발시각	경유시간	총 비행시간	운임
0001	8월 9일 19 : 30	7시간	12시간	60만 원
0002	8월 9일 20 : 30	5시간	13시간	70만 원
0003	8월 9일 23 : 30	3시간	12시간	80만 원
0004	8월 10일 02 : 30	직항	11시간	100만 원
0005	8월 10일 05 : 30	직항	9시간	120만 원

① 0001
② 0002
③ 0003
④ 0004
⑤ 0005

31 업무상 지출하는 비용은 회계상 크게 직접비와 간접비로 구분할 수 있으며, 이러한 지출 비용을 개인의 가계에 대입하여 구분할 수도 있다. M씨의 개인 지출 내역이 다음과 같을 경우, M씨의 전체 지출 중 간접비가 차지하는 비중은 얼마인가?

(단위 : 만 원)

보험료	공과금	외식비	전세 보증금	자동차 보험료	의류 구매	병원 치료비
20	55	60	10,000	11	40	15

① 약 13.5% ② 약 8.8%

③ 약 0.99% ④ 약 4.3%

⑤ 약 2.6%

32 다음과 같은 프로그램 명령어를 참고할 때, 아래의 모양 변화가 일어나기 위해서 두 번의 스위치를 눌렀다면 어떤 스위치를 눌렀는가? (위부터 아래로 차례로 1~4번 도형임)

스위치	기능
◉	1번, 4번 도형을 시계 방향으로 90도 회전함
◈	2번, 3번 도형을 시계 방향으로 90도 회전함
▣	1번, 2번 도형을 시계 반대 방향으로 90도 회전함
◑	3번, 4번 도형을 시계 반대 방향으로 90도 회전함

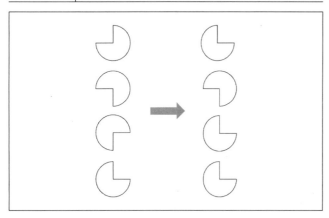

① ▣, ◉ ② ◈, ▣

③ ◉, ▣ ④ ◑, ◉

⑤ ◑, ◈

33 다음의 사례는 4차 산업발전을 기반으로 한 C2C의 내용이다. 아래의 내용으로 미루어 보아 4차 산업발전의 기술을 기반으로 한 C 쇼핑이 제공하는 서비스와 가장 관련성이 높은 것은 무엇인가?

4차 산업혁명의 기술로 인해 우리의 실생활을 변화 시켜가고 있다. 자동차의 공유, 자전거우 공유, 우버택시 서비스, 카카오 택시 등 플랫폼을 활용한 공유경제가 우리 사회를 주도해가고 있다. 특히 공유경제는 저비용, 고효율에 기반을 둔 개개인의 수익창출에 근간을 둔다. 공유경제의 기반은 플랫폼이다.

4차 산업혁명으로 인해 C2C의 경우 소비자는 상품을 구매하는 주체이면서 동시에 공급의 주체가 되기도 한다. 인터넷이 소비자들을 직접 연결시켜주는 시장의 역할을 하게 됨으로써 발생한 거래형태로 현재는 경매나 벼룩시장처럼 중고품을 중심으로 거래가 이루어지고 있는데, 그 한 가지 사례가 있어 소개한다.

스마트폰으로 팔고 싶은 물품의 사진이나 동영상을 인터넷에 올려 당사자끼리 직접 거래할 수 있는 모바일 오픈 마켓 서비스가 등장했다. C 쇼핑은 수수료를 받지 않고 개인 간 물품 거래를 제공하는 스마트폰 애플리케이션 '오늘 마켓'을 서비스한다고 밝혔다. 기존 오픈 마켓은 개인이 물건을 팔려면 사진을 찍어 PC로 옮기고, 인터넷 카페나 쇼핑몰에 판매자 등록을 한 뒤 사진을 올리는 복잡한 과정을 거쳐야 했다. 오늘마켓은 판매자가 휴대전화로 사진이나 동영상을 찍어 앱으로 바로 등록할 수 있고 전화나 문자메시지, e메일, 트위터 등 연락 방법을 다양하게 설정할 수 있다.

구매자는 상품 등록시간이나 인기 순으로 상품을 검색할 수 있고 위치 기반 서비스(LBS)를 바탕으로 자신의 위치와 가까운 곳에 있는 판매자의 상품만 선택해 볼 수도 있다. 애플 스마트폰인 아이 폰용으로 우선 제공되며 안드로이드 스마트폰용은 상반기 안으로 서비스 예정이다. 이렇듯 4차 산업발전으로 인해 C2C 또한 빠르고 편리한 서비스를 제공하게 되는 것이다.

① 정부에서 필요로 하는 조달 물품을 구입할 시에 흔히 사용하는 입찰방식이다.

② 소비자와 소비자 간 물건 등을 매매할 수 있는 형태이다.

③ 정보의 제공, 정부문서의 발급, 홍보 등에 주로 활용되는 형태이다.

④ 홈뱅킹, 방송, 여행 및 각종 예약 등에 활용되는 형태이다.

⑤ 4차 산업혁명과 C2C는 기술적으로 아무런 관련성이 없는 방식이다.

34 추후 우리나라의 물류 및 유통 분야도 4차 산업혁명의 영향을 많이 받게 될 것이다. 아래의 그림은 이러한 기술의 발전으로 인해 불필요한 물류흐름을 줄이고 나타낸 형태이다. 이때 기술발전으로 인한 물류의 각 단계별 흐름에 대한 설명으로 옳게 연결된 것을 고르면?

아마도 완전히 자동화되어 사람은 단 한 명도 찾아볼 수 없는 광경일 것이다. 좀 더 상상력이 뛰어난 사람이라면 드론이 날아다니며 물품을 옮기고, 인간형 로봇들이 물품을 분류하는 장면까지 그려낼 수 있을 것이다.

그러한 상상의 그림이 현실로 이루어질 때가 멀지 않았다. 인공지능, 빅데이터, 사물인터넷 등 다양한 ICT 기술과 타 산업의 융합을 근간으로 하는 4차 산업혁명이 현실로 다가오기 시작했다. 이는 비단 제조업계에 국한된 이야기가 아니다. 미래의 물류창고는 이미 그 모습을 드러내기 시작했다. 새로운 기술의 활용과 더불어 물류 창고 내의 패러다임에도 많은 변화가 이뤄지고 있다. 지브라 테크놀로지스의 연구 보고서에 따르면 물류창고 업계의 62%가 향후 5년 이내에 음성-화면 피킹 방식을 도입함으로써 작업자들의 눈과 손을 자유롭게 하고 작업 생산성을 높일 계획이다. 또한 응답자의 61%는 2020년까지 크로스도킹(Cross-Docking, 물품을 적재하지 않고 들어오는 차량에서 나가는 차량으로 곧바로 옮겨 싣는 방식) 사용을 확대해 작업 효율성을 극대화 할 예정이다.

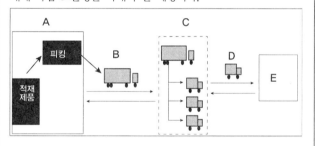

① A : 창고 → B : 수송 → C : 크로스도크 운송 → D : 루트 배송 → E : 고객
② A : 창고 → B : 수송 → C : 루트 배송 → D : 크로스도크 운송 → E : 고객
③ A : 창고 → B : 크로스도크 운송 → C : 수송 → D : 루트 배송 → E : 고객
④ A : 수송 → B : 창고 → C : 크로스도크 운송 → D : 루트 배송 → E : 고객
⑤ A : 수송 → B : 루트 배송 → C : 크로스도크 운송 → D : 창고 → E : 고객

35 일본을 상대로 하는 무역회사에 다니고 있는 김 대리는 지금 하고 있는 일이 너무 익숙해져버려서 변화를 주어야겠다는 느낌을 받고 자기개발을 하려고 한다. 김 대리는 업무에 필요한 기초적인 일본어는 가능하지만 고급 일본어 구사에 부족함을 느껴 일본어를 공부하기로 마음을 먹었다. 다음은 김 대리가 목표와 계획을 작성한 것이다. 이를 본 상사의 반응으로 옳지 않은 것은?

〈김 대리의 자기개발 계획〉
• 목표 : 고급 일본어 공부하기
• 계획 : 일주일에 3일 고급 일본어 강의 수강
• 방법 : 퇴근하고 화, 목, 토요일 저녁 8~9시까지 집 근처 학원에서 고급 일본어를 수강

〈학원 강의 시간표〉

시간	월	화	수	목	금	토
07:00 ~ 08:00	고급 일본어	초급 중국어	고급 일본어	초급 중국어	고급 일본어	초급 중국어
20:00 ~ 21:00	초급 중국어	고급 일본어	초급 중국어	고급 일본어	초급 중국어	고급 일본어

① 목표를 장·단기로 나눠서 구체적으로 정하는 것이 더 좋을 것 같은데.
② 우리 회사의 특성상 야근이 많을 수 있으므로 퇴근 후보다는 출근 전에 학원을 가는 것이 좋지 않겠나?
③ 김 대리는 일본어는 기본적인 대화가 가능하니까, 이참에 중국어를 배워보는 건 어떻겠나?
④ 자기개발은 현재 직무를 고려해야 하는데 현재의 직무를 고려하지 않은 것이 흠이군.
⑤ 온라인 강의는 어떤가? 퇴근 후 학원까지 가야하는 번거로움이 줄어들 것 같은데.

36 다음의 각 사례는 대인관계 향상을 위한 내용들이다. 이에 대한 각 사례를 잘못 파악하고 있는 것을 고르면?

> ㉠ 야구를 매우 좋아하는 아들을 둔 친구가 있었다. 그러나 이 친구는 야구에 전혀 관심이 없었다. 어느 해 여름, 그는 아들을 데리고 프로야구를 보기 위해 여러 도시를 다녔다. 야구 구경은 6주일 이상이 걸렸고 비용 역시 엄청나게 많이 들었다. 그러나 이 여행이 부자간의 인간관계를 강력하게 결속시키는 계기가 되었다. 내 친구에게 "자네는 그 정도로 야구를 좋아하나?"라고 물었더니 그는 "아니, 그렇지만 내 아들을 그만큼 좋아하지."라고 대답했다.
>
> ㉡ 나는 몇 년 전에 두 아들과 함께 저녁시간을 보낸 적이 있다. 체조와 레슬링을 구경하고 영화를 관람하고 돌아오는 길에, 날씨가 몹시 추웠기 때문에 나는 코트를 벗어서 작은 아이를 덮어 주었다. 큰 아이는 보통 재미있는 일이 있으면 수다스러운 편인데, 그날따라 유난히 계속 입을 다물고 있었고 돌아와서는 곧장 잠잘 채비를 하였다. 그 행동이 이상해서 큰 아이의 방에 들어가서 아이의 얼굴을 보니 눈물을 글썽이고 있었다. "애야 무슨 일이니? 왜 그래?". 큰 아이는 고개를 돌렸고 나는 그 애의 떨리는 눈과 입술 그리고 턱을 보며 그 애가 약간 창피함을 느끼고 있음을 눈치챘다. "아빠, 내가 추울 때 나에게도 코트를 덮어줄 거예요?". 그 날 밤의 여러 프로그램 중 가장 중요한 것은 바로 그 사소한 친절행위였다. 작은 아이에게만 보여준 순간적이고 무의식적인 애정이 문제였던 것이다.
>
> ㉢ 나는 지키지 못할 약속은 절대로 하지 않는다는 철학을 가지고 이를 지키기 위해 노력해왔다. 그러나 이 같은 노력에도 불구하고 약속을 지키지 못하게 되는 예기치 않은 일이 발생하면 그 약속을 지키든가, 그렇지 않으면 상대방에게 나의 상황을 충분히 설명해 연기한다.
>
> ㉣ 업무설명서를 작성하는 것이 당신과 상사 중 누구의 역할인지에 대해 의견차이가 발생하는 경우를 생각해보자. 거의 모든 대인관계에서 나타나는 어려움은 역할과 목표 사이의 갈등이다. 누가 어떤 일을 해야 하는지의 문제를 다룰 때, 예를 들어 딸에게 방 청소는 시키거나 대화를 어떻게 해야 하는지, 누가 물고기에게 먹이를 주고 쓰레기를 내놓아야 하는지 등의 문제를 다룰 때, 우리는 불분명한 기대가 오해와 실망을 불러온다는 것을 알 수 있다.
>
> ㉤ 직장동료 K는 상사에게 매우 예의가 바른 사람이다. 그런데 어느 날 나와 단 둘이 있을 때, 상사를 비난하기 시작하였다. 나는 순간 의심이 들었다. 내가 없을 때 그가 나에 대한 악담을 하지 않을까?

① ㉠은 '상대방에 대한 이해심'과 관련한 내용으로 야구를 좋아하는 아들을 둔 아버지에 대한 사례이다.

② ㉡은 '사소한 일에 대한 관심'과 관련한 내용으로 사소한 일이라도 대인관계에 있어 매우 중요함을 보여주고 있다.

③ ㉢은 '약속의 이행'과 관련한 내용으로 대인관계 향상을 위해서는 철저하게 약속을 지키는 것이 매우 중요함을 보여주고 있다.

④ ㉣은 '기대의 명확화'와 관련한 내용으로 분명한 기대치를 제시해 주는 것이 대인관계에 있어서 오해를 줄이는 방법임을 보여주고 있다.

⑤ ㉤은 '진지한 사과'와 관련한 내용으로 자신이 잘못을 하였을 경우 진지하게 사과하는 것이 매우 중요하기는 하지만 같은 잘못을 되풀이하면서 사과를 하는 것은 오히려 대인관계 향상을 저해할 수 있음을 보여주고 있다.

37 아래의 글은 조정경기에서의 팀워크에 관한 사례를 제시한 것이다. 이에 대한 내용으로 가장 옳지 않은 것을 고르면?

> 무릇 모든 경기종목이 그렇지만 조정경기도 동일한 룰에 의해 승패를 가릴 게임이다. 조정만큼 팀원들과 협동심이 강조되는 종목은 없을 듯하다. 특히 팀원들을 조타수를 전적으로 믿고 조타수의 지시 아래 일사분란하게 움직여야 만이 소기의 목적을 이룰 수 있다. 경기하는 중에는 모든 팀원들이 힘들고 지치게 마련이다. 이런 어려운 상황에 처해 있을 때 팀원 중 한 명이라도 노를 움직이지 않으면 다른 팀원들이 더 열심히 노를 저어야 한다. 그렇지 않으면 배는 이리저리 방황하게 된다.
>
> 조직에서도 조직구성원 간의 팀워크가 무엇보다도 강조된다. 리더는 조타수와 같이 팀워크와 체력을 안배해서 목표를 결정해야 하고, 팀원들은 목표지점인 결승점에 도달하기 위해 리더의 지시에 충실히 따라야 능력을 배가할 수 있다.
>
> 우리는 혼자서 하기 어려운 일을 합심해서 성취한 성공사례를 주위에서 종종 본다. 성공사례의 면면을 들여다보면 팀원들 간의 협동심과 희생정신이 바탕을 이루어 시너지 효과를 나타낸 경우가 대부분이다. 팀워크는 목표달성을 위한 지름길이다.

① 팀워크의 의미와 중요성에 대해 설명하고 있다.

② 팀워크는 목표달성의 지름길이라고 단언할 수 없다.

③ 조정경기에서 팀워크가 특히 중요함을 강조하고 있다.

④ 조직에서도 조정경기와 마찬가지로 팀워크의 구축이 필수적임을 나타내고 있다.

⑤ 팀원들 간의 협동심과 희생정신이 바탕을 이루어 시너지 효과를 나타낼 수 있음을 강조하고 있다.

38 G사 홍보팀 직원들은 팀워크를 향상시킬 수 있는 방법에 대한 토의를 진행하며 다음과 같은 의견들을 제시하였다. 다음 중 팀워크의 기본요소를 제대로 파악하고 있지 못한 사람은 누구인가?

A : "팀워크를 향상시키기 위해서는 무엇보다 팀원 간의 상호 신뢰와 존중이 중요하다고 봅니다."

B : "또 하나 빼놓을 수 없는 것은 스스로에 대한 넘치는 자아의식이 수반되어야 팀워크에 기여할 수 있어요."

C : "팀워크는 상호 협력과 각자의 역할에서 책임을 다하는 자세가 기본이 되어야 함을 우리 모두 명심해야 합니다."

D : "저는 팀원들끼리 솔직한 대화를 통해 서로를 이해하는 일이 무엇보다 중요하다고 생각해요."

E : "갈등을 어떻게 해결해 나가는지도 팀워크에 영향을 준다고 생각합니다."

---

① A   ② B

③ C   ④ D

⑤ E

---

39 다음 제시된 직장 내 예절교육의 항목 중 적절한 내용으로 보기 어려운 설명을 모두 고른 것은?

가. 악수를 하는 동안에는 상대의 눈을 맞추기보다는 맞잡은 손에 집중한다.

나. 내가 속해 있는 회사의 관계자를 타 회사의 관계자에게 소개한다.

다. 처음 만나는 사람과 악수할 경우에는 가볍게 손끝만 잡는다.

라. 상대방에게서 명함을 받으면 받은 즉시 명함지갑에 넣지 않는다.

마. e-mail 메시지는 길고 자세한 것보다 명료하고 간략하게 만든다.

바. 정부 고관의 직급명은 퇴직한 사람을 소개할 경우엔 사용을 금지한다.

사. 명함에 부가 정보는 상대방과의 만남이 끝난 후에 적는다.

---

① 나, 라, 마, 사   ② 가, 다, 라

③ 나, 마, 바, 사   ④ 가, 다, 바

⑤ 가, 나, 라, 바

---

40 영업팀에서 근무하는 조 대리는 아래와 같은 상황을 갑작스레 맞게 되었다. 다음 중 조 대리가 취해야 할 행동으로 가장 적절한 것은?

조 대리는 오늘 휴일을 맞아 평소 자주 방문하던 근처 고아원을 찾아가기로 하였다. 매번 자신의 아들인 것처럼 자상하게 대해주던 영수에게 줄 선물도 준비하였고 선물을 받고 즐거워할 영수의 모습에 설레는 마음을 감출 수 없었다.

그러던 중 갑자기 일본 지사로부터, 내일 방문하기로 예정되어 있던 바이어 일행 중 한 명이 현지 사정으로 인해 오늘 입국하게 되었다는 소식을 전해 들었다. 바이어의 한국 체류 시 모든 일정을 동행하며 계약 체결에 차질이 없도록 접대해야 하는 조 대리는 갑자기 공항으로 서둘러 출발해야 하는 상황에 놓이게 되었다.

---

① 업무상 긴급한 상황이지만, 휴일인 만큼 계획대로 영수와의 시간을 갖는다.

② 지사에 전화하여 오늘 입국은 불가하며 내일 비행기 편을 다시 알아봐 줄 것을 요청한다.

③ 영수에게 아쉬움을 전하며 다음 기회를 약속하고 손님을 맞기 위해 공항으로 나간다.

④ 지난 번 도움을 주었던 차 대리에게 연락하여 대신 공항 픽업부터 호텔 투숙, 저녁 식사까지만 대신 안내를 부탁한다.

⑤ 영수에게 먼저 들렀다가 조금 늦게 바이어 일행을 마중 나간다.

1 다음 중 궤도의 충격률과 가장 밀접한 관계가 있는 것을 모두 고른 것은?

㉠ 레일의 중량	㉡ 운행속도
㉢ 차륜의 직경	㉣ 차량의 중량

① ㉠, ㉡
② ㉠, ㉢
③ ㉡, ㉢
④ ㉡, ㉣
⑤ ㉢, ㉣

2 궤도 역학의 이론모델 중 레일이 침목마다 스프링으로 지지되어 있다고 가정하는 모델은?

① 단속탄성지지 모델
② 연속탄성지지 모델
③ 다중탄성지지 모델
④ 연속스프링지지 모델
⑤ 다중스프링지지 모델

3 다음 중 캔트의 영향에 대한 설명으로 옳지 않은 것은?

① 캔트 과다 시 열차하중은 내측 레일에 편기하여 내측 레일에 손상을 크게 한다.
② 캔트 과소 시 열차하중이 원심력 작용으로 외측 레일에 편기, 외측 레일 손상을 크게 한다.
③ 캔트 과다 시 레일의 경사 및 궤간의 확대가 생기는 등 궤도의 틀림을 조장한다.
④ 캔트 과소 시 차량이 레일 위로 올라타서 탈선 위험을 초래하게 된다.
⑤ 캔트 과소 시 승차감을 나쁘게 한다.

4 다음 중 궤도의 구성 3요소에 대한 설명으로 옳지 않은 것은?

① 레일은 열차하중을 침목과 도상을 통하여 광범위하게 노반에 전달한다.
② 레일의 이음매 및 체결장치는 구조가 간단하고 설치와 철거가 용이해야 한다.
③ 침목은 레일은 견고하게 체결하는 데 적당하고 열차하중을 지지한다.
④ 침목은 강인하고 내충격성 및 완충성이 있어야 한다.
⑤ 레일의 이음매는 평활한 주행면을 제공하여 차량의 안전운행을 유도한다.

5 다음 중 침목의 구비 조건이 아닌 것은?

① 강인하고 내충격성 및 완충성이 있어야 한다.
② 저부 면적이 좁고 도상다지기 작업이 원활해야 한다.
③ 도상 저항이 커야 한다.
④ 취급이 간편하고 내구성, 전기절연성이 좋아야 한다.
⑤ 경제적이고 구입이 용이해야 한다.

6 상향의 구배 변환점에 반경 $3,000m$의 종곡선을 삽입하면 도상의 횡방향 저항력은 어떻게 되는가?

① 변함이 없다.
② 약 3% 정도 감소한다.
③ 약 3% 정도 증가한다.
④ 약 5% 정도 감소한다.
⑤ 종곡선 반경에 비례하여 증가한다.

7 궤도틀림이 좌굴을 일으킬 수 있는 충분한 조건이 되었을 때 이론상 좌굴을 일으킬 수 있다고 생각되는 최저의 축압력은?

① 최저 좌굴축압
② 도상횡저항력
③ 도상종저항력
④ 좌굴저항
⑤ 축응력

8 차량이 주행하는 경우 정지하고 있는 경우보다 윤중이 증가하는 요인이 아닌 것은?

① 레일의 파상마모로 인한 충격하중 발생으로 증가

② 곡선통과 시 전향횡압에 따른 증가

③ 곡선 통과 시 불평형 원심력에 따른 증가

④ 차륜답면의 결함에 의한 충격하중 발생으로 증가

⑤ 캔트 부족량으로 인한 원심력의 수직하중

9 다음 중 궤간에 대한 설명으로 옳지 않은 것은?

① 표준궤간은 1,435mm로 표준궤간보다 넓은 것을 광궤, 좁은 것을 협궤라고 한다.

② 러시아는 표준궤간보다 넓은 광궤를 사용하고 있다.

③ 광궤는 운전속도, 수송량, 차량의 주행안정성에 유리하다.

④ 협궤는 구조물을 세울 때 건설비가 많이 든다.

⑤ 일본의 JR은 협궤를 사용하고 있다.

10 다음 중 복진이 발생하기 쉬운 개소가 아닌 곳은?

① 열차진행 방향이 일정한 복선구간

② 운전속도가 큰 선로구간 및 급한 하향 기울기 구간

③ 도상이 불량한 곳

④ 교량전후 궤도탄성 변화가 없는 곳

⑤ 열차제동 횟수가 많은 곳

11 곡선 반지름이 $300m$인 곡선에 부설되는 슬랙의 크기로 옳은 것은? (단, $S' = 0$이고, 일반철도이다)

① $4mm$

② $5mm$

③ $6mm$

④ $7mm$

⑤ $8mm$

12 열차주행 시 레일의 최대 침하량이 $0.6cm$로 측정되었다. 이 때 침목 1개에 대한 레일의 압력은?
(단, 궤도계수 $U = 180kg/cm^2/cm$, 침목부설 수 $10m/16$개)

① $6,750kg$

② $6,850kg$

③ $7,160kg$

④ $7,270kg$

⑤ $7,750kg$

13 $V = 100km/h$, $R = 600$, $C' = 50$일 때 캔트량은 얼마인가?

① $141mm$

② $145mm$

③ $147mm$

④ $153mm$

⑤ $155mm$

14 표준 궤간에서 최대 캔트 $160mm$로 인한 정차 중 차량의 전복에 대한 안전율은 얼마인가? (단, 레일면에서 차량 중심까지의 거리 $H = 2.0$이다)

① 2.0

② 2.5

③ 3.0

④ 3.5

⑤ 4.0

15 차량이 곡선부를 원활히 주행하기 위해서는 직선부보다 궤간을 확대시켜야 한다. 고정축거가 $3.75m$이고 차륜후렌지가 레일면과의 접촉거리 $0.6m$일 때, $R = 600m$인 곡선에서의 필요한 이론상 슬랙량은?

① $2mm$

② $3mm$

③ $4mm$

④ $5mm$

⑤ $6mm$

16 철근콘크리트 부재의 비틀림철근 상세에 대한 설명으로 틀린 것은? (단, P_h는 가장 바깥의 횡방향 폐쇄스터럽 중심선의 둘레(mm)이다.)

① 종방향 비틀림철근은 양단에 정착하여야 한다.

② 횡방향 비틀림철근의 간격은 $P_h/4$보다 작아야 하고 또한 200mm보다 작아야 한다.

③ 종방향 철근의 지름은 스터럽 간격의 1/24 이상이어야 하며 D10 이상의 철근이어야 한다.

④ 비틀림에 요구되는 종방향 철근은 폐쇄스터럽의 둘레를 따라 300mm 이하의 간격으로 분포시켜야 한다.

⑤ 횡방향 비틀림철근은 종방향 철근 주위로 $135°$ 표준갈고리에 의하여 정착하여야 한다.

17 그림과 같은 외팔보에서 A점의 처짐은? (단, AC구간의 단면2차 모멘트는 I이고 CB구간은 2I이며 탄성계수는 E로서 전 구간이 동일하다.)

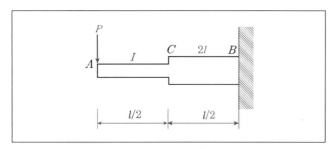

① $\dfrac{2Pl^3}{15EI}$ ② $\dfrac{3Pl^3}{16EI}$

③ $\dfrac{5Pl^3}{18EI}$ ④ $\dfrac{7Pl^3}{24EI}$

⑤ $\dfrac{9Pl^3}{24EI}$

18 단주에서 단면의 핵이란 기둥에서 인장응력이 발생되지 않도록 재하되는 편심거리로 정의된다. 지름 40cm인 원형단면의 핵의 지름은?

① 2.5cm ② 5.0cm

③ 7.5cm ④ 10.0cm

⑤ 10.5cm

19 다음과 같은 부재에서 길이의 변화량(δ)은 얼마인가? (단, 보는 균일하며 단면적 A와 탄성계수 E는 일정하다.)

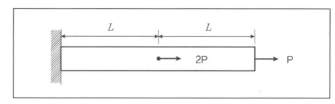

① $\dfrac{4PL}{EA}$ ② $\dfrac{3PL}{EA}$

③ $\dfrac{1.5PL}{EA}$ ④ $\dfrac{PL}{EA}$

⑤ $\dfrac{2PL}{EA}$

20 탄성계수 $E = 2.1 \times 10^6 kg/cm^2$, 프와송비 $v = 0.25$일 때 전단 탄성계수는?

① $8.4 \times 10^5 kg/cm^2$

② $1.1 \times 10^5 kg/cm^2$

③ $1.7 \times 10^5 kg/cm^2$

④ $2.1 \times 10^5 kg/cm^2$

⑤ $2.7 \times 10^5 kg/cm^2$

21 다음 중 콘크리트 구조물을 설계할 때 사용하는 하중인 활하중(live load)에 속하지 않는 것은?

① 건물이나 다른 구조물의 사용 및 전용에 의해 발생되는 하중으로서 사람, 가구, 이동칸막이 등의 하중

② 적설하중

③ 교량 등에서 차량에 의한 하중

④ 풍하중

⑤ 건물 내 적재물에 대한 하중

22 철근콘크리트 부재의 절단이음에 관한 설명으로 바르지 않은 것은?

① D35를 초과하는 철근은 겹침이음을 하지 않아야 한다.

② 인장이형철근의 겹침이음에서 A급 이음은 $1.3l_d$ 이상, B급 이음은 $1.0l_d$ 이상 겹쳐야 한다. (단, l_d는 규정에 의해 계산된 인장이형철근의 정착길이이다.)

③ 압축이형철근의 이음에서 콘크리트의 설계기준압축강도가 21MPa 미만인 경우에는 겹침이음길이를 1/3 증가시켜야 한다.

④ 용접이음과 기계적 이음은 철근의 항복강도의 125% 이상을 발휘할 수 있어야 한다.

⑤ 다발철근의 겹침이음은 다발 내의 개개 철근에 대한 겹침이음길이를 기본으로 하여 결정하여야 한다.

23 다음 그림과 같은 보에서 A점의 반력은?

① 15kN   ② 18kN

③ 20kN   ④ 23kN

⑤ 25kN

24 아래 그림과 같은 트러스에서 U부재에 일어나는 부재내력은?

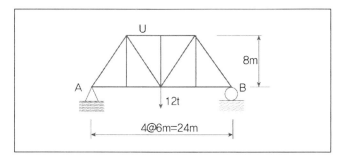

① 9t(압축)

② 9t(인장)

③ 12t(압축)

④ 15t(압축)

⑤ 15t(인장)

25 열차의 주행과 온도 변화 등의 영향으로 레일이 전후방향으로 이동하는 것을 말하며, 이로 인해 궤도가 파괴되고 열차사고에까지 이를 수 있는 현상에 대한 설명으로 옳지 않은 것은?

① 교량 전후 궤도탄성의 변화가 심한 곳 또는 열차진행 방향이 일정한 복선구간에서 발생하기 쉽다.

② 레일저부와 침목 사이에 설치하는 궤도패드가 이 현상을 방지하는 역할을 하기도 한다.

③ 열차가 주행할 때 레일에 파상진동이 생겨 레일이 전방으로 이동하기 쉽다.

④ 침목의 이동을 방지하는 것이 이 현상을 막는 대책이 될 수 있다.

⑤ 열차제동 횟수가 많은 곳에서는 레일과 침목 간, 침목과 도상 간의 마찰저항을 줄일 필요가 있다.

26 다음 T형 단면에서 X축에 대한 단면 2차모멘트의 값은?

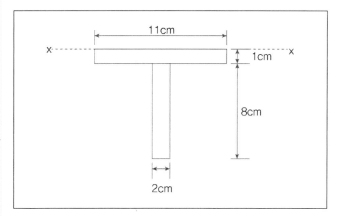

① 413cm^4 ② 446cm^4

③ 489cm^4 ④ 513cm^4

⑤ 527cm^4

27 양단이 고정된 기둥에 축방향력에 의한 좌굴하중 P_{cr}을 구하면? (E : 탄성계수, I : 단면 2차 모멘트, L : 기둥의 길이)

① $P_{cr} = \dfrac{\pi^2 EI}{L^2}$ ② $P_{cr} = \dfrac{\pi^2 EI}{2L^2}$

③ $P_{cr} = \dfrac{\pi^2 EI}{4L^2}$ ④ $P_{cr} = \dfrac{4\pi^2 EI}{L^2}$

⑤ $P_{cr} = \dfrac{2\pi^2 EI}{L^2}$

28 궤도에 작용하는 힘 중 온도변화와 제동 및 시동 하중 등에 의하여 생기며 특히 구배구간에서 차량 중량의 점착력에 의해 발생하는 힘은?

① 축방향력 　② 횡압

③ 수직력 　④ 도상압력

⑤ 불평형 원심력

29 압축철근비 $\rho' = 0.02$인 복철근 직사각형 콘크리트 보에 고정하중이 작용하여 15mm의 순간처짐이 발생하였다. 1년 후 크리프와 건조수축에 의하여 보에 발생하는 추가 장기처짐[mm]은? (단, 활하중은 없으며, KDS(2016) 설계기준을 적용한다)

① 8.8 　② 10.5

③ 15.4 　④ 25.5

⑤ 25.7

30 철근의 순간격이 80mm이고 피복두께가 40mm인 보통 중량 콘크리트를 사용한 부재에서 D32 인장철근의 A급 겹침이음길이 [mm]는? (단, 콘크리트의 설계기준 압축강도 fck = 36MPa, 철근의 설계기준 항복강도 fy = 400MPa, 철근은 도막되지 않은 하부에 배치되는 이형철근으로 공칭지름은 32 mm이고, KDS(2016) 설계 기준을 적용한다)

① 1,280 　② 1,664

③ 1,920 　④ 2,130

⑤ 2.264

31 KDS(2016) 설계기준에서 제시된 근사해법을 적용하여 1방향 슬래브를 설계할 때 그 순서를 바르게 나열한 것은?

ㄱ. 슬래브의 두께를 결정한다.
ㄴ. 단변에 배근되는 인장철근량을 산정한다.
ㄷ. 장변에 배근되는 온도철근량을 산정한다.
ㄹ. 계수하중을 계산한다.
ㅁ. 단변 슬래브의 계수휨모멘트를 계산한다.

① ㄱ→ㄹ→ㄷ→ㅁ→ㄴ

② ㄱ→ㄹ→ㄴ→ㄷ→ㅁ

③ ㄹ→ㅁ→ㄷ→ㄴ→ㄱ

④ ㄹ→ㄱ→ㄴ→ㄷ→ㅁ

⑤ ㄱ→ㄹ→ㅁ→ㄴ→ㄷ

32 KS F 2423(콘크리트의 쪼갬인장 시험 방법)에 준하여 100mm ×200mm 원주형 표준공시체에 대한 쪼갬인장강도 시험을 실시한 결과, 파괴 시 하중이 75kN으로 측정된 경우 쪼갬인장강도[MPa]는? (단, $\pi = 3$으로 계산하며, KDS(2016) 설계기준을 적용한다)

① 1.5

② 2.0

③ 2.5

④ 5.0

⑤ 5.5

33 클로소이드 곡선에서 곡선반지름(R)=450m, 매개변수(A)=300m 일 때 곡선의 길이(L)은?

① 100m

② 150m

③ 200m

④ 250m

⑤ 300m

34 다음 그림과 같은 기둥에서 좌굴하중의 비 (a):(b):(c):(d)는? (단, EI와 기둥의 길이 l은 모두 같다.)

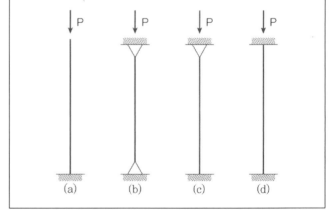

① 1:2:3:4

② 1:4:8:12

③ 0.25:2:4:8

④ 1:4:8:16

⑤ 1:2:4:7

35 다음 중 구조해석의 기본원리인 겹침의 원리(principle of superposition)를 설명한 것으로 바르지 않은 것은?

① 탄성한도 이하의 외력이 작용할 때 성립한다.

② 외력과 변형이 비선형관계가 있을 때 성립한다.

③ 여러 종류의 하중이 실린 경우 이 원리를 이용하면 편리하다.

④ 부정정 구조물에서도 성립한다.

⑤ 휨 모멘트, 전단력, 축방향력, 힘, 힘각 등은 모두 개개의 힘에 의한 영향의 총합과 같고, 부하의 순서에도 관계가 없다는 원리이다.

36 어떤 횡단면의 도상면적이 40.5㎠이었다. 가로 축척이 1:20, 세로축척이 1:60이었다면 실제면적은?

① 48.6㎡

② 33.75㎡

③ 4.86㎡

④ 3.375㎡

⑤ 5.67㎡

37 예민비가 큰 점토란 어느 것인가?

① 입자의 모양이 날카로운 점토

② 입자가 가늘고 긴 형태의 점토

③ 다시 반죽했을 때 강도가 감소하는 점토

④ 다시 반죽했을 때 강도가 증가하는 점토

⑤ 입자가 두껍고 짧은 형태의 점토

38 다음 중 단위변형을 일으키는 데 필요한 힘은?

① 강성도

② 유연도

③ 축강도

④ 프아송비

⑤ 인장강도

39 지오이드(Geoid)에 대한 설명으로 바른 것은?

① 육지와 해양의 지형면을 말한다.

② 육지 및 해저의 요철을 평균한 매끈한 곡면이다.

③ 회전타원체와 같은 것으로서 지구의 형상이 되는 곡면이다.

④ 평균해수면을 육지내부까지 연장했을 때의 가상적인 곡면이다.

⑤ 수준기준면으로부터 지표 위 어느 점까지의 연직거리이다.

40 비행고도 6,000m에서 초점거리 15cm인 사진기로 수직항공사진을 획득하였다. 길이가 50m인 교량의 사진상의 길이는?

① 0.55mm

② 1.25mm

③ 3.60mm

④ 4.20mm

⑤ 3.55mm

서울교통공사

필기시험 모의고사

	영 역	직업기초능력평가, 직무수행능력평가(궤도 · 토목일반)
제 5 회	문항수	80문항
	시 간	100분
	비 고	객관식 5지선다형

SEOWONGAK
(주)서원각

제 5 회 필기시험 모의고사

📝 문항수 : 80문항
⏰ 시 간 : 100분

✍️ **직업기초능력평가(40문항/50분)**

1 다음은 ○○공사의 고객서비스헌장의 내용이다. 밑줄 친 단어를 한자로 바꾸어 쓴 것으로 옳지 않은 것은?

〈고객서비스<u>헌장</u>〉
1. 우리는 모든 업무를 고객의 입장에서 생각하고, 신속·정확하게 처리하겠습니다.
2. 우리는 친절한 <u>자세</u>와 상냥한 언어로 고객을 맞이하겠습니다.
3. 우리는 고객에게 잘못된 서비스로 불편을 <u>초래</u>한 경우, 신속히 시정하고 적정한 보상을 하겠습니다.
4. 우리는 다양한 고객서비스를 <u>발굴</u>하고 개선하여 고객만족도 향상에 최선을 다하겠습니다.
5. 우리는 모든 시민이 고객임을 명심하여 최고의 서비스를 제공하는 데 정성을 다하겠습니다.

이와 같이 선언한 목표를 <u>달성</u>하기 위하여 구체적인 서비스 이행기준을 설정하여 임·직원 모두가 성실히 실천할 것을 약속드립니다.

① 헌장 – 憲章
② 자세 – 姿勢
③ 초래 – 招來
④ 발굴 – 拔掘
⑤ 달성 – 達成

2 다음은 L공사의 홈페이지 사용자만족도 설문조사 이벤트 안내이다. 빈칸에 들어갈 가장 적절한 단어를 고르면?

L공사 설문조사 이벤트

– L공사 홈페이지 사용만족도 설문조사 –

L공사에서는 2019년 대표 홈페이지 개편에 앞서 현재 운영 중인 홈페이지에서 (   )되고 있는 콘텐츠 및 서비스에 대한 여러분의 소중한 의견을 듣고자 합니다.
설문에 응하여 주신 분께는 추첨을 통하여 경품을 드립니다.

설문조사 참여하기

※ 참여방법 : L공사 홈페이지 또는 모바일홈페이지를 둘러보고 설문조사에 참여해 주세요.
※ 참여기간 : 2019.1.9.(수) ~ 2019.1.16.(수)
※ 발표 : 2019.1.21.(월) 설문 응답자 중 무작위 자동 추첨
※ 경품
　－1등(1명) : 11형 ipad Pro(256GB) 1대(실버)
　－참여자(200명) : 스타벅스 아메리카노 Tall 1잔

① 공급
② 공고
③ 공표
④ 제공
⑤ 생산

(단위 : 개/백만 원)

핵심가치	전략과제	개수	예산
총계		327	1,009,870
안전우선 시민안전을 최고의 가치로 (108개/513,976백만 원)	스마트 안전관리 체계구축	27	10,155
	비상대응 역량강화	21	39,133
	시설 안전성 강화	60	464,688
고객감동 고객만족을 최우선으로 (63개/236,529백만 원)	고객 소통채널 다각화	10	8,329
	고객서비스 제도개선	16	2,583
	지하철 이용환경 개선	37	225,617
변화혁신 경영혁신을 전사적으로 (113개/210,418백만 원)	혁신적 재무구조 개선	34	22,618
	디지털 기술혁신	23	22,952
	융합형 조직혁신	56	164,848
상생협치 지역사회를 한가족으로 (43개/48,947백만 원)	내부소통 활성화	25	43,979
	사회적 책임이행	18	4,968

3 위 자료를 읽고 빈칸에 들어갈 말로 적절한 것을 고르면?

'안전우선'은 가장 많은 예산이 투자되는 핵심가치이다. 전략과제는 3가지가 있고, 그 중 '(㉠)'은/는 가장 많은 개수를 기록하고 있으며, 예산은 464,688백만 원이다. '고객감동'의 전략과제는 3가지이며, 고객만족을 최우선으로 하고 있다. 핵심가치 '(㉡)'은/는 113개를 기록하고 있고, 3가지 전략과제 중 융합형 조직혁신이 가장 큰 비중을 차지하고 있다. 핵심가치 '(㉢)'은/는 가장 적은 비중을 차지하고 있고, 2가지 전략과제를 가지고 있다.

	㉠	㉡	㉢
①	스마트 안전관리 체계구축	고객감동	변화혁신
②	비상대응 역량강화	고객감동	변화혁신
③	비상대응 역량강화	변화혁신	고객감동
④	시설 안전성 강화	변화혁신	상생협치
⑤	시설 안전성 강화	안전우선	상생협치

4 다음 중 옳지 않은 것은?

① '고객감동'의 예산은 가장 높은 비중을 보이고 있다.
② '안전우선'의 예산은 나머지 핵심가치를 합한 것 이상을 기록했다.
③ 예산상 가장 적은 비중을 보이는 전략과제는 '고객서비스 제도개선'이다.
④ '안전우선'과 '변화혁신'의 개수는 각각 100개를 넘어섰다.
⑤ 2018년 주요 사업계획의 총 예산은 1조 원를 넘어섰다.

5 다음은 「보안업무규칙」의 일부이다. A연구원이 이 내용을 보고 알 수 있는 사항이 아닌 것은?

제3장 인원보안
제7조 인원보안에 관한 업무는 인사업무 담당부서에서 관장한다.
제8조
① 비밀취급인가 대상자는 별표 2에 해당하는 자로서 업무상 비밀을 항상 취급하는 자로 한다.
② 원장, 부원장, 보안담당관, 일반보안담당관, 정보통신보안담당관, 시설보안담당관, 보안심사위원회 위원, 분임보안담당관과 문서취급부서에서 비밀문서 취급담당자로 임용되는 자는 II급 비밀의 취급권이 인가된 것으로 보며, 비밀취급이 불필요한 직위로 임용되는 때에는 해제된 것으로 본다.
제9조 각 부서장은 소속 직원 중 비밀취급인가가 필요하다고 인정되는 때에는 별지 제1호 서식에 의하여 보안담당관에게 제청하여야 한다.
제10조 보안담당관은 비밀취급인가대장을 작성·비치하고 인가 및 해제사유를 기록·유지한다.
제11조 다음 각 호의 어느 하나에 해당하는 자에 대하여는 비밀취급을 인가해서는 안 된다.
　　1. 국가안전보장, 연구원 활동 등에 유해로운 정보가 있음이 확인된 자
　　2. 3개월 이내 퇴직예정자
　　3. 기타 보안 사고를 일으킬 우려가 있는 자
제12조
① 비밀취급을 인가받은 자에게 규정한 사유가 발생한 경우에는 그 비밀취급인가를 해제하고 해제된 자의 비밀취급인가증은 그 소속 보안담당관이 회수하여 비밀취급인가권자에게 반납하여야 한다.

① 비밀취급인가 대상자에 관한 내용
② 취급인가 사항에 해당되는 비밀의 분류와 내용
③ 비밀취급인가의 절차
④ 비밀취급인가의 제한 조건 해당 사항
⑤ 비밀취급인가의 해제 및 취소

6 다음은 「개인정보 보호법」과 관련한 사법 행위의 내용을 설명하는 글이다. 다음 글을 참고할 때, '공표' 조치에 대한 올바른 설명이 아닌 것은?

「개인정보 보호법」 위반과 관련한 행정처분의 종류에는 처분 강도에 따라 과태료, 과징금, 시정조치, 개선권고, 징계권고, 공표 등이 있다. 이 중, 공표는 행정질서 위반이 심하여 공공에 경종을 울릴 필요가 있는 경우 명단을 공표하여 사회적 낙인을 찍히게 함으로써 경각심을 주는 제재 수단이다.

「개인정보 보호법」 위반행위가 은폐·조작, 과태료 1천만 원 이상, 유출 등 다음 7가지 공표기준에 해당하는 경우, 위반행위자, 위반행위 내용, 행정처분 내용 및 결과를 포함하여 개인정보 보호위원회의 심의·의결을 거쳐 공표한다.

> ※ 공표기준
> 1. 1회 과태료 부과 총 금액이 1천만 원 이상이거나 과징금 부과를 받은 경우
> 2. 유출·침해사고의 피해자 수가 10만 명 이상인 경우
> 3. 다른 위반행위를 은폐·조작하기 위하여 위반한 경우
> 4. 유출·침해로 재산상 손실 등 2차 피해가 발생하였거나 불법적인 매매 또는 건강 정보 등 민감 정보의 침해로 사회적 비난이 높은 경우
> 5. 위반행위 시점을 기준으로 위반 상태가 6개월 이상 지속된 경우
> 6. 행정처분 시점을 기준으로 최근 3년 내 과징금, 과태료 부과 또는 시정조치 명령을 2회 이상 받은 경우
> 7. 위반행위 관련 검사 및 자료제출 요구 등을 거부·방해하거나 시정조치 명령을 이행하지 않음으로써 이에 대하여 과태료 부과를 받은 경우

공표절차는 과태료 및 과징금을 최종 처분할 때 ① 대상자에게 공표 사실을 사전 통보, ② 소명자료 또는 의견 수렴 후 개인정보보호위원회 송부, ③ 개인정보보호위원회 심의·결, ④ 홈페이지 공표 순으로 진행된다.

공표는 행정안전부장관의 처분 권한이지만 개인정보보호위원회의 심의·의결을 거치게 함으로써 「개인정보 보호법」 위반자에 대한 행정청의 제재가 자의적이지 않고 공정하게 행사되도록 조절해 주는 장치를 마련하였다.

① 공표는 「개인정보 보호법」 위반에 대한 가장 무거운 행정 조치이다.

② 행정안전부장관이 공표를 결정한다고 해서 반드시 최종 공표 조치가 취해져야 하는 것은 아니다.

③ 공표 조치가 내려진 대상자는 공표와 더불어 반드시 1천만 원 이상의 과태료를 납부하여야 한다.

④ 공표 조치를 받는 대상자는 사전에 이를 통보받게 된다.

⑤ 반복적이거나 지속적인 위반 행위에 대한 제재는 공표 조치의 취지에 포함된다.

7 다음은 2006년 인구 상위 10개국과 2056년 예상 인구 상위 10개국에 대한 자료이다. 이에 대한 설명 중 옳지 않은 것을 고르면?

(단위 : 백만 명)

구분 순위	2006년		2056년(예상)	
	국가	인구	국가	인구
1	중국	1,311	인도	1,628
2	인도	1,122	중국	1,437
3	미국	299	미국	420
4	인도네시아	225	나이지리아	299
5	브라질	187	파키스탄	295
6	파키스탄	166	인도네시아	285
7	방글라데시	147	브라질	260
8	러시아	146	방글라데시	231
9	나이지리아	135	콩고	196
10	일본	128	에티오피아	145

① 2006년 대비 2056년 콩고의 인구는 50% 이상 증가할 것으로 예상된다.

② 2006년 대비 2056년 러시아의 인구는 감소할 것으로 예상된다.

③ 2006년 대비 2056년 인도의 인구는 중국의 인구보다 증가율이 낮을 것으로 예상된다.

④ 2006년 대비 2056년 미국의 인구는 중국의 인구보다 증가율이 높을 것으로 예상된다.

⑤ 2006년 대비 2056년 나이지리아의 인구는 두 배 이상이 될 것으로 예상된다.

8 다음은 최근 5년간 혼인형태별 평균연령에 관한 자료이다. A ~E에 들어갈 값으로 옳지 않은 것은? (단, 남성의 나이는 여성의 나이보다 항상 많다)

(단위 : 세)

연도	평균 초혼연령			평균 이혼연령			평균 재혼연령		
	여성	남성	남녀차	여성	남성	남녀차	여성	남성	남녀차
2013	24.8	27.8	3.0	C	36.8	4.1	34.0	38.9	4.9
2014	25.4	28.4	A	34.6	38.4	3.8	35.6	40.4	4.8
2015	26.5	29.3	2.8	36.6	40.1	3.5	37.5	42.1	4.6
2016	27.0	B	2.8	37.1	40.6	3.5	37.9	E	4.3
2017	27.3	30.1	2.8	37.9	41.3	D	38.3	42.8	4.5

① A − 3.0

② B − 29.8

③ C − 32.7

④ D − 3.4

⑤ E − 42.3

9 다음은 2015~2017년도의 지방자치단체 재정력지수에 대한 자료이다. 매년 지방자치단체의 기준재정수입액이 기준재정수요액에 미치지 않는 경우, 중앙정부는 그 부족분만큼의 지방교부세를 당해 년도에 지급한다고 할 때, 3년간 지방교부세를 지원받은 적이 없는 지방자치단체는 모두 몇 곳인가? (단, 재정력지수 = $\dfrac{\text{기준재정수입액}}{\text{기준재정수요액}}$)

연도 지방 자치단체	2005	2006	2007	평균
서울	1.106	1.088	1.010	1.068
부산	0.942	0.922	0.878	0.914
대구	0.896	0.860	0.810	0.855
인천	1.105	0.984	1.011	1.033
광주	0.772	0.737	0.681	0.730
대전	0.874	0.873	0.867	0.871
울산	0.843	0.837	0.832	0.837
경기	1.004	1.065	1.032	1.034
강원	0.417	0.407	0.458	0.427
충북	0.462	0.446	0.492	0.467
충남	0.581	0.693	0.675	0.650
전북	0.379	0.391	0.408	0.393
전남	0.319	0.330	0.320	0.323
경북	0.424	0.440	0.433	0.432
경남	0.653	0.642	0.664	0.653

① 0곳

② 1곳

③ 2곳

④ 3곳

⑤ 5곳

10 다음은 K공사 직원들의 인사이동에 따른 4개의 지점별 직원 이동 현황을 나타낸 자료이다. 다음 자료를 참고할 때, 빈칸 ㉠, ㉡에 들어갈 수치로 알맞은 것은 어느 것인가?

〈인사이동에 따른 지점별 직원 이동 현황〉

(단위 : 명)

이동 전 \ 이동 후	A	B	C	D
A	–	32	44	28
B	16	–	34	23
C	22	18	–	32
D	31	22	17	–

〈지점별 직원 현황〉

(단위 : 명)

지점 \ 시기	인사이동 전	인사이동 후
A	425	(㉠)
B	390	389
C	328	351
D	375	(㉡)

① 380, 398

② 390, 388

③ 400, 398

④ 410, 408

⑤ 420, 418

11 다음은 철도안전법령상 철도차량정비기술자 인정기준에 관한 자료이다. '역량지수 = 자격별 경력점수 + 학력점수'일 때 역량지수가 가장 높은 사람은?

가. 자격별 경력점수

국가기술자격 구분	점수
기술사 및 기능장	10점/년
기사	8점/년
산업기사	7점/년
기능사	6점/년
국가기술자격증이 없는 경우	5점/년

나. 학력점수

학력 구분	점수	
	철도차량정비 관련 학과	철도차량정비 관련 학과 외의 학과
석사 이상	35점	30점
학사	25점	20점
전문학사(3년제)	20점	15점
전문학사(2년제)	15점	10점
고등학교 졸업	5점	

※ "철도차량정비 관련 학과"란 철도차량 유지보수와 관련된 학과 및 기계·전기·전자·통신 관련 학과를 말한다.

용식 : 고등학교 졸업, 철도차량정비기능장 경력 5년
재원 : 철도통신과 학사, 차량기술사 경력 2년
효봉 : 철도전기과 전문학사(3년제), 철도차량산업기사 경력 4년
범수 : 경영학과 석사, 전기철도산업기사 경력 4년
지수 : 철도전자과 석사, 철도차량정비기능사 경력 2년

① 용식
② 재원
③ 효봉
④ 범수
⑤ 지수

12 다음의 도표를 보고 분석한 내용으로 가장 옳지 않은 것을 고르면?

• 차종별 주행거리

구분	2016년		2017년		증감률 (%)
	주행거리 (천대·km)	구성비 (%)	주행거리 (천대·km)	구성비 (%)	
승용차	328,812	72.2	338,753	71.3	3.0
버스	12,407	2.7	12,264	2.6	-1.2
화물차	114,596	25.1	123,657	26.1	7.9
계	455,815	100.0	474,674	100.0	4.1

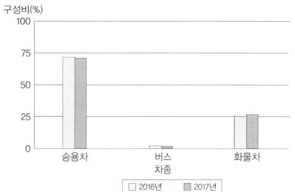

• 차종별 평균 일교통량

구분	2016년		2017년		증감률 (%)
	교통량 (대/일)	구성비 (%)	교통량 (대/일)	구성비 (%)	
승용차	10,476	72.2	10,648	71.3	1.6
버스	395	2.7	386	2.6	-2.3
화물차	3,652	25.1	3,887	26.1	6.4
계	14,525	100.0	14,921	100.0	2.7

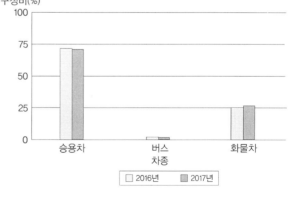

① 차종별 평균 일교통량에서 버스는 2016년에 비해 2017년에 와서는 -2.3 정도 감소하였음을 알 수 있다.

② 차종별 주행거리에서 화물차는 2016년에 비해 2017년에 7.9% 정도 감소하였음을 알 수 있다.

③ 차종별 평균 일교통량에서 화물차는 2016년에 비해 2017년에는 6.4% 정도 증가하였음을 알 수 있다.

④ 차종별 주행거리에서 버스의 주행거리는 2016년에 비해 2017년에는 -1.2% 정도 감소하였다.

⑤ 차종별 평균 일교통량에서 2016년의 총교통량(승용차, 버스, 화물차)은 2017년에 들어와 총교통량(승용차, 버스, 화물차)이 2.7% 정도 증가하였다.

13 다음 그림은 교통량 흐름에 관한 내용의 일부를 발췌한 것이다. 이에 대한 분석결과로써 가장 옳지 않은 항목을 고르면? (단, 교통수단은 승용차, 버스, 화물차로 한정한다.)

• 고속국도

구분	주행거리 (천대·km)	구성비 (%)
승용차	153,946	68.5
버스	6,675	3.0
화물차	63,934	28.5
계	224,555	100.0

• 일반국도

구분	주행거리 (천대·km)	구성비 (%)
승용차	123,341	75.7
버스	3,202	2.0
화물차	36,239	22.3
계	162,782	100.0

• 지방도 계

구분	주행거리 (천대·km)	구성비 (%)
승용차	61,466	70.4
버스	2,387	2.7
화물차	23,484	26.9
계	87,337	100.0

• 국가지원지방도

구분	주행거리 (천대·km)	구성비 (%)
승용차	18,164	70.1
버스	684	2.6
화물차	7,064	27.3
계	25,912	100.0

• 지방도

구분	주행거리 (천대·km)	구성비 (%)
승용차	43,302	70.5
버스	1,703	2.8
화물차	16,420	26.7
계	61,425	100.0

① 고속국도에서 승용차는 주행거리 및 구성비 등이 다 교통수단에 비해 압도적으로 높음을 알 수 있다.

② 일반국도의 경우 주행거리는 버스가 3,202km로 가장 낮다.

③ 지방도로의 주행거리에서 보면 가장 높은 수단과 가장 낮은 수단과의 주행거리 차이는 47,752km이다.

④ 국가지원지방도로에서 구성비가 가장 높은 수단과 가장 낮은 수단과의 차이는 67.5%p이다.

⑤ 지방도로에서 버스의 경우 타 교통수단에 비해 주행거리가 가장 낮다.

14 빵, 케이크, 마카롱, 쿠키를 판매하고 있는 달콤 베이커리 프 랜차이즈에서 최근 각 지점 제품을 섭취하고 복숭아 알레르기가 발 생했다는 민원이 제기되었다. 해당 제품에는 모두 복숭아가 들어가 지 않지만, 복숭아를 사용한 제품과 인접 시설에서 제조하고 있다. 아래의 사례를 참고할 때 다음 중 반드시 거짓인 경우는?

- 복숭아 알레르기 유발 원인이 된 제품은 빵, 케이크, 마카롱, 쿠키 중 하나이다.
- 각 지점에서 복숭아 알레르기가 있는 손님이 섭취한 제품과 알레르기 유무는 아래와 같다.

광화문점	빵과 케이크를 먹고 마카롱과 쿠키를 먹지 않은 경우, 알레르기가 발생했다.
종로점	빵과 마카롱을 먹고 케이크 와 쿠키를 먹지 않은 경우, 알레르기가 발생하지 않았다.
대학로점	빵과 쿠키를 먹고 케이크와 마카롱을 먹지 않은 경우 알레르기가 발생했다.
홍대점	케이크와 마카롱을 먹고 빵과 쿠키를 먹지 않은 경우 알레르기가 발생했다.
상암점	케이크와 쿠키를 먹고 빵과 마카롱을 먹지 않은 경우 알레르기가 발생하지 않았다.
강남점	마카롱과 쿠키를 먹고 빵과 케이크를 먹지 않은 경우 알레르기가 발생하지 않았다.

① 광화문점, 종로점, 홍대점의 사례만을 고려하면 케이크가 알레르기의 원인이다.

② 광화문점, 대학로점, 상암점의 사례만을 고려하면, 빵이 알레르기의 원인이다.

③ 종로점, 홍대점, 강남점의 사례만을 고려하면, 케이크가 알레르기의 원인이다.

④ 대학로점, 홍대점, 강남점의 사례만을 고려하면, 마카롱 이 알레르기의 원인이다.

⑤ 대학로점, 상암점, 강남점의 사례만을 고려하면, 빵이 알 레르기의 원인이다.

15 다음은 이야기 내용과 그에 관한 설명이다. 이야기에 관한 설 명 중 이야기 내용과 일치하는 것은 모두 몇 개인가?

[이야기 내용] A국의 역사를 보면 갑, 을, 병, 정의 네 나라가 시대 순으로 연이어 존재했다. 네 나라의 수도는 각각 달랐는 데 관주, 금주, 평주 한주 중 하나였다. 한주가 수도인 나라는 평주가 수도인 나라의 바로 전 시기에 있었고, 금주가 수도인 나라는 관주가 수도인 나라의 바로 다음 시기에 있었으나, 정 보다는 이전 시기에 있었다. 병은 가장 먼저 있었던 나라는 아 니지만, 갑보다 이전 시기에 있었다. 병과 정은 시대 순으로 볼 때 연이어 존재하지 않았다.

[이야기에 관한 설명]
1. 금주는 갑의 수도이다.
2. 관주는 병의 수도이다.
3. 평주는 정의 수도이다.
4. 을은 갑의 다음 시기에 존재하였다.
5. 평주는 가장 마지막에 존재한 나라의 수도이다.
6. 을과 병은 연이어 존재했다.

① 0개

② 1개

③ 2개

④ 3개

⑤ 4개

16 H공사에 다니는 乙 대리는 우리나라 근로자의 근로 시간에 관한 다음의 보고서를 작성하였는데 이 보고서를 검토한 甲 국장이 〈보기〉와 같은 추가사항을 요청하였다. 乙 대리가 추가로 작성해야 할 자료로 적절한 것은?

우리나라의 법정근로시간은 1953년 제정된 근로기준법에서는 주당 48시간이었지만, 이후 1989년 44시간으로, 그리고 2003년에는 40시간으로 단축되었다. 주당 40시간의 법정근로시간은 산업 및 근로자 규모별로 경과규정을 두어 연차적으로 실시하였지만, 2011년 7월 1일 이후는 모든 산업의 5인 이상 근로자에게로 확대되었다. 실제 근로시간은 법정근로시간에 주당 12시간까지 가능한 초과근로시간을 더한 시간을 의미한다.

2000년 이후 우리나라 근로자의 근로시간은 지속적으로 감소되어 2016년 5인 이상 임금근로자의 주당 근로시간이 40.6시간으로 감소했다. 이 기간 동안 2004년, 2009년, 2015년 비교적 큰 폭으로 증가했으나 전체적으로는 뚜렷한 감소세를 보인다. 사업체규모별·근로시간별로 살펴보면, 정규직인 경우 5～29인, 300인 이상 사업장의 근로시간이 42.0시간으로 가장 짧고, 비정규직의 경우 시간제 근로자의 비중의 영향으로 5인 미만 사업장의 근로시간이 24.8시간으로 가장 짧다. 산업별로는 광업, 제조업, 부동산업 및 임대업의 순으로 근로시간이 길고, 건설업과 교육서비스업의 근로시간이 가장 짧다.

국제비교에 따르면 널리 알려진 바와 같이 한국의 연간 근로시간은 2,113시간으로 멕시코의 2,246시간 다음으로 길다. 이는 OECD 평균의 1.2배, 근로시간이 가장 짧은 독일의 1.54배에 달한다.

〈보기〉

"乙 대리, 보고서가 너무 개괄적이군. 이번 안내 자료 작성을 위해서는 2016년 사업장 규모에 따른 정규직과 비정규직 근로자의 주당 근로시간을 비교할 수 있는 자료가 필요한데, 쉽게 알아볼 수 있는 별도 자료를 도표로 좀 작성해 주겠나?"

① (단위 : 시간)

구분	근로형태(2016년)			
	정규직	비정규직	재택	파견
주당 근로시간	42.5	29.8	26.5	42.7

② (단위 : 시간)

구분	2012	2013	2014	2015	2016
주당 근로시간	42.0	40.6	40.5	42.4	40.6

③ (단위 : 시간)

구분	산업별 근로시간(2016년)			
	광업	제조업	부동산업	운수업
주당 근로시간	43.8	43.6	43.4	41.8

④ (단위 : 시간)

구분		사업장 규모(2016년)			
		5인 미만	5～29인	30～299인	300인 이상
주당 근로시간	정규직	42.8	42.0	43.2	42.0
	비정규직	24.8	30.2	34.7	35.8

⑤ (단위 : 시간)

구분	산업별 근로시간 순위(2016년)				
주당 근로시간	광업	제조업	부동산업 및 임대업	건설업	교육 서비스업
	1	2	3	4	5

17 M사의 총무팀에서는 A 부장, B 차장, C 과장, D 대리, E 대리, F 사원이 각각 매 주말마다 한 명씩 사회봉사활동에 참여하기로 하였다. 이들이 다음 〈보기〉에 따라 사회봉사활동에 참여할 경우, 두 번째 주말에 참여할 수 있는 사람으로 짝지어진 것은 어느 것인가?

〈보기〉
1. B 차장은 A 부장보다 먼저 봉사활동에 참여한다.
2. C 과장은 D 대리보다 먼저 봉사활동에 참여한다.
3. B 차장은 첫 번째 주 또는 세 번째 주에 봉사활동에 참여한다.
4. E 대리는 C 과장보다 먼저 봉사활동에 참여하며, E 대리와 C 과장이 참여하는 주말 사이에는 두 번의 주말이 있다.

① A 부장, B 차장

② D 대리, E 대리

③ E 대리, F 사원

④ B 차장, C 과장, D 대리

⑤ A 부장, C 과장, F 사원

18 다음은 철도안전법상 안전관리체계의 승인의 취소에 관한 법률이다. 이에 대한 해석으로 옳은 것은?

① 국토교통부장관은 안전관리체계의 승인을 받은 철도운영자 등이 다음 각 호의 어느 하나에 해당하는 경우에는 그 승인을 취소하거나 6개월 이내의 기간을 정하여 업무의 제한이나 정지를 명할 수 있다. 다만, 제1호에 해당하는 경우에는 그 승인을 취소하여야 한다.
　1. 거짓이나 그 밖의 부정한 방법으로 승인을 받은 경우
　2. 안전관리체계의 승인 조항을 위반하여 변경승인을 받지 아니하거나 변경신고를 하지 아니하고 안전관리체계를 변경한 경우
　3. 안전관리체계의 유지 조항을 위반하여 안전관리체계를 지속적으로 유지하지 아니하여 철도운영이나 철도시설의 관리에 중대한 지장을 초래한 경우
　4. 안전관리체계의 유지 조항에 따른 시정조치명령을 정당한 사유 없이 이행하지 아니한 경우
② 제1항에 따른 승인 취소, 업무의 제한 또는 정지의 기준 및 절차 등에 관하여 필요한 사항은 국토교통부령으로 정한다.

① 거짓으로 승인을 받은 경우 그 사유에 따라 6개월 이내의 기간을 정하여 업무의 제한이나 정지 처분을 받을 수 있다.

② 철도운영자는 안전관리체계의 변경승인을 받지 아니한 경우 6개월 이상의 업무제한을 받을 수 있다.

③ 안전관리체계를 지속적으로 유지하지 아니하여 중대한 지장을 초래한 경우 반드시 승인을 취소해야 한다.

④ 국토교통부장관은 부정한 방법으로 안전관리체계의 승인을 받은 철도운영자에게 승인을 취소해야 한다.

⑤ 안전관리체계의 유지 조항에 따른 시정조치명령을 이행하지 않은 경우에는 반드시 승인을 취소하거나 6개월 이내의 기간을 정하여 업무의 제한이나 정지를 명해야 한다.

19 다음은 철도안전법에 관한 내용 중 일부 법령을 제시한 것이다. 이에 대한 내용을 잘못 이해한 사람을 고르면?

제15조(운전적성검사)
① 운전면허를 받으려는 사람은 철도차량 운전에 적합한 적성을 갖추고 있는지를 판정받기 위하여 국토교통부장관이 실시하는 적성검사(이하 "운전적성검사"라 한다)에 합격하여야 한다.
② 운전적성검사에 불합격한 사람 또는 운전적성검사 과정에서 부정행위를 한 사람은 다음 각 호의 구분에 따른 기간 동안 운전적성검사를 받을 수 없다.
　1. 운전적성검사에 불합격한 사람 : 검사일부터 3개월
　2. 운전적성검사 과정에서 부정행위를 한 사람 : 검사일부터 1년
③ 운전적성검사의 합격기준, 검사의 방법 및 절차 등에 관하여 필요한 사항은 국토교통부령으로 정한다.
④ 국토교통부장관은 운전적성검사에 관한 전문기관(이하 "운전적성검사기관"이라 한다)을 지정하여 운전적성검사를 하게 할 수 있다.
⑤ 운전적성검사기관의 지정기준, 지정절차 등에 관하여 필요한 사항은 대통령령으로 정한다.
⑥ 운전적성검사기관은 정당한 사유 없이 운전적성검사 업무를 거부하여서는 아니 되고, 거짓이나 그 밖의 부정한 방법으로 운전적성검사 판정서를 발급하여서는 아니 된다.

제38조의9(인증정비조직의 준수사항) 인증정비조직은 다음 각 호의 사항을 준수하여야 한다.
　1. 철도차량정비기술기준을 준수할 것
　2. 정비조직인증기준에 적합하도록 유지할 것
　3. 정비조직운영기준을 지속적으로 유지할 것
　4. 중고 부품을 사용하여 철도차량정비를 할 경우 그 적정성 및 이상 여부를 확인할 것
　5. 철도차량정비가 완료되지 않은 철도차량은 운행할 수 없도록 관리할 것

제47조(여객열차에서의 금지행위)
① 여객은 여객열차에서 다음 각 호의 어느 하나에 해당하는 행위를 하여서는 아니 된다.
　1. 정당한 사유 없이 국토교통부령으로 정하는 여객출입 금지장소에 출입하는 행위
　2. 정당한 사유 없이 운행 중에 비상정지버튼을 누르거나 철도차량의 옆면에 있는 승강용 출입문을 여는 등 철도차량의 장치 또는 기구 등을 조작하는 행위
　3. 여객열차 밖에 있는 사람을 위험하게 할 우려가 있는 물건을 여객열차 밖으로 던지는 행위
　4. 흡연하는 행위
　5. 철도종사자와 여객 등에게 성적(性的) 수치심을 일으키는 행위
　6. 술을 마시거나 약물을 복용하고 다른 사람에게 위해를 주는 행위

7. 그 밖에 공중이나 여객에게 위해를 끼치는 행위로서 국토교통부령으로 정하는 행위

② 운전업무종사자, 여객승무원 또는 여객역무원은 제1항의 금지행위를 한 사람에 대하여 필요한 경우 다음 각 호의 조치를 할 수 있다.

1. 금지행위의 제지
2. 금지행위의 녹음·녹화 또는 촬영

① 용구 : 어떠한 경우라도 운전적성검사기관은 옳지 못한 방식으로 운전적성검사 판정서를 발급하면 안 돼.

② 원모 : 우리 형이 서울교통공사 다니잖아. 그런데 내용을 보니까 올해 2019년 11월에 운전적성검사를 봤는데 부끄럽게도 부정행위를 하는 바람에 다음 검사는 2020년 11월에나 다시 응시할 수 있어.

③ 우진 : 그렇구나. 이러한 운전적성검사 기준, 방법, 절차 등의 사항은 행정안전부령이 아닌 국토교통부령으로 정한다는 거 알고 있지?

④ 형일 : 그래 얘들아 너희들 혹시라도 열차 타고 갈 때 심심하다고 열차 밖의 사람들에게 흉기 등을 던지면 철도안전법 중에서도 여객열차에서의 금지행위에 속한다는 것쯤은 상식으로 알고 있지?

⑤ 연철 : 그건 그렇고 교통대란으로 인해 빨리 승객을 수송하기 위해서는 철도차량정비가 비록 완료되지 않은 차량이라도 운행하도록 해서 승객들의 불편을 최소화시켜야 해.

┃20~21┃ 다음은 K지역의 지역방송 채널 편성정보이다. 다음을 보고 이어지는 물음에 답하시오.

[지역방송 채널 편성규칙]

• K시의 지역방송 채널은 채널1, 채널2, 채널3, 채널4, 채널5 다섯 개이다.
• 오후 7시부터 12시까지는 다음을 제외한 모든 프로그램이 1시간 단위로만 방송된다.

시사정치	기획물	예능	영화이야기	지역홍보물
최소 2시간 이상	1시간 30분	40분	30분	20분

• 모든 채널은 오후 7시부터 12시까지 뉴스 프로그램이 반드시 포함되어 있다.

[오후 7시~12시 프로그램 편성내용]

• 채널1은 3개 프로그램이 방송되었으며, 9시 30분부터 시사정치를 방송하였다.
• 채널2는 시사정치와 지역 홍보물 방송이 없었으며, 기획물, 예능, 영화 이야기가 방송되었다.
• 채널3은 6시부터 시작한 시사정치 방송이 9시에 끝났으며, 바로 이어서 뉴스가 방송되었고 기획물도 방송되었다.
• 채널4에서는 예능 프로그램이 연속 2회 편성되었고, 예능을 포함한 4종류의 프로그램이 방송되었다.
• 채널5에서는 기획물이 연속 2회 편성되었고, 총 5개의 프로그램이 방송되었다.

20 다음 중 위의 자료를 참고할 때, 오후 7시~12시까지의 방송 프로그램에 대하여 바르게 설명하지 못한 것? (단, 프로그램의 중간에 광고방송 시간은 고려하지 않는다.)

① 채널1에서 기획물이 방송되었다면 예능은 방송되지 않았다.

② 채널2는 정확히 12시에 프로그램이 끝나며 새로 시작되는 프로그램이 있을 수 없다.

③ 채널3에서 영화 이야기가 방송되었다면, 정확히 12시에 어떤 프로그램이 끝나게 된다.

④ 채널4에서 예능 프로그램이 연속 2회 방송되기 위해서는 반드시 뉴스보다 먼저 방송되어야 한다.

⑤ 채널5에서 지역 홍보물이 방송되고 정확히 12시에 어떤 프로그램이 끝났다면 예능도 방송되었다.

21 다음 중 각 채널별로 정각 12시에 방송하던 프로그램을 마치기 위한 방법을 설명한 것으로 옳지 않은 것은? (단, 프로그램의 중간에 광고방송 시간은 고려하지 않는다.)

① 채널1에서 기획물을 방송한다면 시사정치를 2시간 반만 방송한다.
② 채널2에서 지역 홍보물 프로그램을 추가한다.
③ 채널3에서 영화 이야기 프로그램을 추가한다.
④ 채널2에서 영화 이야기 프로그램 편성을 취소한다.
⑤ 채널5에서 영화 이야기 프로그램을 2회 연속 편성한다.

▌22~23▐ 다음은 승강기의 검사와 관련된 안내문이다. 이를 보고 물음에 답하시오.

□ 근거법령
『승강기시설 안전관리법』 제13조 및 제13조의2에 따라 승강기 관리주체는 규정된 기간 내에 승강기의 검사 또는 정밀안전검사를 받아야 합니다.

□ 검사의 종류

종류	처리기한	내용
완성검사	15일	승강기 설치를 끝낸 경우에 실시하는 검사
정기검사	20일	검사유효기간이 끝난 이후에 계속하여 사용하려는 경우에 추가적으로 실시하는 검사
수시검사	15일	승강기를 교체·변경한 경우나 승강기에 사고가 발생하여 수리한 경우 또는 승강기 관리 주체가 요청하는 경우에 실시하는 검사
정밀안전검사	20일	설치 후 15년이 도래하거나 결함 원인이 불명확한 경우, 중대한 사고가 발생하거나 또는 그 밖에 행정안전부장관이 정한 경우

□ 검사의 주기
승강기 정기검사의 검사주기는 1년이며, 정밀안전검사는 완성검사를 받은 날부터 15년이 지난 경우 최초 실시하며, 그 이후에는 3년마다 정기적으로 실시합니다.

□ 적용범위
"승강기"란 건축물이나 고정된 시설물에 설치되어 일정한 경로에 따라 사람이나 화물을 승강장으로 옮기는 데에 사용되는 시설로서 엘리베이터, 에스컬레이터, 휠체어리프트 등 행정안전부령으로 정하는 것을 말합니다.
• 엘리베이터

용도	종류	분류기준
승객용	승객용 엘리베이터	사람의 운송에 적합하게 제작된 엘리베이터
	침대용 엘리베이터	병원의 병상 운반에 적합하게 제작된 엘리베이터
	승객·화물용 엘리베이터	승객·화물겸용에 적합하게 제작된 엘리베이터
	비상용 엘리베이터	화재 시 소화 및 구조활동에 적합하게 제작된 엘리베이터
	피난용 엘리베이터	화재 등 재난 발생 시 피난활동에 적합하게 제작된 엘리베이터
	장애인용 엘리베이터	장애인이 이용하기에 적합하게 제작된 엘리베이터
	전망용 엘리베이터	엘리베이터 안에서 외부를 전망하기에 적합하게 제작된 엘리베이터
	소형 엘리베이터	단독주택의 거주자를 위한 승강행정이 12m 이하인 엘리베이터
화물용	화물용 엘리베이터	화물 운반 전용에 적합하게 제작된 엘리베이터
	덤웨이터	적재용량이 300kg 이하인 소형 화물 운반에 적합한 엘리베이터
	자동차용 엘리베이터	주차장의 자동차 운반에 적합하게 제작된 엘리베이터

• 에스컬레이터

용도	종류	분류기준
승객 및 화물용	에스컬레이터	계단형의디딤판을 동력으로 오르내리게 한 것
	무빙워크	평면의 디딤판을 동력으로 이동시키게 한 것

• 휠체어리프트

용도	종류	분류기준
승객용	장애인용 경사형 리프트	장애인이 이용하기에 적합하게 제작된 것으로서 경사진 승강로를 따라 동력으로 오르내리게 한 것
	장애인용 수직형 리프트	장애인이 이용하기에 적합하게 제작된 것으로서 수직인 승강로를 따라 동력으로 오르내리게 한 것

□ 벌칙 및 과태료
• 벌칙 : 1년 이하의 징역 또는 1천만 원 이하의 벌금
• 과태료 : 500만 원 이하, 300만 원 이하

22 다음에 제시된 상황에서 받아야 하는 승강기 검사의 종류가 잘못 연결된 것은?

① 1년 전 정기검사를 받은 승객용 엘리베이터를 계속해서 사용하려는 경우→정기검사

② 2층 건물을 4층으로 증축하면서 처음 소형 엘리베이터 설치를 끝낸 경우→완성검사

③ 에스컬레이터에 쓰레기가 끼이는 단순한 사고가 발생하여 수리한 경우→정밀안전검사

④ 7년 전 설치한 장애인용 경사형 리프트를 신형으로 교체한 경우→수시검사

⑤ 비상용 엘리베이터를 설치하고 15년이 지난 경우→정밀안전검사

23 ○○승강기 신입사원 甲는 승강기 검사와 관련하여 고객의 질문을 받아 응대해 주는 과정에서 상사로부터 고객에게 잘못된 정보를 제공하였다는 지적을 받았다. 甲이 응대한 내용 중 가장 옳지 않은 것은?

① 고객 : 승강기 검사유효기간이 끝나가서 정기검사를 받으려고 합니다. 오늘 신청하면 언제쯤 검사를 받을 수 있나요?

甲 : 정기검사의 처리기한은 20일입니다. 오늘 신청하시면 20일 안에 검사를 받으실 수 있습니다.

② 고객 : 비상용 엘리베이터와 피난용 엘리베이터의 차이는 뭔가요?

甲 : 비상용 엘리베이터는 화재 시 소화 및 구조활동에 적합하게 제작된 엘리베이터를 말합니다. 이에 비해 피난용 엘리베이터는 화재 등 재난 발생 시 피난활동에 적합하게 제작된 엘리베이터입니다.

③ 고객 : 판매 전 자동차를 대놓는 주차장에 자동차 운반을 위한 엘리베이터를 설치하려고 합니다. 덤웨이터를 설치해도 괜찮을까요?

甲 : 덤웨이터는 적재용량이 300kg 이하인 소형 화물 운반에 적합한 엘리베이터입니다. 자동차 운반을 위해서는 자동차용 엘리베이터를 설치하시는 것이 좋습니다.

④ 고객 : 지난 2016년 1월에 마지막 정밀안전검사를 받았습니다. 승강기에 별 문제가 없다면, 다음 정밀안전검사는 언제 받아야 하나요?

甲 : 정밀안전검사는 최초 실시 후 3년마다 정기적으로 실시합니다. 2016년 1월에 정밀안전검사를 받으셨다면, 2019년 1월에 다음 정밀안전검사를 받으셔야 합니다.

⑤ 고객 : 고객들이 쇼핑카트나 유모차, 자전거 등을 가지고 층간 이동을 쉽게 할 수 있도록 에스컬레이터나 무빙워크를 설치하려고 합니다. 뭐가 더 괜찮을까요?

甲 : 말씀하신 상황에서는 무빙워크보다는 에스컬레이터 설치가 더 적합합니다.

24 아래 제시된 두 개의 조직도에 해당하는 조직의 특성을 올바르게 설명하지 못한 것은 어느 것인가?

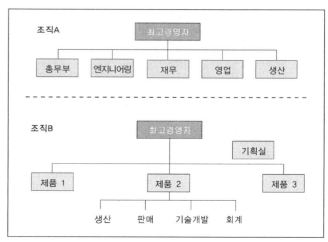

① 조직의 내부 효율성을 중요시하는 작은 규모 조직에서는 조직 A와 같은 조직도가 적합하다.

② 조직 A와 같은 조직도를 가진 조직은 결재 라인이 짧아 보다 신속한 의사결정이 가능하다.

③ 주요 프로젝트나 생산 제품 등에 의하여 구분되는 업무가 많은 조직에서는 조직 B와 같은 조직도가 적합하다.

④ 조직 B와 같은 조직도를 가진 조직은 내부 경쟁보다는 유사 조직 간의 협력과 단결된 업무 능력을 발휘하기에 더 적합하다.

⑤ 조직 A는 기능적 조직구조를 가진 조직이며, 조직 B는 사업별 조직구조를 가진 조직이다.

25 아래의 글은 4차 산업혁명과 기업의 인력확보 전략에 관한 내용 중 일부를 발췌한 것이 다. 특히 4차 산업혁명과 OJT는 서로 불가분의 관계에 있는데 다음 중 밑줄 친 부분에 대한 내용으로 옳지 않은 것은?

■ 로봇, 3D프린터 등 4차 산업 분야 국가기술자격 신설된다.
새로운 노동시장 환경에 필요한 기술인력 양성을 위해 로봇, 3D프린터 등의 제4차 산업 분야 국가기술자격 신설을 본격 추진합니다. 고용노동부는 관계부처 합동으로 마련한 「제4차 산업혁명 대비 국가기술자격 개편방안」을 3월28일(화) 국무회의에서 확정·발표 했습니다.
이번 대책은 그간 산업발전을 견인해 온 국가기술자격을 최신 산업현장 직무에 맞게 개 선하기 위해 마련되었습니다. 올해는 4차 산업 분야 등 총 17개 자격을 중점 신설하고, 내년부터는 매년 산업계 주도로 신설이 필요한 자격을 지속 발굴합니다. 산업현장에서 필요로 하지 않는 자격은 시험을 중단합니다.
폐지 대상 자격은 부처·산업계·전문가로 구성된 '자격개편 분과위원회'에서 현장수요, 산 업 특성 및 전망 등을 검토하고, 토론회, 공청회 등을 통해 다양한 의견 수렴을 거쳐 선정합니다. 시험횟수 축소, 유예기간(2~3년) 등을 거쳐 단계적으로 자격 발급을 중단하며, 기존에 취득 한 자격의 효력은 그대로 유지됩니다.
■ 직업교육·훈련을 통한 국가기술자격 취득 확대
특성화고, 전문대학, 폴리텍 등 직업교육·훈련기관을 통해 자격을 취득하는 과정평가형자 격을 연차적으로 확대합니다. 또한 교육·훈련과정 운영 지원과 외부 모니터링 강화 등을 통해 교육·훈련의 질을 높입니다. 아울러, 현장 실무능력을 보강할 수 있도록 교육·훈련 과정에 기업실습, OJT 도입도 추진합니다.

---

① 현업에 종사하면서 감독자의 지휘 하에 훈련받는 현장실무 중심의 교육훈련 방식이다.
② 각 종업원의 습득 및 능력에 맞춰 훈련할 수 있다
③ 일을 하면서 훈련을 할 수 있다.
④ 다량의 인원을 한 번에 교육하기에 가장 적절한 방법이다.
⑤ 현실적이면서 많이 쓰이는 방식이다.

┃26~27┃ T사에 입사한 당신은 시스템 모니터링 및 관리 업무를 담당하게 되었다. 시스템을 숙지한 후 이어지는 상황에 알맞은 입력코드를 고르시오.

〈시스템 상태 및 조치〉

```
System is processing requests...
System Code is S.
Run...

Error found!
Indes AXNGR of File WOANMR.

Final code? |_____
```

항목	세부사항
Index @@ of File@@	• 오류 문자 : Index 뒤에 나타나는 문제 • 오류 발생 위치 : File 뒤에 나타나는 문자
Error Value	오류 문자와 오류 발생 위치를 의미하는 문자에 사용된 알파벳을 비교하여 일치하는 알파벳의 개수를 확인
Final Code	Error Value를 통하여 시스템 상태 판단

〈시스템 상태 판단 기준〉

판단 기준	Final Code
일치하는 알파벳의 개수 = 0	Svem
0 < 일치하는 알파벳의 개수 ≤ 1	Atur
1 < 일치하는 알파벳의 개수 ≤ 3	Lind
3 < 일치하는 알파벳의 개수 ≤ 5	Nugre
5 < 일치하는 알파벳의 개수	Hfklhl

26

〈상황〉

```
System is processing requests...
System Code is S.
Run...

Error found!
Indes TLENGO of File MEONRTD.

Final code? |_____
```

① Svem   ② Atur

③ Lind   ④ Nugre

⑤ Hfklhl

27

```
System is processing requests...
System Code is S.
Run...

Error found!
Index ROGNATQ of File GOLLIAT

Final code? |_____
```

① Svem   ② Atur

③ Lind   ④ Nugre

⑤ Hfklhl

┃28~29┃ 다음 물류 창고 내 재고상품의 코드 목록을 보고 이어지는 질문에 답하시오.

[재고상품 코드번호 예시]

2019년 4월 20일 오전 3시 15분에 입고된 강원도 목장3에서 생산한 산양의 초유 코드 190420A031502E3C

<u>190420</u>	<u>A0315</u>	<u>02E</u>	<u>3C</u>
입고연월일	입고시간	지역코드 + 고유번호	분류코드 + 고유번호

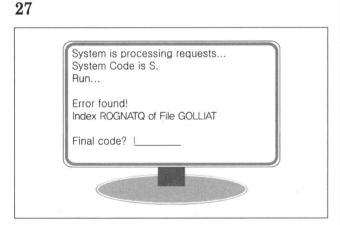

입고연월일	입고시간	생산 목장				제품 종류			
		지역코드		고유번호		분류코드		고유번호	
• 190415 −2019년 4월 15일 • 190425 −2019년 4월 25일	• A0102 −오전 1시 2분 • P0607 −오후 6시 7분	01	경기	A	목장1	1	우유	A	소
				B	목장2			B	염소
		02	강원	C	목장1			C	산양
				D	목장2	2	분유	A	소
				E	목장3			B	염소
		03	충북	F	목장1			C	산양
				G	목장2	3	초유	A	소
		04	충남	H	목장1			B	염소
		05	경북	I	목장1			C	산양
				J	목장2	4	버터	A	소
		06	경남	K	목장1			B	염소
				L	목장2			C	산양
		07	전북	M	목장1	5	치즈	A	소
				N	목장2			B	염소
		08	전남	O	목장1			C	산양
		09	제주	P	목장1	6	털	B	염소
				Q	목장2			C	산양

28 재고상품 중 2019년 4월 22일 오후 4시 14분에 입고된 경상북도 목장2에서 생산한 염소 치즈의 코드로 알맞은 것은 무엇인가?

① 190422P041405L5B   ② 190422P041405J5B

③ 190422A041405J5B   ④ 190422P041405J5C

⑤ 190422P041405J5A

29 물류 창고 관리자인 甲은 경북 지역에서 발생한 구제역으로 인하여 창고 내 재고상품 중 털 제품을 제외하고 경북 지역의 목장에서 생산된 제품을 모두 폐기하기로 하였다. 다음 중 폐기해야 하는 제품이 아닌 것은?

① 190401A080905I2C   ② 190425P014505J1A

③ 190311A095905J4B   ④ 190428P112505I6C

⑤ 190311A095905J3A

30 다음은 4차 산업혁명 테마별 산업분류 코드목록이다. 각 산업의 코드형성 방식이 '대분류 – 테마 – 산업분류' 순서로 조합될 때 제시된 코드가 잘못된 것은?

가. 대분류

제조업	개발업	공급업	서비스업
mb	dv	sp	sv

나. 테마

자율주행차	로봇	인공지능	빅데이터	가상현실	블록체인
AD	RB	AI	BD	VR	BC

다. 산업분류

테마	산업분류	산업분류 부호
자율주행차	축전지 제조업	28202
	응용소프트웨어 공급업	58222
	전기 · 전자공학 연구 개발업	70121
로봇	물리, 화학 및 생물학 연구 개발업	70111
	전자집적회로 제조업	26110
인공지능	컴퓨터 제조업	26310
	전기 · 전자공학 연구 개발업	70121
빅데이터	컴퓨터시스템 통합 자문 및 구축 서비스업	62021
	컴퓨터 프로그래밍 서비스업	62010
	응용소프트웨어 개발 및 공급업	58222
가상현실	전자집적회로 제조업	26110
	전기 · 전자공학 연구 개발업	70121
	시스템소프트웨어 개발업	58221
블록체인	포털 및 기타 인터넷 정보 매개 서비스업	63120
	전기 · 전자공학 연구 개발업	70121

① 자율주행차 응용소프트웨어 공급업 : spAD58222

② 로봇 전자집적회로 제조업 : mbRB26110

③ 인공지능 전기 · 전자공학 연구 개발업 : dvAI70111

④ 빅데이터 컴퓨터 프로그래밍 서비스업 : svBD62010

⑤ 블록체인 포털 및 기타 인터넷 정보 매개 서비스업
 : svBC63120

31 물적 자원관리는 업무에 있어 여러 재료 및 자원을 통합해 적용할 것인지를 계획 및 관리하는 것인데, 재고 또한 기업의 입장에서는 물적 자원에 해당한다. 기업이 보유하고 있는 물적 자원 중 하나인 안전재고는 완충재고라고도 하며, 수요 또는 리드타임의 불확실성으로 인해 주기 재고량을 초과하여 유지하는 재고를 의미한다. 이러한 안전재고량은 확률적 절차로 인해 결정되는데, 수요변동의 범위 및 재고의 이용 가능성 수준에 달려 있다. 이 때, 다음에서 제시하는 내용을 토대로 유통과정에서 발생하는 총 안전재고를 계산하면?

- 해당 제품의 주당 평균 수요는 2,500단위로 가정한다.
- 소매상은 500개 업체, 도매상은 50개 업체, 공장창고는 1개 업체가 존재한다.

구분	평균수요(주)	주문주기(일)	주문기간 중 최대수요
소매상	5	20	25
도매상	50	39	350
공장창고	2,500	41	19,000

① 약 23,555 단위

② 약 19,375 단위

③ 약 16,820 단위

④ 약 14,936 단위

⑤ 약 13,407 단위

32 다음은 ○○도시철도공사의 이듬해 철도안전투자의 예산이다. ○○도시철도공사의 예산 중 철도차량교체 예산의 비중은?(단, 계산 값은 소수점 둘째 자리에서 반올림 한다.)

(단위 : 백만 원)

철도차량 교체	철도시설 개량	안전설비의 설치	철도안전 교육훈련	철도안전 연구개발	철도안전 홍보
9,994	49,179	91	669	7	60

① 15.9%

② 16.7%

③ 18.2%

④ 19.3%

⑤ 19.8%

33 M업체의 직원 채용시험 최종 결과가 다음과 같다면, 다음 5명의 응시자 중 가장 많은 점수를 얻어 최종 합격자가 될 사람은 누구인가?

〈최종결과표〉

(단위 : 점)

구분	응시자 A	응시자 B	응시자 C	응시자 D	응시자 E
서류전형	89	86	94	92	93
1차 필기	94	92	89	83	91
2차 필기	88	87	90	97	89
면접	90	94	93	92	93

- 각 단계별 다음과 같은 가중치를 부여하여 해당 점수에 추가 반영한다.
  - 서류전형 점수 10%
  - 1차 필기 점수 15%
  - 2차 필기 점수 20%
  - 면접 점수 5%
- 4개 항목 중 어느 항목이라도 5명 중 최하위 득점이 있을 경우(최하위 점수가 90점 이상일 경우 제외), 최종 합격자가 될 수 없음.
- 동점자는 가중치가 많은 항목 고득점자 우선 채용

① 응시자 A
② 응시자 B
③ 응시자 C
④ 응시자 D
⑤ 응시자 E

┃34~35┃ 다음은 에어컨 실외기 설치 시의 주의사항을 설명하는 글이다. 다음을 읽고 이어지는 물음에 답하시오.

〈실외기 설치 시 주의사항〉

실외기는 다음의 장소를 선택하여 설치하십시오.

- 실외기 토출구에서 발생되는 뜨거운 바람 및 실외기 소음이 이웃에 영향을 미치지 않는 장소에 설치하세요. (주거지역에 설치 시, 운전 시간대에 유의하여 주세요.)
- 실외기를 도로상에 설치 시, 2m 이상의 높이에 설치하거나, 토출되는 열기가 보행자에게 직접 닿지 않도록 설치하세요. (건축물의 설비 기준 등에 관한 규칙으로 꼭 지켜야 하는 사항입니다.)
- 보수 및 점검을 위한 서비스 공간이 충분히 확보되는 장소에 설치하세요.
- 공기 순환이 잘 되는 곳에 설치하세요. (공기가 순환되지 않으면, 안전장치가 작동하여 정상적인 운전이 되지 않을 수 있습니다.)
- 직사광선 또는 직접 열원으로부터 복사열을 받지 않는 곳에 설치하여야 운전비가 절약됩니다.

- 실외기의 중량과 운전 시 발생되는 진동을 충분히 견딜 수 있는 장소에 설치하세요. (강도가 약할 경우, 실외기가 넘어져 사고의 위험이 있습니다.)
- 빗물이 새거나 고일 우려가 없는 평평한 장소에 설치하세요.
- 황산화물, 암모니아, 유황가스 등과 같은 부식성 가스가 존재하는 곳에 실내기 및 실외기를 설치하지 마세요.
- 해안지역과 같이 염분이 다량 함유된 지역에 설치 시, 부식의 우려가 있으므로 특별한 유지관리가 필요합니다.
- 히트펌프의 경우, 실외기에서도 드레인이 발생됨으로 배수 처리 및 설치되는 바닥의 방수가 용이한 곳에 설치하세요. (배수가 용이하지 않을 경우, 물이 얼어 낙하사고와 제품 파손이 될 수 있으므로 각별한 주의가 필요합니다.)
- 강풍이 불지 않는 장소에 설치하여 주세요.
- 실내기와 실외기의 냉매 배관 허용 길이 내에 배관 접속이 가능한 장소에 설치하세요.

---

34 다음은 에어컨 설치 순서를 그림으로 나타낸 것이다. 위의 실외기 설치 시 주의사항을 참고할 때 빈 칸에 들어갈 가장 적절한 말은 어느 것인가?

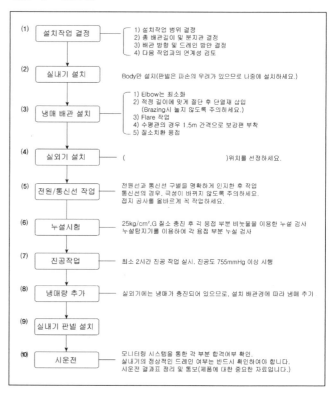

① 전원의 위치 및 전선의 길이를 감안한
② 이웃에 설치된 실외기와의 적정 공간을 감안한
③ 집밖에서 보았을 때 전체적인 미관을 손상시키는지를 감안한
④ 실내기와의 적정 거리를 충분히 유지할 수 있는지를 감안한
⑤ 배관에 냉매가 충진되어 있으므로 배관 길이를 감안한

35 위의 실외기 설치 시 주의사항을 참고하여 설치한 다음 실외기 설치 방법 중 주의사항에서 설명한 내용에 부합되는 방법이라고 볼 수 없는 것은 어느 것인가?

① 실외기를 콘크리트 바닥면에 설치 시 기초지반 사이에 방진패드를 설치하였다.

② 실외기 토출구 열기가 보행자에게 닿지 않도록 토출구를 안쪽으로 돌려 설치하였다.

③ 실외기를 안착시킨 후 앵커볼트를 이용하여 제품을 단단히 고정하였다.

④ 주변에 배수구가 있는 베란다 창문 옆에 설치하였다.

⑤ 여러 대의 실외기가 설치된 곳에 실외기 간의 공간을 충분히 확보하여 설치하였다.

36 당신은 ㈜소정의 신입사원이다. 당신은 아직 조직 문화에 적응하지 못하고 있어, 선배 사원들의 행동을 모방하며 적응해 가려고 한다. 그런데 회사의 내부 분위기는 상사가 업무 전반을 지휘하고, 그 하급자들은 명령에 무조건 복종하는 '상명하복 문화'가 지배적인 업무환경으로 판단된다. 또한 대부분의 선배 사원들은 상사의 업무 지휘에 대해 큰 불만을 가지지 않고, 맡겨진 업무에 대해서는 빠르게 처리하는 분위기이다. 이러한 조직 문화에 적응하려 할 때, 당신이 팔로워로서 발현하게 될 특징으로 가장 적절한 것은?

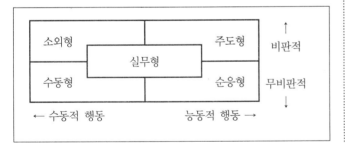

① 조직 변동에 민감하게 반응한다.

② 가치를 창조하는 직무활동을 수행한다.

③ 조직을 위해 자신과 가족의 요구를 양보한다.

④ 조직이 나의 아이디어를 원치 않는다고 생각한다.

⑤ 독립적인 사고와 비판적인 입장으로 생각한다.

37 A철도 운영자인 甲은 이번 안전관리 수준평가에서 우수운영자 지정을 받는 것을 목표로 하고 있다. 甲이 해야 하는 노력으로 옳지 않은 것은?

① 철도교통사고 건수를 줄이기 위해 철도안전점검을 실시한다.

② 최근 안전사고가 가장 많이 일어난 사항들을 확인하고 대책회의를 소집한다.

③ 우수운영자 지정의 권한을 가진 국토교통부장관의 최근 관심사와 학연을 알아본다.

④ 철도안전투자의 예산에 맞춰 예정된 사항들을 집행한다.

⑤ 정기검사를 주기적으로 실시하여 실적을 쌓는다.

38 다음은 세계적인 스타트업 기업인 '우버'에 관한 사례이다. 다음 글을 보고 고객들이 우버의 윤리의식에 대하여 표출할 수 있는 불만의 내용으로 가장 적절하지 않은 것은 어느 것인가?

> 2009년 미국 샌프란시스코에서 차량 공유업체로 출발한 우버는 세계 83개국 674개 도시에서 여러 사업을 운영하고 있다. 2016년 기준 매출액 65억 달러, 순손실 28억 달러, 기업 가치 평가액 680억 달러로 세계 1위 스타트업 기업이다. 우버가 제공하는 가장 일반적인 서비스는 개인 차량을 이용한 '우버 X'가 있다. 또한, '우버 블랙'은 고급 승용차를 이용한 프리미엄 서비스를 제공하고, 인원이 많거나 짐이 많을 경우에 '우버 XL'이 대형 차량 서비스를 제공한다. '우버 풀(POOL)'은 출퇴근길 행선지가 비슷한 사람들끼리 카풀을 할 수 있게 서로 연결해주는 일종의 합승서비스다. 그 밖에 '우버 이츠(EATS)'는 우버의 배달 서비스로서, 음식배달 주문자와 음식을 배달하는 일반인을 연결해주는 플랫폼이다.
>
> 앞으로 자율주행차량이 도입되면 가장 주목받는 기업으로 계속 발전할 것이라는 전망 속에서 2019년 주식 상장 계획이 있던 우버에게 2017년은 악재의 연속이었다. 연초에 전직 소프트웨어 엔지니어 수잔 파울러가 노골적인 성추행과 성차별이 횡행하는 막장 같은 우버의 사내 문화를 폭로하면서 악재가 시작되었다. 또 연말에는 레바논 주재 영국대사관 여직원 다이크스가 수도 베이루트에서 우버 택시 운전기사에 의해 살해당하는 사건이 발생했다. 우버 서비스의 고객 안전에 대한 우려가 현실로 나타난 것이다.

① 불안정 노동 문제에 대해 사회적 책임 의식을 공유해야 한다.

② 운전기사 고용 과정에서 이력 검증을 강화해야 한다.

③ 고객의 안전을 최우선시하는 의무 소홀에 대한 책임을 져야 한다.

④ 실력이 있는 뛰어난 직원이라면 근무태도는 문제 삼지 않는 문화를 고쳐야 한다.

⑤ 단기 일자리를 제공하는 임시 고용형태를 없애야 한다.

39 「4차 산업혁명 시대의 직업윤리 교육의 방향」의 논문에서 저자들은 4차 산업혁명으로 인해 사람을 기계의 일부로 봄으로써 윤리 규범을 붕괴시킬 우려를 언급하기도 했다. 다음의 사례는 테일러의 과학적 관리론에 관한 사례를 제시하였다. 아래의 글을 읽고 4차 산업혁명 시대의 직업윤리로서 인간을 기계의 일부분으로 취급하는 과학적관리론으로 인해 나타나는 내용 중 옳지 않은 것을 고르면?

> 자본주의 경제는 '비효율과의 전쟁'을 통해 발전해왔다. 초기에 비효율은 삼림 파괴, 수(水)자원 낭비, 탄광 개발 남발 등 주로 자원과 관련한 문제였다. 프레드릭 테일러(Frederick Taylor · 1856~1915)는 사람의 노력이 낭비되고 있다는 데 처음으로 주목했다. 효율적인 국가를 건설하려면 산업 현장에서 매일 반복되는 실수, 잘못된 지시, 노사 갈등을 해결하는 데서 출발해야 한다고 믿었다. 노사가 협업해 과학적인 생산 방법으로 생산성을 끌어올리면 분배의 공평성도 달성할 수 있다고 주장했다. 그가 이런 생각을 체계적으로 정리한 책이 《과학적 관리법》(1911년)이다.
>
> 테일러는 고등학교 졸업 후 공장에 들어가 공장장 자리에까지 오른 현장 전문가였다. 그는 30년간 과학적 관리법 보급을 위해 노력했지만 노동자로부터는 '초시계를 이용해 노동자를 착취한다'고, 기업가로부터는 '우리를 눈먼 돼지로 보느냐고 비난받았다. 그러나 그는 과학적 관리법이 노사 모두에 도움이 되기 때문에 결국 널리 퍼질 것으로 확신했다. 훗날 과학적 관리법은 '테일러리즘(Taylorism)'으로 불리며 현대 경영학의 뿌리가 됐다. 1900년대 영국과 미국에선 공장 근로자의 근무태만이 만연했다. 노동조합도 '노동자가 너무 많은 일을 하면 다른 사람의 일자리를 뺏을 수 있다'며 '적은 노동'을 권했다. 전체 생산량에 따라 임금을 주니 특별히 일을 더 많이 할 이유도 없었다.

① 조직목표인 능률성 향상과 개인목표인 인간의 행복 추구 사이에는 궁극적으로 양립·조화 관계로 인식하였다.
② 작업 계층의 효율적인 관리를 위해 하위 계층 관리만을 연구대상으로 하고 인간을 목표 달성을 위한 조종 대상으로 보았다.
③ 생산성, 능률성 향상이 궁극적인 목적이다.
④ 조직 외적 환경과의 상호작용을 경시하고 조직을 개방체제가 아닌 폐쇄체제로 인식하였 다.
⑤ 타인에 의한 내부적인 동기부여가 효율적이라고 생각한다.

40 다음과 같은 상황을 맞은 강 대리가 취할 수 있는 가장 적절한 행동은 어느 것인가?

> 강 대리는 자신이 일하는 ◇◇교통공사에 고향에서 친하게 지냈던 형이 다음 주부터 철도차량운전사로 일하게 되었다는 소식을 듣게 되었다. 이 소식을 듣고 오랜만에 형과 만난 강 대리는 형과 이야기를 하던 중 형이 현재 복용하고 있는 약물이 법적으로 금지된 마약류이며 중독된 상황임을 알게 되었다. 강 대리는 형이 어렵게 취업을 하게 된 사정을 생각하며 고민하게 되었다.

① 인사과에 추가적인 이유는 말하지 않고 신입 운전사를 해고해야 할 것 같다고 말한다.
② 형에게 자신이 비밀을 지키는 대신 자신과 회사에서는 아는 척을 하지 말아달라고 부탁한다.
③ 철도차량 운전상의 위험과 장해를 일으킬 수 있으므로 형에게 직접 회사에 알릴 것을 권해야 한다.
④ 형의 성격상 철도차량운전사로 손색이 없다는 것을 알고 있으므로 괜히 기분 상할 일을 만들지 않고 그냥 넘어간다.
⑤ 면허가 취소될 수도 있기 때문에 형에게 그 동안 다른 사람의 면허를 잠시 대여하는 방법을 알려준다.

1 궤도에 작용하는 각종 힘 중 레일면 또는 차륜면의 부정에 기인한 충격력에 의해 생기는 힘은?

① 수직력

② 수평력

③ 회압

④ 축방향력

⑤ 불평형 원심력

2 궤도의 소음 및 진동 방지대책으로 옳지 않은 것은?

① 방진매트 설치

② 레일의 축소화

③ 궤도 구조개선

④ 궤도틀림 및 단차 방지

⑤ 레일 연마

3 궤도의 구비조건으로 옳은 것은?

① 궤도 틀림이 있으며 열화 진행이 빠를 것

② 열차하중을 시공기면 아래의 노반에 부분적으로 집중 전달할 것

③ 열차의 충격을 흡수할 수 있는 재료일 것

④ 궤도재료는 경제적일 것

⑤ 보수작업이 용이하고, 구성 재료의 갱환은 복잡할 것

4 레일의 중량화 시 궤도에 미치는 영향이 아닌 것은?

① 선로강도가 증대된다.

② 열차안전운행이 확보된다.

③ 선로보수비용이 절감된다.

④ 선로용량이 증대된다.

⑤ 레일수명이 단축된다.

5 다음 중 목침목의 장점으로 옳지 않은 것은?

① 레일체결이 용이하다.

② 가공이 편리하다.

③ 탄성이 풍부하다.

④ 전기절연도가 높다.

⑤ 부식우려가 없고 내구연한이 길다.

6 궤도 설계 시 적용하는 노반의 허용지지력과 허용도상압력이 옳게 짝지어진 것은?

① 허용지지력 : $2.5kg/cm^2$, 허용도상압력 : $4kg/cm^2$

② 허용지지력 : $2.5kg/cm^2$, 허용도상압력 : $8kg/cm^2$

③ 허용지지력 : $4kg/cm^2$, 허용도상압력 : $4kg/cm^2$

④ 허용지지력 : $4kg/cm^2$, 허용도상압력 : $8kg/cm^2$

⑤ 허용지지력 : $4kg/cm^2$, 허용도상압력 : $2.5kg/cm^2$

7 레일 이음매에 대한 설명으로 옳은 것은?

① 편측 레일의 이음매가 타측 레일의 중앙부에 있는 것을 상대식 이음매라고 한다.

② 상호식 이음매는 소음이 크고 노화도가 심하나 보수작업 상대식보다 용이하다.

③ 이음매부를 침목 사이의 중앙부에 두는 것을 지접법이라고 한다.

④ 지접법에서 지지력을 보강하여 2개의 보통침목의 체결을 지지하는 것을 2정 이음매법이라고 한다.

⑤ 3정 이음매법은 이음매부를 침목 직상부에 두는 것을 말한다.

8 다음 중 고망간강 크로싱에 대한 설명으로 옳지 않은 것은?

① 내마모성이 큰 망간강을 사용하여 수명의 연장책을 강구한 크로싱이다.

② 고망간은 충격을 받으면 경도가 급격히 증가하는 특성에 의해 일반 크로싱보다 수명이 5배정도 길다.

③ 균열의 진행이 빠르며 대부분의 균열은 용접수리가 가능하다.

④ 주강이 단일체이므로 차량의 동요가 적다.

⑤ 보수노력이 절약되고 내구연한이 길다는 것이 장점이다.

9 자갈도상의 장점으로 옳지 않은 것은?

① 건설비가 저렴하다.

② 유지보수가 불필요하다.

③ 전기절연성이 양호하다.

④ 사고 시 응급처치가 용이하다.

⑤ 충격 및 소음이 적다.

10 캔트에 대한 설명으로 옳지 않은 것은?

① 철도차량이 곡선 지점을 원활하게 통과할 수 있도록 안쪽 레일을 기준으로 바깥쪽 레일을 높게 부설하는 것을 말한다.

② 곡선의 바깥쪽 레일을 안쪽 레일보다 높게 함으로써 운동 시 원심력에 의한 중력방향의 이탈을 막는 작용을 한다.

③ 곡선반경과 반비례한다.

④ 열차의 속도와 정비례한다.

⑤ 곡선외방에 작용하는 초과원심력에 의해 승차감이 떨어지는 것을 방지하기 위해 설치한다.

11 곡선부에서 열차속도에 따라 적정한 캔트(cant)를 붙여야 한다. 일반철도에서 사용하는 캔트 공식은? [단, $V=$ 열차 최고속도(km/h), $R=$ 곡선반경(m), $C=$ 조정치(mm)]

① $C = 11.8 \dfrac{V^2}{R} - C'$

② $C = 11.3 \dfrac{V^2}{R} - C'$

③ $C = 11.8 \dfrac{V}{R} - C'$

④ $C = 11.3 \dfrac{V}{R} - C'$

⑤ $C = 11.8 \dfrac{V^2}{R^2} - C'$

12 곡선반경 $R=600m$, $V=100km/h$, $C'=100$일 때, 최소 캔트 체감거리는 얼마 이상이어야 하는가? (단, 완화곡선이 없는 곡선임)

① $48m$ ② $52m$

③ $54m$ ④ $56m$

⑤ $58m$

13 열차정지 시 침목 1개가 받는 레일압력이 $4,000kg$일 때, $120km/h$의 속도로 주행 시 받는 압력은?

① $4,816kg$ ② $5,227kg$

③ $5,634kg$ ④ $6,462kg$

⑤ $6,618kg$

14 궤도 $10m$에 침목 16개를 부설하였다면, 침목 1개가 받는 레일 압력은? (단, 궤도계수: $180g/cm/cm$, 침하량: $0.50cm$ 충격 포함)

① $4,625kg$

② $4,825kg$

③ $5,017kg$

④ $5,223kg$

⑤ $5,625kg$

15 열차주행 시 레일의 최대 침하량이 $0.60cm$로 측정될 때, 침목 1개에 대한 레일의 압력을 얼마인가? (단 궤도계수 $U=180kg/cm^2$, 침목부설 수 $10cm$ 16개, $b_o=12cm$)

① $6,250kg$

② $6,750kg$

③ $7,350kg$

④ $7,550kg$

⑤ $7,950kg$

16 기지의 삼각점을 이용하여 새로운 도근점을 매설하고자 할 때 결합트레버스측량(다각측량)의 순서는?

① 도상계획 → 답사 및 선점 → 조표 → 거리관측 → 각관측 → 거리 및 각의 오차분배 → 좌표계산 및 측점계획

② 도상계획 → 조표 → 답사 및 선점 → 각관측 → 거리관측 → 거리 및 각의 오차분배 → 좌표계산 및 측점전개

③ 답사 및 선점 → 도상계획 → 조표 → 각관측 → 거리관측 → 거리 및 각의 오차분배 → 좌표계산 및 측점전개

④ 답사 및 선점 → 조표 → 도상계획 → 거리관측 → 각관측 → 좌표계산 및 측점전개 → 거리 및 각의 오차분배

⑤ 조표 → 도상계획 → 거리관측 → 답사 및 선점 → 각관측 → 거리 및 각의 오차분배 → 좌표계산 및 측점계획

17 지구상에서 $50km$ 떨어진 두 점의 거리를 지구곡률을 고려하지 않은 평면측량으로 수행한 경우의 거리오차는? (단, 지구의 반지름은 $6,370km$ 이다.)

① $0.257m$ ② $0.138m$

③ $0.069m$ ④ $0.005m$

⑤ $0.078m$

18 다음 그림과 같은 터널 내 수준측량의 관측결과에서 A점의 지반고가 $20.32m$ 일 때 C점의 지반고는? (단, 관측값의 단위는 m 이다.)

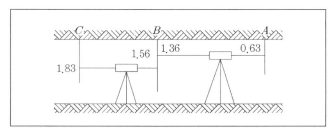

① 21.32m ② 21.49m

③ 16.32m ④ 16.49m

⑤ 15.38m

19 어떤 거리를 10회 관측하여 평균 $2,403.557m$ 의 값을 얻고 잔차의 제곱의 합 $8,208mm^2$ 을 얻었다면 1회 관측의 평균 제곱근 오차는?

① $\pm23.7mm$

② $\pm25.5mm$

③ $\pm28.3mm$

④ $\pm30.2mm$

⑤ $\pm31.1mm$

20 연약점토지반에 압밀촉진공법을 적용한 후, 전체 평균압밀도가 90%로 계산되었다. 압밀촉진공법을 적용하기 전, 수직방향의 평균 압밀도가 20%였다고 하면 수평방향의 평균압밀도는?

① 70%

② 77.5%

③ 82.5%

④ 87.5%

⑤ 88.7%

21 표준관입시험에 대한 설명으로 바르지 않은 것은?

① 질량 63.5±0.5kg인 해머를 사용한다.

② 해머의 낙하높이는 $(760\pm10)mm$ 이다.

③ 고정 피스톤 샘플러를 사용한다.

④ 샘플러를 지반에 300mm 박아 넣는데 필요한 타격횟수를 N값이라고 한다.

⑤ N값의 분포에서 그 지반에 대한 기초 구조나 공법의 판단 자료가 얻어진다.

22 전단마찰각이 $25°$인 점토의 현장에 작용하는 수직응력이 5t/m^2이다. 과거 작용했던 최대 하중이 $10t/m^2$이라고 할 때 대상지반의 정지토압계수를 구하면?

① 0.40 ② 0.57

③ 0.82 ④ 1.14

⑤ 0.32

23 Sand drain공법의 지배영역에 관한 Barron의 정사각형 배치에서 사주(Sand Pile)의 간격을 d, 유효원의 지름을 d_e라 할 때, d_e를 구하는 식으로 옳은 것은?

① $d_e = 1.13d$ ② $d_e = 1.05d$

③ $d_e = 1.03d$ ④ $d_e = 1.50d$

⑤ $d_e = 1.15d$

24 철근콘크리트 부재의 피복두께에 관한 설명으로 바르지 않은 것은?

① 최소 피복두께를 제한하는 이유는 철근의 부식방지, 부착력의 증대, 내화성을 갖도록 하기위해서이다.

② 현장치기 콘크리트로서 흙에 접하거나 옥외의 공기에 직접 노출되는 콘크리트의 최소 피복두께는 D25 이하의 철근의 경우 40mm이다.

③ 현장치기 콘크리트로서 흙에 접하여 콘크리트를 친 후 영구히 흙에 묻혀있는 콘크리트의 최소 피복두께는 80mm이다.

④ 콘크리트 표면과 그와 가장 가까이 배치된 철근 표면 사이의 콘크리트 두께를 피복두께라 한다.

⑤ 수중에서 타설하는 콘크리트의 최소 피복두께는 100mm이다.

25 보통중량 콘크리트의 설계기준강도가 35MPa, 철근의 항복강도가 400MPa로 설계된 부재에서 공칭지름이 $25mm$인 압축 이형철근의 기본정착길이는?

① $425mm$

② $430mm$

③ $1,010mm$

④ $1,015mm$

⑤ $450mm$

26 다음 그림과 같은 띠철근 기둥에서 띠철근의 최대간격은?
(단, D10의 공칭직경은 $9.5mm$, D22의 공칭직경은 $31.8mm$)

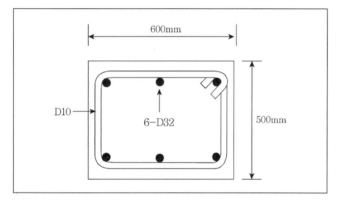

① $400mm$

② $456mm$

③ $500mm$

④ $509mm$

⑤ $470mm$

27 설계기준압축강도 f_{ck}가 24MPa이고, 쪼갬인장강도 f_{sp}가 2.4MPa인 경량골재 콘크리트에 작용하는 경량콘크리트계수 λ는?

① 0.75

② 0.81

③ 0.87

④ 0.93

⑤ 0.95

28 다음 그림과 같은 내민보에서 자유단의 처짐은?
(단, EI는 $3.2 \times 10^{11} kg \cdot cm^2$)

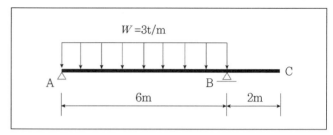

① $0.169cm$

② $16.9cm$

③ $0.338cm$

④ $33.8cm$

⑤ $0.259cm$

29 다음 그림과 같은 보에서 C점의 휨모멘트는?

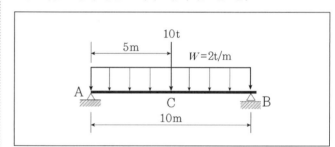

① $0t \cdot m$ ② $40t \cdot m$

③ $45t \cdot m$ ④ $50t \cdot m$

⑤ $60t \cdot m$

30 다음 그림과 같은 반원형 3힌지 아치에서 A점의 수평반력은?

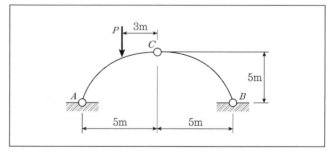

① P ② $P/2$

③ $P/4$ ④ $P/5$

⑤ $P/6$

31 다음 그림과 같은 단순보의 단면에서 발생하는 최대전단응력의 크기는?

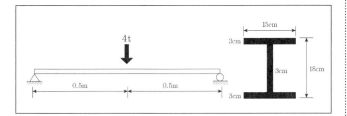

① $27.3 kg/cm^2$

② $35.2 kg/cm^2$

③ $46.9 kg/cm^2$

④ $54.2 kg/cm^2$

⑤ $43.3 kg/cm^2$

32 토공작업의 경제성은 시공기면(施空基面)의 결정에 크게 좌우된다. 시공기면을 결정할 때 고려하여야 할 사항에 해당하지 않는 것은?

① 토공량은 최대로 하고 절토, 성토를 평행시키도록 한다.

② 비탈면의 경우 흙의 안식각을 고려하여야 한다.

③ 토취장까지의 운반거리는 되도록 짧게 하도록 한다.

④ 연약지반, 산사태, 낙석 등의 위험지역은 가능하면 피하도록 한다.

⑤ 암석 굴착은 비용이 추가되므로 현지조사하여 가능하면 작게 해야 한다.

33 콘크리트 균열에 대한 보수기법으로 옳지 않은 것은?

① 보강철근 이용방법

② 그라우팅

③ 드라이패킹

④ 연약지반 개량공법

⑤ 에폭시 주입법

34 전체 심도 5m의 시추작업을 통해 획득한 6개 암석 코어의 길이는 각각 145cm, 35cm, 120cm, 50cm, 45cm, 95cm이었고 풍화토 시료도 함께 산출되었다. 시추 대상 암반에 대한 코어 회수율을 구하면?

① 95% ② 96%

③ 97% ④ 98%

⑤ 99%

35 주동말뚝은 말뚝머리에 기지(旣知)의 하중(수평력 및 모멘트)이 작용하는 반면에 수동말뚝은 어떤 원인에 의해 지반이 먼저 변형하고 그 결과 말뚝에 측방토압이 작용한다. 이러한 수동말뚝을 해석하는 방법으로 볼 수 없는 것은?

① 간편법

② 탄성법

③ 지공보법

④ 지반반력법

⑤ 유한요소법

36 깊이 20m, 폭이 30cm인 정방형 철근콘크리트 말뚝이 두꺼운 균질한 점토층에 박혀있다. 이 점토의 전단강도는 60kN/㎡이고, 단위중량은 18kN/㎡이며, 부착력은 점착력의 0.9배이다. 지하수위는 지표면과 일치한다고 할 경우 극한지지력은?

① 1,159kN

② 1,243kN

③ 1,359kN

④ 1,495kN

⑤ 1,543kN

37 도로 토공현장에서 다짐도를 판정하는 방법에 해당하지 않는 것은?

① 건조밀도로 판정하는 방법

② 강도특성으로 판정하는 방법

③ 포화도 및 공기공극률로 판정하는 방법

④ 주변지역의 유사재료 사용실적을 조사하여 판정하는 방법

⑤ 다짐기계, 다짐횟수로 판정하는 방법

38 곡선 반지름이 $300m$인 곡선선로의 궤간이 $1,445mm$라면 궤간틀림량은 얼마인가? (단, 슬랙의 조정치는 $3mm$이다.)

① $+3mm$

② $-3mm$

③ $+5mm$

④ $-5mm$

⑤ $+6mm$

39 아스팔트 포장 중 실코트(seal coat)을 실시하는 목적으로 옳지 않은 것은?

① 포장 표면의 미끄럼 방지

② 표층의 노화방지

③ 포장 표면의 내구성 증대

④ 포장면의 투수성 증대

⑤ 포장면의 수밀성 증대

40 모래지반에 $30cm \times 30cm$의 재하판으로 재하실험을 한 결과 $10t/m^2$의 극한지지력을 얻었다. $4m \times 4m$의 기초를 설치할 때 기대되는 극한지지력은?

① $10t/m^2$

② $100t/m^2$

③ $133t/m^2$

④ $154t/m^2$

⑤ $162t/m^2$

서울교통공사

필기시험 모의고사

정답 및 해설

SEOWONGAK

(주)서원각

제 1 회 정답 및 해설

✏ **직업기초능력평가**

1 ④

빈칸에 들어갈 단어는 '시간이나 거리 따위를 본래보다 길게 늘림'의 뜻을 가진 연장(延長)이 가장 적절하다.
① **지연** : 무슨 일을 더디게 끌어 시간을 늦춤
② **지속** : 어떤 상태가 오래 계속됨
③ **지체** : 때를 늦추거나 질질 끎
⑤ **연속** : 끊이지 아니하고 죽 이어지거나 지속함

2 ③

③ 정보는 관찰이나 측정을 통하여 수집한 자료를 실제 문제에 도움이 될 수 있도록 정리한 지식 또는 자료를 말한다. 情報(뜻 정, 알릴 보)로 쓴다.

3 ②

이 글의 화자는 '마케팅 교육을 담당하는 입장'에서 UCC를 기업 마케팅에 어떻게 활용할 것인지에 대한 강의를 기획하고 있다. 따라서 이 글을 읽을 예상 독자는 ② UCC 활용 교육을 원하는 기업 마케터들이 될 것이다.

4 ④

괄호 바로 앞뒤에 오는 문장을 통해 유추할 수 있다. 화자가 기획하는 강의는 기업 마케팅 담당자들의 웹2.0과 UCC에 대한 이해를 높이고, 이를 활용할 수 있는 전략에 대한 내용이 주가 될 것이다. 따라서 강의 제목으로는 ④ 웹2.0 시대 UCC를 통한 마케팅 활용 전략이 가장 적절하다.

5 ⑤

작자는 오래된 물건의 가치를 단순히 기능적 편리함 등의 실용적인 면에 두지 않고 그것을 사용해 온 시간, 그 동안의 추억 등에 두고 있으며 그렇기 때문에 오래된 물건이 아름답다고 하였다.

6 ③

③「철도안전법 시행규칙」제41조의2 ④에 따르면 철도운영자 등은 철도안전교육을 안전전문기관 등 안전에 관한 업무를 수행하는 전문기관에 위탁하여 실시할 수 있다고 규정하고 있다.

7 ②

② 앨런 튜링이 세계 최초의 머신러닝 발명품을 개발한 것은 아니다. 다만, 머신러닝을 하는 체스 기계를 생각하고 있었다고만 언급되어 있다. 그리고 이것을 현실화한 것이 알파고이다.
① 앨런 튜링의 인공지능에 대한 고안 자체는 컴퓨터 등장 이전에 '튜링 머신'을 통해 이루어졌다.
③⑤ 알파고는 기존의 컴퓨터들과 달리 입력된 알고리즘을 기반으로 스스로 학습하는 지능을 지녔다.
④ 알파고 이전에도 바둑이나 체스를 두는 컴퓨터가 존재했었다.

8 ①

① 첫 번째 문단에서 '도시 빈민가와 농촌에 잔존하고 있는 빈곤은 인간다운 삶의 가능성을 원천적으로 박탈하고 있으며'라고 언급하고 있다. 즉, 사회적 취약계층의 객관적인 생활수준이 향상되었다고 보는 것은 적절하지 않다.
② 첫 번째 문단
③ 두, 세 번째 문단
④ 네 번째 문단
⑤ 두 번째 문단

9 ③

서원각의 매출액의 합계를 x, 소정의 매출액의 합계를 y로 놓으면
$x + y = 91$
$0.1x : 0.2y = 2 : 3 \rightarrow 0.3x = 0.4y$
$x + y = 91 \rightarrow y = 91 - x$
$0.3x = 0.4 \times (91 - x)$
$0.3x = 36.4 - 0.4x$
$0.7x = 36.4$
$\therefore \ x = 52$
$0.3 \times 52 = 0.4y \rightarrow y = 39$
x는 10% 증가하였으므로 $52 \times 1.1 = 57.2$
y는 20% 증가하였으므로 $39 \times 1.2 = 46.8$
두 기업의 매출액의 합은 $57.2 + 46.8 = 104$

10 ④

丁 인턴은 甲, 乙, 丙 인턴에게 주고 남은 성과급의 1/2보다 70만 원을 더 받았다고 하였으므로, 전체 성과급에서 甲, 乙, 丙 인턴에게 주고 남은 성과급을 x라고 하면

丁 인턴이 받은 성과급은 $\frac{1}{2}x + 70 = x$ (∵ 마지막에 받은 丁 인턴에게 남은 성과급을 모두 주는 것이 되므로), ∴ $x = 140$이다.

丙 인턴은 甲, 乙 인턴에게 주고 남은 성과급의 1/3보다 60만 원을 더 받았다고 하였는데, 여기서 甲, 乙 인턴에게 주고 남은 성과급의 2/3는 丁 인턴이 받은 140만 원 + 丙 인턴이 더 받을 60만 원이 되므로, 丙 인턴이 받은 성과급은 160만 원이다.

乙 인턴은 甲 인턴에게 주고 남은 성과급의 1/2보다 10만 원을 더 받았다고 하였는데, 여기서 甲 인턴에게 주고 남은 성과급의 1/2은 丙, 丁 인턴이 받은 300만 원 + 乙 인턴이 더 받을 10만 원이 되므로, 乙 인턴이 받은 성과급은 320만 원이다.

甲 인턴은 성과급 총액의 1/3보다 20만 원 더 받았다고 하였는데, 여기서 성과급 총액의 2/3은 乙, 丙, 丁 인턴이 받은 620만 원 + 甲 인턴이 더 받을 20만 원이 되므로, 甲 인턴이 받은 성과급은 340만 원이다.

따라서 네 인턴에게 지급된 성과급 총액은 340 + 320 + 160 + 140 = 960만 원이다.

11 ⑤

보완적 평가방식은 각 상표에 있어 어떤 속성의 약점을 다른 속성의 강점에 의해 보완하여 전반적인 평가를 내리는 방식을 의미한다. 보완적 평가방식에서 차지하는 중요도는 60, 40, 20이므로 이러한 가중치를 각 속성별 평가점수에 곱해서 모두 더하면 결과 값이 나오게 된다. 각 대안(열차종류)에 대입해 계산하면 아래와 같은 결과 값을 얻을 수 있다.

- KTX 산천의 가치 값
  = $(0.6 \times 3) + (0.4 \times 9) + (0.2 \times 8) = 7$
- ITX 새마을의 가치 값
  = $(0.6 \times 5) + (0.4 \times 7) + (0.2 \times 4) = 6.6$
- 무궁화호의 가치 값
  = $(0.6 \times 4) + (0.4 \times 2) + (0.2 \times 3) = 3.8$
- ITX 청춘의 가치 값
  = $(0.6 \times 6) + (0.4 \times 4) + (0.2 \times 4) = 6$
- 누리로의 가치 값
  = $(0.6 \times 6) + (0.4 \times 5) + (0.2 \times 4) = 6.4$

조건에서 각 대안에 대한 최종결과 값 수치에 대한 반올림은 없는 것으로 하였으므로 종합 평가점수가 가장 높은 KTX 산천이 김정은과 시진핑의 입장에 있어서 최종 구매대안이 되는 것이다.

12 ③

- 주택보수비용 지원 내용은 항목별 비용이 3단계로 구분되어 있으며 핵심 구분점은 내장, 배관, 외관이다. 이에 따른 비용 한계는 350만 원을 기본으로 단계별 300만 원씩 증액하는 것으로 나타나 있다.
- 소득인정액에 따른 차등지원 내역을 보면 지원액은 80~100%이다.

〈상황〉을 보면 ○○씨 중위소득 40%에 해당하므로 지원액은 80%이며, 노후도 평가에서 대보수에 해당하므로, 950만 원 × 80% = 760만 원을 지원받을 수 있다.

13 ④

④ 2004년도의 연어방류량을 x라고 하면

$$0.8 = \frac{7}{x} \times 100 \quad ∴ \quad x = 875$$

① 1999년도의 연어방류량을 x라고 하면

$$0.3 = \frac{6}{x} \times 100 \quad ∴ \quad x = 2,000$$

2000년도의 연어방류량을 x라고 하면

$$0.2 = \frac{4}{x} \times 100 \quad ∴ \quad x = 2,000$$

② 연어포획량이 가장 많은 해는 21만 마리를 포획한 1997년이고, 가장 적은 해는 2만 마리를 포획한 2000년과 2005년이다.

③ 연도별 연어회귀율은 증감을 거듭하고 있다.

⑤ 2000년도의 연어포획량은 2만 마리로 가장 적고, 연어회귀율은 0.1%로 가장 낮다.

14 ②

㉠ 4,400 − 2,100 = <u>2,300</u>명
㉡ 남성: 4,400 − 4,281 = 119,
  여성: 2,100 − 1,987 = 113 → <u>감소</u>
㉢ 2,274 − 1987 = 287 → <u>증가</u>
㉣ 2,400 − 2100 = <u>300</u>

15 ②

② 음료수자판기는 가장 많은 418명의 계약자를 기록하고 있다.

16 ①

단일 계약자를 제외한 2019년에 계약이 만료되는 계약자는 총 353명이다.

17 ②

㉮ 수산물 수출실적이 '전체'가 아닌 1차 산품에서 차지하는 비중이므로 2016년과 2017년에 각각 61.1%와 62.8%인 것을 알 수 있다. → 틀림

(나) 농산물과 수산물은 2013년 이후 매년 '감소 - 감소 - 증가 - 감소'의 동일한 증감추이를 보이고 있다. →옳음

(다) 2015년~2017년까지만 동일하다. →틀림

(라) 연도별로 전체 합산 수치는 103,285천 달러, 106,415천 달러, 121,068천 달러, 128,994천 달러, 155,292천 달러로 매년 증가한 것을 알 수 있다. →옳음

18 ③

A에서 B로 변동된 수치의 증감률은 (B − A) ÷ A × 100의 산식으로 계산한다.

- 농산물 : (21,441 − 27,895) ÷ 27,895 × 100 = −23.1%
- 수산물 : (38,555 − 50,868) ÷ 50,868 × 100 = −24.2%
- 축산물 : (1,405 − 1,587) ÷ 1,587 × 100 = −11.5%

따라서 감소율은 수산물 > 농산물 > 축산물의 순으로 큰 것을 알 수 있다.

19 ②

남자사원의 경우 ⓒ, ⓑ, ⓞ에 의해 다음과 같은 두 가지 경우가 가능하다.

	월요일	화요일	수요일	목요일
경우 1	치호	영호	철호	길호
경우 2	치호	철호	길호	영호

[경우 1]

옥숙은 수요일에 보낼 수 없고, 철호와 영숙은 같이 보낼 수 없으므로 옥숙과 영숙은 수요일에 보낼 수 없다. 또한 영숙은 지숙과 미숙 이후에 보내야 하고, 옥숙은 지숙 이후에 보내야 하므로 조건에 따르면 다음과 같다.

	월요일	화요일	수요일	목요일
남	치호	영호	철호	길호
여	지숙	옥숙	미숙	영숙

[경우 2]

		월요일	화요일	수요일	목요일
	남	치호	철호	길호	영호
경우 2-1	여	미숙	지숙	영숙	옥숙
경우 2-2	여	지숙	미숙	영숙	옥숙
경우 2-3	여	지숙	옥숙	미숙	영숙

문제에서 영호와 옥숙을 같이 보낼 수 없다고 했으므로, [경우 1], [경우 2-1], [경우 2-2]는 해당하지 않는다. 따라서 [경우 2-3]에 의해 목요일에 보내야 하는 남녀사원은 영호와 영숙이다.

20 ②

주어진 ⓒ부터 ⓢ을 정리하면 다음과 같다.

ⓒ 갑 = 을

ⓒ 을 → 병 or ~갑

ⓔ ~갑 → ~정

ⓜ ~정 → 갑 and ~병

ⓗ ~갑 → ~무

ⓢ 무 → ~병

이때, ⓜ이 참인 상황에서 ⓜ의 대우인 '~갑 and 병 → 정'이 참이 되어야 하는데 이럴 경우 병에 대한 후건을 분리하면 '~갑 → 정'으로 ⓔ과 모순이 생긴다. 따라서 '~갑'은 성립할 수 없으므로 갑은 가담하였다.

갑이 가담하였다면 ⓒ에 의해 을도 가담하였고, ⓒ에 의해 병도 가담한 것이 된다. 그리고 ⓢ의 대우에 의해 무는 가담하지 않았음을 알 수 있다. 따라서 가담하지 않은 사람은 무 한 사람뿐이다.

※ **귀류법** … 어떤 명제가 참임을 증명하려 할 때 그 명제의 결론을 부정함으로써 가정 또는 공리 등이 모순됨을 보여 간접적으로 그 결론이 성립한다는 것을 증명하는 방법이다.

21 ④

㉠ 시간당 평균 화장실 이용 인구가 남자 30명, 여자 30명일 경우, A기준과 B기준에 따라 설치할 위생기구 수는 4개씩으로 동일하다. →옳음

기준	남자	여자
A기준	대변기 1개, 소변기 1개	대변기 2개
B기준	대변기 1개, 소변기 1개	대변기 2개

㉡ 시간당 평균 화장실 이용 인구가 남자 50명, 여자 40명일 경우, B기준에 따라 설치할 남자 화장실과 여자 화장실의 대변기 수는 2개씩으로 동일하다. →옳음

기준	남자	여자
B기준	대변기 2개, 소변기 1개	대변기 2개

㉢ 시간당 평균 화장실 이용 인구가 남자 80명과 여자 80명일 경우, A기준에 따라 설치할 소변기는 총 2개이다. →틀림

기준	남자	여자
A기준	대변기 2개, 소변기 2개	대변기 4개

㉣ 시간당 평균 화장실 이용 인구가 남자 150명과 여자 100명일 경우, C기준에 따라 설치할 대변기는 총 5개이다. →옳음

기준	남자	여자
C기준	대변기 2개, 소변기 2개	대변기 3개

22 ③

연가는 재직기간에 따라 3~21일로 휴가 일수가 달라지며, 수업휴가 역시 연가일수를 초과하는 출석수업 일수가 되므로 재직기간에 따라 휴가 일수가 달라진다. 장기재직 특별휴가 역시 재직기간에 따라 달리 적용된다.

① 언급된 2가지 휴가는 출산한 여성이 사용하는 휴가이다.

② 자녀 돌봄 휴가는 자녀가 고등학생인 경우까지 해당되므로 15세 이상 자녀가 있는 경우에도 자녀 돌봄 휴가를 사용할 수 있게 된다.

④ '직접 필요한 시간'이라고 규정되어 있으므로 고정된 시간이 없는 것이 된다.

⑤ 10~19년, 20~29년, 30년 이상 재직자가 10~20일의 휴가일수를 사용하게 되므로 최대 20일이 된다.

23 ③

T대리가 사용한 근무 외 시간의 기록은 16시간 + 9시간 + 5시간 = 30시간이 된다. 따라서 8시간이 연가 하루에 해당하므로 이를 8시간으로 나누면 '3일과 6시간'이 된다. 8시간 미만은 산입하지 않는다고 하였으므로 T대리는 연가를 3일 사용한 것이 된다.

④ 외출이 2시간 추가되면 총 32시간이 되어 4일의 연가를 사용한 것이 된다.

24 ④

제시된 내용은 김치에서 이상한 냄새가 나고 있는 상황이다. ④는 '김치 표면에 하얀 것(하얀 효모)이 생겼을 때'의 확인 사항이다.

25 ③

③은 매뉴얼로 확인할 수 없는 내용이다.

26 ②

② 오전 9시부터 2시간 무대 준비를 하고 나면, 본 행사까지 2시간 동안 시설 사용 없이 대기하여야 하므로 본 공연 기본 사용료의 30%가 추가 징수된다. 따라서 900,000원에 270,000원이 추가되어야 한다.

① 공연 종류별 사용료가 다르며, 오전보다 오후, 오후보다 야간의 사용료가 더 비싸다.

③ 토요일은 30% 가산되므로 150,000 × 1.3 = 195,000원이 된다.

④ 클래식 연주회의 평일 오후 1회 소규모 공연장(아트 홀) 사용료는 140,000원이다.

⑤ 오페라 공연의 토요일 야간 대공연장 사용료는 850,000 × 1.3 = 1,105,000원이다.

27 ②

요일별 총 사용료를 계산해 보면 다음과 같다.

• 금요일 : 창립기념식(대공연장, 오후, 일반행사, 1시간 연장) 90 + 10 = 100만 원
연극 공연(아트 홀, 야간) 16만 원

• 토요일 : 사진전(전시실, 토요일 30% 가산) 19.5만 원
클래식 기타 연주회(아트 홀, 야간, 토요일 30% 가산) 20.8만 원

총 합계 : 100 + 16 + 19.5 + 20.8 = 156.3만 원이 된다.

① 전시를 1개 층에서만 한다고 했으므로 적절한 의문 사항이라고 볼 수 있다.

③ 전시실 사용료에는 전기·수도료가 포함되어 있다고 명시되어 있다.

④ 사진전은 가산금 포함하여 19.5만 원, 연극 공연은 16만 원의 시설 사용료가 발생한다.

⑤ 1회당 시간 초과 시 시간당 대공연장 100,000원이 징수된다.

28 ⑤

서울교통공사 설립 및 운영에 관한 조례 제19조(사업의 범위)

1. 시 도시철도의 건설·운영
2. 도시철도 건설·운영에 따른 도시계획사업
3. 「도시철도법」에 따른 도시철도부대사업
4. 1부터 3까지와 관련한 「택지개발촉진법」에 따른 택지개발사업
5. 1부터 3까지와 관련한 「도시개발법」에 따른 도시개발사업
6. 도시철도 관련 국내외 기관의 시스템 구축, 건설·운영 및 감리사업
7. 도시철도와 다른 교통수단의 연계수송을 위한 각종 시설의 건설·운영 및 기존 버스운송사업자의 노선과 중복되지 않는 버스운송사업(단, 마을버스운송사업 기준에 의함)
8. 「교통약자의 이동편의 증진법」에 따른 이동편의시설의 설치 및 유지관리사업
9. 「교통약자의 이동편의 증진법」에 따른 실태조사
10. 시각장애인 등 교통약자를 위한 시설의 개선과 확충
11. 그 밖에 시장이 인정하는 사업

29 ②

제시된 내용은 서울교통공사의 공사이미지 중 캐릭터에 대한 내용이다.

30 ⑤

① 운전제어와 관련된 장치의 기능, 제동장치 기능, 그 밖에 운전 시 사용하는 각종 계기판의 기능의 이상여부를 확인 후 출발하여야 한다.

② 철도차량의 운행 중에 휴대전화 등 전자기기를 사용하지 아니할 것. 다만, 철도사고 등 또는 철도차량의 기능장애가 발생하는 등 비상상황이 발생한 경우로서 철도운영자가 운행의 안전을 저해하지 아니하는 범위에서 사전에 사용을 허용한 경우에는 그러하지 아니하다.

③ 철도사고의 수습을 위하여 필요한 경우 수호는 전차선의 전기공급 차단 조치를 해야 한다.

④ 희재는 운행구간의 이상이 발생하면 수호에게 보고해야 한다.

31 ③

서울교통공사는 (6)개의 실과 5개의 본부, (44)개의 처로 이루어져있다.

32 ①

ⓛ 경영감사처, 기술감사처는 감사 소속이고, 정보보안처는 정보보안단 소속이다.

ⓒ 노사협력처, 급여복지처는 경영지원실 소속이고, 성과혁신처는 기획조정실 소속이다.

ⓔ 안전계획처와 안전지도처는 안전관리본부 소속이다.

ⓜ 영업계획처는 고객서비스본부 소속이고, 해외사업처는 전략사업실 소속이다.

33 ②

㉠ ROUND 함수는 숫자를 지정한 자릿수로 반올림한다. '=ROUND(2.145, 2)'는 소수점 2자리로 반올림하므로 결과값은 2.15이다.

ⓛ =MAX(100, 200, 300) → 300

ⓒ =IF(5 > 4, "보통", "미달") → 보통

ⓔ AVERAGE 함수는 평균값을 구하고자 할 때 사용한다.

34 ③

㈎ 파일은 쉼표(,)가 아닌 마침표(.)를 이용하여 파일명과 확장자를 구분한다.

㈒ 파일/폴더의 이름에는 ₩, /, :, *, ?, ", 〈, 〉 등의 문자는 사용할 수 없으며, 255자 이내로 공백을 포함하여 작성할 수 있다.

35 ④

수식에서 직접 또는 간접적으로 자체 셀을 참조하는 경우를 순환 참조라고 한다. 열려있는 통합 문서 중 하나에 순환 참조가 있으면 모든 통합 문서가 자동으로 계산되지 않는다. 이 경우 순환 참조를 제거하거나 이전의 반복 계산(반복 계산 : 특정 수치 조건에 맞을 때까지 워크시트에서 반복되는 계산) 결과를 사용하여 순환 참조와 관련된 각 셀이 계산되도록 할 수 있다.

36 ③

주어진 표는 재무제표의 하나인 '손익계산서'이다. '특정한 시점'에서 그 기업의 자본 상황을 알 수 있는 자료는 대차대조표이며, 손익계산서는 '일정 기간 동안의 기업의 경영 성과를 한눈에 나타내는 재무 자료이다.

① 해당 기간의 최종 순이익은 '당기순이익'이다. 순이익이란 매출액에서 매출원가, 판매비, 관리비 등을 빼고 여기에 영업외 수익과 비용, 특별 이익과 손실을 가감한 후 법인세를 뺀 것이다. 그래서 '순이익'은 기업이 벌어들이는 모든 이익에서 기업이 쓰는 모든 비용과 모든 손실을 뺀 차액을 의미한다.

②⑤ 여비교통비는 직접비이며, 지급보험료는 간접비이다.

④ 상품 판매업체와 제조업체의 매출 원가는 다음과 같이 산출한다.

- 매출원가(판매업) = 기초상품 재고액 + 당기상품 매입액 − 기말상품 재고액
- 매출원가(제조업) = 기초제품 재고액 + 당기제품 제조원가 − 기말제품 재고액

37 ①

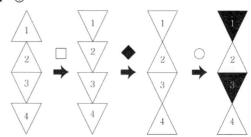

38 ④

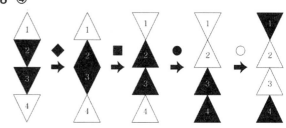

39 ③

바람직한 리더에게는 위험을 회피하기보다 계산된 위험을 취하는 진취적인 자세가 필요하다. 위험을 회피하는 것은 리더가 아닌 관리자의 모습으로, 조직을 이끌어 갈 수 있는 바람직한 방법이 되지 못한다. 리더에게 필요한 자질은 다음과 같다.

① 새로운 상황을 창조하며 오늘보다는 내일에 초점을 맞춘다.

⑤ 어떻게 할까보다는 무엇을 할까를 생각한다.

② 사람을 관리하기보다 사람의 마음에 불을 지핀다.

④ 유지보다는 혁신을 지향한다.

40 ①

성희롱 여부를 판단할 때는 피해자의 주관적인 사정을 고려하되 피해자와 비슷한 조건과 상황에 있는 사람이 피해자의 입장이라면 문제가 되는 성적 언동에 대해 어떻게 반응했을까를 함께 고려하여야 하며, 결과적으로 위협적이고 적대적인 환경을 형성해 업무 능률을 저하시키게 되는지를 검토한다. '성적 언동 및 요구'는 신체의 접촉이나 성적인 의사표현 뿐만 아니라 성적 함의가 담긴 모든 언행과 요구를 말하며, 상대방이 이를 어떻게 받아들였는지가 매우 중요하다. 따라서 행위자의 의도와는 무관하며, 설사 행위자가 성적 의도를 가지고 한 행동이 아니었다고 하더라도 성희롱으로 인정될 수 있다.

1 ④

궤도의 구성요소 … 레일, 침목, 도상, 레일 이음매 및 체결 장치

2 ②

열차하중을 시공기면 아래의 노반에 균등하고 광범위하게 전달해야 한다.

3 ⑤

레일의 길이는 될 수 있으면 이음매수를 줄이기 위해 길게 하는 것이 좋으나 ①~④의 이유로 제한한다.

4 ②

본자노 이음매판은 이음매부의 도상작업이 불편하다.

5 ③

궤도에 작용하는 힘에는 수직방향의 힘(윤중), 횡방향의 힘(횡압), 종방향의 힘(축방향력)이 있다.

6 ⑤

열차의 주행 시 레일에는 파상진동이 생겨 레일이 열차진행 방향인 전방으로 이동되기 쉽다.

7 ④

두부자유형 이음매판에 대한 설명이다. 단책형을 50kg레일용으로 사용하며, I형 이음매판은 레일두부의 하부와 레일저부의 상부곡선의 2부분에서 밀착하여 쐐기작용을 한다.

8 ④

일반철도에서 허용도상압력은 $4kg/cm^2$이다.

9 ⑤

PC침목은 탄성이 부족하고 중량물로 취급이 곤란하며 목침목에 비해 전기절연성이 떨어진다는 단점이 있다.

10 ②

궤도계수 증가를 위해서는 도상 두께를 증가시켜야 한다.

11 ⑤

$$\sigma_{t0} = \frac{P_{ro}}{b \times L} = \frac{6,000kg}{24cm \times 12.7cm} = 19.7kg/cm^2$$

여기서 P_{ro}는 주행속도가 반영된 레일압력이다.

12 ③

$$C = 11.8\frac{V^2}{R} = 11.8\frac{80^2}{600} = 125.87 ≒ 126mm$$

13 ②

$$C = 11.8\frac{V^2}{R} - C' \text{ 식에서}$$

$$130 = 11.8\frac{V^2}{7000} - 30, V = 308.1km/h$$

14 ④

레일당 침목종저항력 $= 500kg \times 0.5 = 250kg$
미터당 침목개수 $= 16개/10m = 1.6개/m$
미터당 도상횡저항력 $= 250kg \times 1.6 = 400kg/m$

15 ④

$$C = 11.8\frac{V^2}{R} - C_d = 11.8\frac{200^2}{2,000} - 80 = 156mm$$

16 ②

② 중심말뚝은 노선의 중심선의 위치를 지상에 표시하는 말뚝으로서 일반적으로 20m마다 설치한다.

17 ④

지반의 높이를 비교할 때 사용하는 기준면은 평균해수면(mean sea level)이다.

18 ②

지형도의 매수는 $\left(\frac{5,000}{500}\right)^2 = 100$매가 된다.

19 ①

$$\frac{\triangle A}{A} = \frac{0.1}{100} = 2 \cdot \frac{\triangle L}{L} \text{이므로} \frac{\triangle L}{L} = \frac{1}{2,000}$$

20 ①

$$H_B = H_A + \frac{(a_1 - b_1) + (a_2 - b_2)}{2}$$

$$= 55 + \frac{(1.34 - 1.14) + (0.84 - 0.56)}{2} = 55.24[m]$$

21 ③

사질토 지반의 지지력은 재하판의 폭에 비례한다.

즉, $0.3 : 20 = 1.8 : q_u$ 이므로

극한지지력 $q_u = 120t/m^2$,

$$q_t = \frac{q_u}{F} = \frac{120}{3} = 40t/m^2$$

$$Q_a = q_t \cdot A = 40 \times 1.8 \times 1.8 = 129.6t$$

22 ②

부벽식 옹벽의 전면벽은 3변 지지된 2방향 슬래브로 설계할 수 있다.

23 ③

철근의 응력이 설계기준항복강도(f_y) 이상일 때 철근의 응력은 설계기준항복강도와 동일한 값으로 해야 한다.

24 ③

$$\triangle f_{pe} = n f_{cs} = n \frac{P_i}{A_g} = n \frac{f_p \cdot N A_p}{bh}$$

$$= 6 \cdot \frac{1,000 \cdot 4 \cdot 150}{400 \cdot 500} = 18[MPa]$$

25 ②

사인장철근은 주로 전단응력을 부담한다.

26 ①

집중용접을 하게 되면 용접열에 의한 결함(라멜라 티어링 등)이 발생할 수 있으므로 집중용접은 되도록 피하는 것이 좋다.

27 ②

$f_{ck} > 28MPa$인 경우의 β_1의 값

$\beta_1 = 0.85 - 0.007(f_{ck} - 28) = 0.801 (\beta_1 \geq 0.65)$

$$c = \frac{f_y A_s}{0.85 f_{ck} b \beta_1} = 86.6mm,$$

$$\varepsilon_t = \frac{d_t - c}{c} \varepsilon_c = \frac{450 - 86.6}{86.6} \times 0.003 = 0.0126$$

28 ③

$$u = \frac{8P \cdot s}{l^2} = \frac{8 \cdot 1,000 \cdot 0.25}{(8m)^2} = 31.25[kN/m]$$

29 ②

$$\delta = \delta_{AB} + \delta_{BC} = \frac{PL}{2EA} + \frac{PL}{EA} = \frac{3PL}{2EA}$$

30 ⑤

$$\tau = \frac{VQ}{Ib} = \frac{2,000 \cdot 9,360}{(4.435 \times 10^5)(10)} = 4.22[kg/cm^2]$$

31 ②

$R_A + R_C = 10[t]$이어야 하며, $\delta_{AB} = \delta_{BC}$이어야 한다.

$\delta_{AB} = \frac{R_A \cdot L_{AB}}{E \cdot L_{AB}}$이며 $\delta_{BC} = \frac{R_C \cdot L_{BC}}{E \cdot L_{BC}}$

따라서,

$$R_A = \frac{L_{BC} A_{AB}}{L_{AB} A_{BC}} R_C = \frac{5 \cdot 10}{10 \cdot 5} \cdot R_C = R_C = 5[t]$$

BC부재의 응력은 $\delta_{BC} = \frac{R_C}{A_{BC}} = \frac{5}{5} = 1[t/cm^2]$

32 ③

$V_A = V_D = 12[t]$이며, AB부재의 중앙부를 중심으로 모멘트 평형원리를 적용하면,

$$\sum M_C = (3 + 5) \cdot 4 - 12 \cdot 8 - U \cdot 4$$

$$= 32 - 96 - 4U = 0$$

$U = -16$(압축)이 산출된다.

33 ②

정오차(누적오차)는 관측횟수에 비례하며 우연오차는 관측횟수의 제곱근에 비례하므로,

$$L_o = L + \frac{100}{20} \cdot 0.005 \pm \sqrt{\frac{100}{20}} \cdot 0.005$$

$$= 100.025 \pm 0.011[m]$$

34 ①

$\frac{d - D}{D} = \frac{1}{12}\left(\frac{D}{R}\right)^2$ 이므로, $D^2 = 12R^2 \cdot \frac{d - D}{D}$

$$D = \sqrt{12 \cdot 6.370^2 \cdot \frac{1}{10^5}} \fallingdotseq 69.78[km]$$

반경 $R = \frac{D}{2} \fallingdotseq 35[km]$

35 ②

지성선은 지모의 골격이 되는 선을 의미한다.

36 ⑤

$A = a^2$에서 $\dfrac{dA}{A} = 2\dfrac{da}{a}$, 한 변의 길이

$a = \sqrt{100} = 10$

$da = a\dfrac{dA}{2A} = 10 \cdot \dfrac{0.2}{2 \cdot 100} = 0.01[\text{m}] = 10[\text{mm}]$

37 ③

곡선에 따른 확대량 $W = \dfrac{50,000}{R(m)} = \dfrac{50,000}{400}$

$= 125mm$이고, 양쪽이므로 250mm가 된다.

38 ①

점토지반의 강성기초는 기초 중앙부분에서 최소응력이 발생한다.

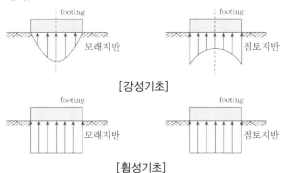

[강성기초]

[휨성기초]

39 ④

피조콘 시험은 일종의 원추관입시험(로드에 붙인 원뿔을 흙 속에 동적으로 관입, 혹은 정적으로 압입하여 흙의 강도나 변형 특성을 구하는 시험)으로서 사질토와 점성토에 모두 적용할 수 있으며 지층의 관입저항을 연속적으로 측정할 수 있는 장점이 있다. 그러나 샘플러가 없으므로 시료의 채취가 불가능하다.

40 ④

연약한 점토에 있어서는 상대변위의 속도가 느릴수록 부마찰력은 작아진다.

제2회 정답 및 해설

✏️ **직업기초능력평가**

1 ①

① 심포지움 → 심포지엄

2 ④

① 고랭지   ② 벗어진
③ 넝큼   ⑤ 오뚝이

3 ④

한국의 관광 관련 고용자 수는 50만 명으로 전체 2% 수준이다. 이를 세계 평균 수준인 8% 이상으로 끌어 올리려면 150만 여명 이상을 추가로 고용해야 한다. 백만 달러당 50명의 일자리가 추가로 창출되므로 150만 명 이상을 추가로 고용하려면 대략 300억 달러 이상이 필요하다.

① 약 1조 8,830억 달러 정도이다.
② 2017년 기준으로 지난해인 2016년도의 내용이므로 2015년의 종사자 규모는 알 수 없다. 2016년 기준으로는 전 세계 통신 산업의 종사자는 자동차 산업의 종사자의 약 3배 정도이다.
③ 간접 고용까지 따지면 2억 5,500만 명이 관광과 관련된 일을 하고 있어, 전 세계적으로 근로자 12명 가운데 1명이 관광과 연계된 직업을 갖고 있는 셈이다. 추측해보면 2017년 전 세계 근로자 수는 20억 명을 넘는다.
⑤ 2010년부터 2030년 사이 이 지역으로 여행하는 관광객이 연평균 9.7% 성장하여 2030년 5억 6,500명이 동북아시아를 찾을 것으로 전망했으므로 2020년에 동북아시아를 찾는 관광객의 수는 연간 약 2억 8,000명을 넘을 수 없다.

4 ⑤

⑤ 개시는 행동이나 일 따위를 시작한다는 뜻으로 빈칸에 들어가기에 가장 적절하지 않다. 빈칸에 들어갈 단어를 채우면 다음과 같다.

1974	8.15.	1호선(서울역~청량리 7.8km) <u>개통</u>
1981	9.1.	서울특별시지하철공사 <u>설립</u>
2010	2.18.	3호선 연장 (수서~오금 구간 3km)
2017	5.31.	서울교통공사 <u>출범</u>

5 ⑤

⑤ 국내 통화량이 증가하여 유지될 경우 장기에는 자국의 물가도 높아져 장기의 환율은 상승한다.

6 ③

① 현재 신분당선이나 우이신설선, 인천지하철 2호선 등 무인운전 차량들도 KRTCS-1을 탑재하고 있다.
② KRTCS-1과 KRTCS-2는 모두 SIL Level 4 인증을 취득했다.
④ KRTCS-1이 지상 센서만으로 차량의 이동을 감지하고 컨트롤했다면, KRTCS-2는 LTE-R 무선통신을 도입해 열차가 어느 구간(폐색)에 위치하는지를 실시간으로 감지하고 좀 더 효율적으로 스케줄링할 수 있다는 장점이 있다.
⑤ 한국의 고속철도에 KRTCS-2 시스템이 적용되어 도시철도뿐만 아니라 일반/고속철도에서도 무인운전이 현실화될 것으로 기대된다.

7 ①

타고난 재능은 인정하지 않고 재능을 발휘한 노동의 부분에 대해서만 그 소득을 인정하게 된다면 특별나게 열심히 재능을 발휘할 유인을 찾기 어려워 결국 그 재능은 상당 부분 사장되고 말 것이다. 따라서 이러한 사회에서 ⊙과 같이 선천적 재능 경쟁이 치열해진다고 보는 의견은 글의 내용에 따른 논리적인 의견 제기로 볼 수 없다.

8 ②

필자가 언급하는 '능력'은 선천적인 것과 후천적인 것이 있다고 말하고 있으며, 후천적인 능력에 따른 결과에는 승복해야 하지만 선천적인 능력에 따른 결과에 대해서는 일정 부분 사회에 환원하는 것이 마땅하다는 것이 필자의 주장이다.

② 능력에 의한 경쟁 결과가 반드시 불평의 여지가 없이 공정하다고만은 볼 수 없다는 것이 필자의 견해라고 할 수 있다.

9 ③

속력은 달라도 갑과 을이 만난다는 것은 이동한 거리가 같다는 것을 의미함을 인지하여야 한다.
거리 = 시간 × 속력이므로 이를 이동시간과 속력의 식에 대입하면 된다.
을을 기준으로 을이 이동거리만큼 가는데 걸리는 시간을 x로 놓으면
갑은 을보다 30분 먼저 출발했으므로 $x+0.5$를 속력에 곱하면 된다.
$100x = 80(x+0.5)$
여기서 x를 구하면 $x = 2$시간이므로 을은 2시간 후에 갑을 따라잡을 수 있다.

10 ①

S→1→F 경로로 갈 경우에는 7명, S→3→2→F 경로로 갈 경우에는 11명이며, S→3→2→4→F 경로로 갈 경우에는 6명이므로, 최대 승객 수는 모두 더한 값인 24명이 된다.

11 ⑤

2019년 7월 甲의 월급은 기본급 300만 원에 다음의 수당을 합한 급액이 된다.

- 정근수당 : 10년 이상 근무한 직원의 정근수당은 기본급의 50%이므로 3,000,000 × 50% = 1,500,000원이다.
- 명절휴가비 : 해당 없다.
- 가계지원비 : 3,000,000 × 40% = 1,200,000원
- 정액급식비 : 130,000원
- 교통보조비 : 200,000원

따라서 3,000,000 + 1,500,000 + 1,200,000 + 130,000 + 200,000 = 6,030,000원이다.

12 ③

태양광, 바이오, 풍력, 석탄의 경우는 '늘려야 한다.'와 '줄여야 한다.'는 의견이 각각 절반 이상의 비중을 차지하는 에너지원이다.

① 줄여야 한다는 의견이 압도적으로 많은 것은 석탄의 경우뿐이다.
② 석탄의 경우는 제외된다.
④ 바이오는 풍력보다 늘려야 한다는 의견이 더 많지만 줄여야 한다는 의견은 더 적다.
⑤ LNG는 유지 > 늘림 > 줄임 > 모름 순서인 것에 비해 원자력은 유지 > 줄임 > 늘림 > 모름 순서로 나타났다.

13 ③

③ S공사 본사에서 유럽사무소로의 출장 횟수가 많은 해부터 나열하면 09년, 11년, 12년, 14년, 13년, 15년, 17년, 10년, 16년 순이다.

14 ③

2호선 유아수유실은 11개이고, 전체 유아수유실은 88개이다. 따라서 2호선의 유아수유실이 차지하는 비율은

$\frac{11}{88} \times 100 = 12.5\%$

15 ①

① 7호선의 유아수유실은 23개로 가장 많고, 1호선의 유아수유실은 2개로 가장 적다.

16 ②

주어진 2개의 자료를 통하여 다음과 같은 상세 자료를 도출할 수 있다.

(단위 : 건, %)

연도 \ 노선		1호선	2호선	3호선	4호선	합
2017	아동	37	159	11	2	209
	범죄율	17.7	76.1	5.3	1.0	
	비아동	187	112	71	37	407
	범죄율	45.9	27.5	17.4	9.1	
	전체	224	271	82	39	616
	전체 범죄율	36.4	44.0	13.3	6.3	
2018	아동	63	166	4	5	238
	범죄율	26.5	69.7	1.7	2.1	
	비아동	189	152	34	56	431
	범죄율	43.9	35.3	7.9	13.0	
	전체	252	318	38	61	669
	전체 범죄율	37.7	47.5	5.7	9.1	

따라서 이를 근거로 〈보기〉의 내용을 살펴보면 다음과 같다.

㈎ 2018년 비아동 상대 범죄 발생건수는 3호선이 71건에서 34건으로 전년보다 감소하였다. (×)
㈏ 2018년의 전년 대비 아동 상대 범죄 발생건수의 증가폭은 238 − 209 = 29건이며, 비아동 상대 범죄 발생건수의 증가폭은 431 − 407 = 24건이 된다. (○)
㈐ 2018년의 노선별 전체 범죄율이 10% 이하인 노선은 5.7%인 3호선과 9.1%인 4호선으로 2개이다. (×)
㈑ 2호선은 2017년과 2018년에 각각 44.0%와 47.5%의 범죄율로, 두 해 모두 전체 범죄율이 가장 높은 노선이다. (○)

17 ⑤

앞 문제에서 정리한 바와 같이 2018년의 비아동 상대 범죄의 범죄율은 1~4호선별로 각각 43.9%, 35.3%, 7.9%, 13.0%이므로, 1호선 - 2호선 - 4호선 - 3호선 순으로 범죄율이 높은 것을 알 수 있다.

18 ①

㉠과 ㉢에 의해 A − D − C 순서이다.
㉥에 의해 나머지는 모두 C 뒤에 들어왔다는 것을 알 수 있다.
㉡과 ㉤에 의해 B − E − F 순서이다.
따라서 A − D − C − B − E − F 순서가 된다.

19 ③

- A가 선정되면 B도 선정된다. → A→B ············· ⓐ
- B와 C가 모두 선정되는 것은 아니다.
  → ~(B∧C) = ~B∨~C ············· ⓑ
- B와 D 중 적어도 한 도시는 선정된다.
  → B∨D ············· ⓒ
- C가 선정되지 않으면 B도 선정되지 않는다.
  → ~C→~B ············· ⓓ

ⓑ와 ⓓ를 통해 ~B는 확정
ⓐ와 ~B를 통해 ~A도 확정
ⓒ와 ~B를 통해 D도 확정
㉠ A와 B 가운데 적어도 한 도시는 선정되지 않는다. → 참
㉡ B도 선정되지 않고, C도 선정되지 않는다.
  →B는 선정되지 않지만 C는 알 수 없음
㉢ D는 선정된다. → 참

20 ②

제11조 제2항에 따르면 사용자가 제1항 단서의 사유가 없거나 소멸되었음에도 불구하고 2년을 초과하여 기간제 근로자로 사용하는 경우에는 그 기간제 근로자는 기간의 정함이 없는 근로계약을 체결한 근로자로 본다. 따라서 ②의 경우 기간제 근로자로 볼 수 없다.
① 2년을 초과하지 않는 범위이므로 기간제 근로자로 볼 수 있다.
③ 제11조 제1항 제3호에 따른 기간제 근로자로 볼 수 있다.
④ 제11조 제1항 제1호에 따른 기간제 근로자로 볼 수 있다.
⑤ 제11조 제1항 제2호에 따른 기간제 근로자로 볼 수 있다.

21 ④

④ 수소를 제조하는 시술에는 화석연료를 열분해·가스화하는 방법과 원자력에너지를 이용하여 물을 열화학분해하는 방법, 재생에너지를 이용하여 물을 전기분해하는 방법, 그리고 유기성 폐기물에서 얻는 방법 등 네 가지 방법이 있다.

22 ①

각각의 수단들에 대한 보완적 평가방식을 적용했을 시의 평가점수는 아래와 같다.
비행기 : $(40×9)+(30×2)+(20×4)=500$
고속철도 : $(40×8)+(30×5)+(20×5)=570$
고속버스 : $(40×2)+(30×8)+(20×6)=440$
오토바이 : $(40×1)+(30×9)+(20×2)=350$
도보 : $(40×1)+(30×1)+(20×1)=90$

평가 기준	중요도	이동수단들의 가치 값				
		비행기	고속 철도	고속 버스	오토 바이	도보
속도감	40	9	8	2	1	1
경제성	30	2	5	8	9	1
승차감	20	4	5	6	2	1
평가점수		500	570	440	350	90

∴ 각 수단들 중 가장 높은 값인 고속철도가 5명의 목적지까지의 이동수단이 된다.

23 ⑤

위반행위가 둘 이상인 경우로서 그에 해당하는 각각의 처분기준이 다른 경우에는 그중 무거운 처분기준에 따르므로 부상자가 발생한 경우(효력 정지 6개월)가 1천만 원 이상 물적 피해가 발생한 경우(효력 정지 3개월)보다 무거운 처분이므로 효력 정지 6개월의 처분을 받게 된다.

24 ②

㉠ 甲이 총 3번의 대결을 하면서 각 대결에서 승리할 확률이 가장 높은 전략부터 순서대로 선택한다면, C전략→B전략→A전략으로 각각 1회씩 사용해야 한다. → 옳음
㉡ 甲이 총 5번의 대결을 하면서 각 대결에서 승리할 확률이 가장 높은 전략부터 순서대로 선택한다면, C전략→B전략→A전략→A전략→C전략으로 5번째 대결에서는 C전략을 사용해야 한다. → 틀림
㉢ 甲이 1개의 전략만을 사용하여 총 3번의 대결을 하면서 3번 모두 승리할 확률을 가장 높이려면, 3번의 승률을 모두 곱했을 때 가장 높은 A전략을 선택해야 한다. → 옳음
㉣ 甲이 1개의 전략만을 사용하여 총 2번의 대결을 하면서 2번 모두 패배할 확률을 가장 낮추려면, 2번 모두 패할 확률을 곱했을 때 가장 낮은 C전략을 선택해야 한다. → 틀림

25 ②

하급자를 상급자에게 먼저 소개해 주는 것이 일반적이며, 비임원을 임원에게 먼저 소개하여야 한다. 또한 정부 고관의 직급명은 퇴직한 경우라고 사용하는 것이 관례이다.

26 ③

조직도를 보면 6실 44처로 구성되어 있다.

27 ②

'결재권자는 업무의 내용에 따라 이를 위임하여 전결하게 할 수 있다'고 규정되어 있으나, 동시에 '이에 대한 세부사항은 따로 규정으로 정한다.'고 명시되어 있다. 따라서 여건에 따라 상황에 맞는 전결권자를 지정한다는 것은 규정에 부합하는 행위로 볼 수 없다.

③ 전결과 대결은 모두 실제 최종 결재를 하는 자의 원 결재란에 전결 또는 대결 표시를 하고 맨 오른쪽 결재란에 서명을 한다는 점에서 문서 양식상의 결재방식이 동일하다.

28 ③

결재 문서가 아니라도 처리과의 장이 중요하다고 인정하는 문서는 문서등록대장에 등록되어야 한다고 규정하고 있으므로 신 과장의 지침은 적절하다고 할 수 있다.

① 같은 날짜에 결재된 문서인 경우 조직 내부 원칙에 의해 문서별 우선순위 번호를 부여해야 한다.

② 중요성 여부와 관계없이 내부 결재 문서에는 모두 '내부 결재' 표시를 하도록 규정하고 있다.

④ 보고서에는 별도의 보존기간 기재란이 없으므로 문서의 표지 왼쪽 위의 여백에 기재란을 마련하라고 규정되어 있으나, 기안 문서에는 문서 양식 자체에 보존기간을 기재하는 것이 일반적이므로 조 사원의 판단은 옳지 않다.

⑤ 최종 결재권을 위임받은 자가 본부장이므로 본부장이 결재를 한 것이 '전결'이 되며, 본부장 부재 시에 팀장이 대신 결재를 한 것은 '대결'이 된다.

29 ②

DCOUNT는 조건을 만족하는 개수를 구하는 함수로, [A2:F7]영역에서 '2015'(2015년도 종사자 수)가 25보다 작고 '2019'(2019년도 종사자 수)가 19보다 큰 레코드의 수는 1이 된다. 조건 영역은 [A9:B10]이 되며, 조건이 같은 행에 입력되어 있으므로 AND 조건이 된다.

30 ④

시간대별 날씨에서 현재시간 15시에 31도를 나타내고 있다. 하지만, 자정이 되는 12시에는 26도로써 온도가 5도 정도 낮아져서 현재보다는 선선한 날씨가 된다는 것을 알 수 있다.

31 ③

INDEX(범위, 행, 열)이고 MOD 함수는 나누어 나머지를 구해서 행 값을 구한다.

INDEX 함수 = INDEX($E$2:$E$4, MOD(A2 − 1, 3) + 1)

범위 : $E$2:$E$4

행 : MOD(A2 − 1, 3) + 1

MOD 함수는 나머지를 구해주는 함수 = MOD(숫자, 나누는 수), MOD(A2 − 1, 3) + 1의 형태로 된다.

A2의 값이 1이므로 1 − 1 = 0, 0을 3으로 나누면 나머지 값이 0이 되는데 0 + 1을 해줌으로써 INDEX($E$2:$E$4, 1)이 된다.

번호 6의 김윤중의 경우

INDEX($E$2:$E$4, MOD(A7 − 1, 3) + 1)

6(A7의 값) − 1 = 5, 5를 3으로 나누면 나머지가 2

2 + 1 = 3이므로 3번째 행의 총무팀 값이 들어감을 알 수 있다.

32 ⑤

시간자원, 예산자원, 인적자원, 물적자원은 많은 경우에 상호 보완적으로 또는 상호 반대급부의 의미로 영향을 미치기도 한다. 주어진 글과 같은 경우 뿐 아니라 시간과 돈, 인력과 시간, 인력과 돈, 물적자원과 인력 등 많은 경우에 있어서 하나의 자원을 얻기 위해 다른 유형의 자원이 동원되기도 한다.

보기 ④에서 언급한 자원의 유한성이라는 의미는 이미 외국과의 교류를 포함한 가치이며, 지구 환경과 생태계에 대한 국제적 논의가 활발해짐에 따라 지구촌에서의 자원의 유한성 문제가 갈수록 부각되고 있다.

33 ④

길동이는 적어도 새로운 T 퓨전 음식점을 개업할 때 얻게 되는 이윤만큼 연봉을 받아야만 '맛나 음식점'에서 계속 일할 것이다. 새로운 음식점을 개업할 때 기대되는 이윤은 기대 매출액(3.5억 원) − 연간영업비용(8,000만 원 + 7,000만 원 + 6,000만 원) − 임대료(3,000만 원) − 보증금의 이자부담액(3억 원의 7.5%) = 8,750만 원이 된다. 따라서 최소한 8,750만 원의 연봉을 받아야 할 것으로 판단하는 것이 합리적이다.

34 ⑤

예산이 월 3천만 원이므로 예산을 초과하는 KTX는 선택지에서 제외하고, 나머지 광고수단별 광고효과를 계산하여 효과가 가장 큰 광고수단을 선택하면 된다.

• TV : $\frac{3 \times 1,000,000}{30,000} = 100$

• 버스 : $\frac{1 \times 31 \times 100,000}{20,000} = 155$

• 지하철 : $\frac{60 \times 31 \times 2,000}{25,000} = 148.8$

• 포털사이트 : $\frac{50 \times 31 \times 5,000}{30,000} = 258.333 \cdots$

35 ③

ⓒ 최초 제품 생산 후 4분이 경과하면 두 번째 제품이 생산된다.

A 공정에서 E 공정까지 첫 번째 완제품을 생산하는 데 소요되는 시간은 12분이다. C 공정의 소요 시간이 2분 지연되어도 동시에 진행되는 B 공정과 D 공정의 시간이 7분이므로, 총소요시간에는 변화가 없다.

36 ③

③ 선로전환기가 쇄정되어 있지 아니한 곳을 운행할 때는 15킬로미터 이하로 운행하여야 한다.

37 ①

① 자기 계발 능력
② 조직 이해 능력
③ 대인 관계 능력
④ 정보 능력
⑤ 자원 관리 능력

38 ②

팀워크의 개념 설명을 근거로 좋은 팀워크에 해당하는 사례를 찾는 문제로 좋은 팀워크를 판단하려면 개념과 응집력의 차이를 정확히 숙지하여야 한다.
㉠ 협동 또는 교류보다는 경쟁을 모토로 삼는다는 것은 팀보다는 개인을 우선하는 것이므로 팀워크를 저해하는 측면이 있다.
㉡ 좋은 팀워크를 가진 팀이라도 의견충돌이나 갈등은 존재할 수 있지만 이런 상황이 지속되지 않고 해결된다. B팀의 경우 출시일자를 놓고 의견충돌이 있었지만 다음 회의 때 해결되는 모습을 보여주므로 좋은 팀워크 사례로 볼 수 있다.
㉢ C팀은 팀원 간에 친밀도는 높지만 업무처리가 비효율적이라 팀워크를 저해하는 요소를 지니고 있다.

39 ①

㉠ **전문가의식** : 자신의 일이 누구나 할 수 있는 것이 아니라 해당 분야의 지식과 교육을 밑바탕으로 성실히 수행해야만 가능한 것이라 믿고 수행하는 태도
㉡ **천직의식** : 자신의 일이 자신의 능력과 적성에 꼭 맞는다 여기고 그 일에 열성을 가지고 성실히 임하는 태도
㉢ **소명의식** : 자신이 맡은 일은 하늘에 의해 맡겨진 일이라고 생각하는 태도
㉣ **직분의식** : 자신이 하고 있는 일이 사회나 기업을 위해 중요한 역할을 하고 있다고 믿고 자신의 활동을 수행하는 태도

40 ⑤

① 근면에 대한 내용이다.
② 책임감에 대한 내용이다.
③ 경청에 대한 내용이다.
④ 솔선수범에 대한 내용이다.

✎ **직무수행능력평가(궤도 · 토목일반)**

1 ②

궤도강도 증진은 궤도 구성 요소, 즉 레일, 침목, 도상의 개량을 말한다.

2 ⑤

①②④은 축방향력, ③은 수직력에 해당한다.

3 ③

호륜(가드)레일은 열차의 이선진입, 탈선 등 위험이 예상되는 개소에 설치하는 것을 말한다.

4 ③

콘크리트 침목의 장단점

장점	단점
• 부식우려가 없고 내구연한이 길다.	• 중량물로 취급이 곤란하다
• 궤도틀림이 적다.	• 탄성이 부족하다.
• 보수비가 적어 경제적이다.	• 전기절연성이 목침목보다 떨어진다.

5 ②

레일 이음매는 구조가 간단하고 철거가 용이해야 한다.

6 ④

마모 방지용 레일은 급곡선부의 외부 레일의 두부 내측이 차륜에 의한 마모가 심하므로 곡선 내궤의 외측에 부설하며, 탈선 방지용 레일보다 좁아야 효과가 있다.

7 ⑤

㉠㉣㉥은 정적하중, ㉡㉢㉦는 열차가 운행된 영향으로 인한 동적하중이다.

8 ⑤

모두 특수이음매에 해당한다.

9 ⑤

① 궤도에 작용하는 힘의 발생원인은 열차하중과 온도변화이다.
② 하중은 두 개의 레일에 걸쳐 균등하게 분포되지 않는다.
③ 하중은 정량화하기가 매우 어렵다.
④ 궤도에 작용되는 힘은 정하중과 동하중의 합이다.

10 ④

레일의 구성 원소는 탄소, 규소, 망간, 인, 유황이다. 이 중 유황은 강재에 가장 유해로운 성분으로 적열상태에서 압연 작업 중 균열이 발생한다.

11 ④

$K = \dfrac{P}{r} = \dfrac{22}{2} = 11 kg/cm^3$ 이다.

$K = 5 kg/cm^3$: 불량도상, $K = 9 kg/cm^3$: 양호도상, $K = 13 kg/cm^3$: 우량도상으로 구분한다. 따라서 양호노반에 가깝다.

12 ①

$C = 11.8 \dfrac{V^2}{R} - C_d = 11.8 \dfrac{100^2}{800} - 40 = 107.5$

$\fallingdotseq 108mm$

13 ④

$C = 11.8 \dfrac{V^2}{R} - C' = 11.8 \dfrac{100^2}{1,000} - 38 = 118 - 38$

$= 80mm$

14 ②

$S = \dfrac{2,400}{R} - C' = \dfrac{2,400}{600} - 2 = 2mm$

15 ⑤

$R = 400m$ 에서 $R = 600m$ 캔트의 차이

$11.8 \dfrac{80^2}{400} - 40 = 149mm$

$11.8 \dfrac{80^2}{600} - 40 = 86mm$

캔트 체감거리 = $(149 - 86) \times 600 = 37.80m$

16 ⑤

선하중재하공법은 압밀공법으로 점성토에 적용되는 공법이다.

17 ①

$\dfrac{dx}{u} = \dfrac{dy}{v} = \dfrac{dz}{w}$ 이므로 $\dfrac{dx}{-ky} = \dfrac{dy}{kx}$ 이다.

따라서 $kxdx + kydy = 0$, $xdx + ydy = 0$
$x^2 + y^2 = c$ 이므로 원이다.

18 ①

T형보(대칭 T형보)에서 플랜지의 유효폭

$16t_f + b_w = 16 \times 100 + 400 = 2,000 [mm]$

양쪽슬래브의 중심간 거리 : $2,100 [mm]$

보 경간의 1/4 : $10,000 \times 1/4 = 2,500 [mm]$

위의 값 중 최솟값을 적용해야 한다.

19 ⑤

PS강재의 응력은 항복응력 도달 이후에도 파괴시까지 점진적으로 증가하기 때문이다.

20 ③

$V = \dfrac{1}{2}(A_{10} + 2A_{11} + A_{12}) \cdot 20$

$= \dfrac{1}{2}(318 + 2 \cdot 512 + 682) \cdot 20 = 20,240 [m^2]$

21 ⑤

$P_{cr} = \dfrac{\pi^2 EI}{(kl)^2} = \dfrac{C}{(kl)^2}$ $(C = \pi^2 EI)$

$P_{cr1} : P_{cr2} : P_{cr3} : P_{cr4}$

$= \dfrac{C}{(0.5 \times 2L)^2} : \dfrac{C}{(1 \times L)^2} : \dfrac{C}{(2 \times 0.5L)^2} : \dfrac{C}{(0.7 \times 1.2L)^2}$

$= 1.0 : 1.0 : 1.0 : 1.4$

22 ③

부재를 보고 직관적으로 답을 고를 수 있는 문제이다.
부재의 좌측을 살펴보면 8t의 하중이 작용하고 있으나 A점에 대해 1m의 거리에 불과하며 A지점에 시계방향의 모멘트가 작용하므로 A지점의 우측부는 8t·m보다 작은 크기의 모멘트가 발생할 수밖에 없다. 한편 B지점 우측에서 10t·m의 휨모멘트가 발생하므로 B지점에서 최대휨모멘트가 발생하게 된다.

23 ①

$y_1 = \dfrac{P_1 l^3}{3EI}$, $y_2 = \dfrac{P_2 \left(\dfrac{3}{5}l\right)^3}{3EI} = \dfrac{27}{125} \cdot \dfrac{P_2 l^3}{3EI}$

$y_1 = y_2$ 이므로 $\dfrac{P_1}{P_2} = \dfrac{27}{125} = 0.216$

24 ③

단면상승모멘트의 값은 음의 값도 가질 수 있다.

25 ④

부재 AF, CD를 제외한 나머지 모든 부재가 0부재가 된다.

26 ②

$$I_{XY} = I_{XY1} - I_{XY2}$$
$$= (120 \times 80) \times 60 \times 40 - (80 \times 60) \times 80 \times 50$$
$$= 384 \times 10^4 \text{cm}^4$$

27 ②

카스틸리아노의 제1정리에 관한 설명이다.

28 ③

구차 $h = \dfrac{D^2}{2R}$ 에서

$D^2 = 2Rh = 2 \cdot 6370 \cdot (0.350 + 0.0018)$

따라서, $D = 66.947$[km]

29 ③

캔트

$$C = \frac{bV^2}{gR} = \frac{1073 \cdot 70^2}{9.8 \cdot 3.6^2 \cdot 700} = 59.138 \text{[mm]}$$

30 ⑤

전시와 후시를 같게 한다고 해도 표척의 조정 불완전으로 인하여 발생하는 오차는 소거할 수 없다.

31 ②

경중률은 미지의 관측에서 각 관측값의 정밀도가 동일하지 않을 경우에 어떤 계수를 곱하여 각 관측값 간의 균형을 이루게 한 후 최확값을 구할 때 사용하는 계수로서 개별관측 값들의 신뢰도를 나타낸다

32 ③

두 점 사이의 실제거리는 $6.73 \times 25,000 = 168,250$[cm]

$$\frac{1}{m} = \frac{\text{도상거리}}{\text{실제거리}} = \frac{11.21}{168,250} \fallingdotseq \frac{1}{15,000}$$

33 ③

Engineering-News 공식(단동식 증기해머)
허용지력력

$$R_a = \frac{R_u}{F} = \frac{W_H \cdot H}{6(S + 0.25)} = \frac{2.5 \cdot 300}{6(1 + 0.25)} = 100 \text{[t]}$$

(Engineering-News 공식의 안전율 6)

34 ③

이론상 모래의 내부마찰각은 0보다 큰 값을 가지게 되며, 점성토의 내부마찰각은 0으로 본다.

35 ①

표준관입시험은 동적인 사운딩이다.

36 ③

부분 프리스트레싱은 부재단면의 일부에 인장응력이 발생하며 완전 프리스트레싱은 부재단면에 인장응력이 발생하지 않는다.

37 ⑤

㉠ 갈고리는 압축을 받는 경우 철근정착에 유효하지 않은 것으로 본다.

㉢ f_{sp}값이 규정되어 있지 않은 경우 모래경량콘크리트계수 는 1.0이다.

38 ②

$\beta_1 = 0.85 - (29 - 28) \cdot 0.007 = 0.843$

$$\rho_b = \frac{0.85 f_{ck} \beta_1}{f_y} \cdot \frac{600}{600 + f_y}$$
$$= \frac{0.85 \cdot 29 \cdot 0.843}{300} \cdot \frac{600}{600 + 300} = 0.046$$

39 ④

A급이음 … 배치된 철근량이 이음부 전체 구간에서 해석결과 요구되는 소요철근량의 2배 이상이고 소요겹침이음길이 내 겹침이음된 철근이 전체 철근량의 1/2 이상인 경우

40 ③

$$e \leq \frac{h}{6} = \frac{54}{6} = 9 \text{[cm]}$$

제3회 정답 및 해설

✎ 직업기초능력평가

1 ④

④ '초월(超越)'은 어떠한 한계나 표준을 뛰어넘는다는 의미로 해당 맥락에서는 어떤 결과를 가져오게 함을 뜻하는 '초래(招來)'를 사용하는 것이 적절하다.

2 ④

④ 혼인이나 제사 따위의 관혼상제 같은 어떤 의식을 치르다.
① 사람이 어떤 장소에서 생활을 하면서 시간이 지나가는 상태가 되게 하다.
② 서로 사귀어 오다.
③ 과거에 어떤 직책을 맡아 일하다.
⑤ 계절, 절기, 방학, 휴가 따위의 일정한 시간을 보내다.

3 ②

'일절'과 '일체'는 구별해서 써야 할 말이다. '일절'은 부인하거나 금지할 때 쓰는 말이고, '일체'는 전부를 나타내는 말이다.

4 ①

배경지식이 전혀 없던 상태에서는 X선 사진을 관찰하여도 아무 것도 찾을 수 없었으나 이론과 실습 등을 통하여 배경지식을 갖추고 난 후에는 X선 사진을 관찰하여 생리적 변화, 만성 질환의 병리적 변화, 급성질환의 증세 등의 현상을 알게 되었다는 것을 보면 관찰은 배경지식에 의존한다고 할 수 있다.

5 ④

甲은 정치적 안정 여부에 대하여 '정당체제가 어떤 권력 구조와 결합하는가에 따라 결정된다. 의원내각제는 양당제와 다당제 모두와 조화되어 정치적 안정을 도모할 수 있는 반면 혼합형과 대통령제의 경우 정당체제가 양당제일 경우에만 정치적으로 안정되는 현상을 보인다.'고 주장하였으므로, 甲의 견해에 근거할 때 정치적으로 가장 불안정할 것으로 예상되는 정치체제는 대통령제이면서 정당체제가 양당제가 아닌 경우이다. 따라서 권력구조는 대통령제를 선택하고 의원들은 비례대표제 방식을 통해 선출하는(→대정당과 더불어 군소정당이 존립하는 다당제 형태) D형이 정치적으로 가장 불안정하다.

6 ④

④ 다섯 번째 카드에서 교통약자석에 대한 인식 부족으로 교통약자석이 제 기능을 못하고 있다는 지적은 있지만, 그에 따른 문제점들을 원인에 따라 분류하고 있지는 않다.
① 첫 번째 카드
② 세 번째 카드
③ 네 번째 카드
⑤ 여섯 번째 카드

7 ②

② 카드 뉴스는 신문 기사와 달리 글과 함께 그림을 비중 있게 제시하여 의미 전달을 효과적으로 하고 있다.
① 통계 정보는 (나)에서만 활용되었다.
③ 표제와 부제의 방식으로 제시한 것은 (나)이다.
④ 비유적이고 함축적인 표현들은 (가), (나) 모두에서 사용되지 않았다.
⑤ 신문 기사는 표정이나 몸짓 같은 비언어적 요소를 활용할 수 없다.

8 ①

한 달 동안의 통화 시간 t $(t=0,1,2,\cdots)$ 에 따른
요금제 A 의 요금
$y=10,000+150t$ $(t=0,1,2,\cdots)$
요금제 B 의 요금
$\begin{cases} y=20,200 & (t=0,1,2,\cdots,60) \\ y=20,200+120(t-60) & (t=61,62,63,\cdots) \end{cases}$
요금제 C 의 요금
$\begin{cases} y=28,900 & (t=0,1,2,\cdots,120) \\ y=28,900+90(t-120) & (t=121,122,123,\cdots) \end{cases}$
㉠ B 의 요금이 A 의 요금보다 저렴한 시간 t 의 구간은
$20,200+120(t-60)<10,000+150t$ 이므로
$t>100$
㉡ B 의 요금이 C 의 요금보다 저렴한 시간 t 의 구간은
$20,200+120(t-60)<28,900+90(t-120)$ 이므로
$t<170$
따라서 $100<t<170$ 이다.
∴ $b-a$ 의 최댓값은 70

9 ②

조건 ㈎에서 R 석의 티켓의 수를 a, S 석의 티켓의 수를 b, A 석의 티켓의 수를 c 라 놓으면

$a+b+c=1,500$ ……… ㉠

조건 ㈏에서 R 석, S 석, A 석 티켓의 가격은 각각 10만 원, 5만 원, 2만 원이므로

$10a+5b+2c=6,000$ ……… ㉡

A 석의 티켓의 수는 R 석과 S 석 티켓의 수의 합과 같으므로

$a+b=c$ ……… ㉢

세 방정식 ㉠, ㉡, ㉢을 연립하여 풀면

㉠, ㉢에서 $2c=1,500$ 이므로 $c=750$

㉠, ㉡에서 연립방정식

$\begin{cases} a+b=750 \\ 2a+b=900 \end{cases}$

을 풀면 $a=150$, $b=600$ 이다.

따라서 구하는 S 석의 티켓의 수는 600 장이다.

10 ④

'거리 = 속력 × 시간'을 이용하여 체류시간을 감안한 총 소요 시간을 다음과 같이 정리해 볼 수 있다. 시간은 왕복이므로 2번 계산한다.

활동	이동 수단	거리	속력 (시속)	목적지 체류 시간	총 소요시간
당구장	전철	12km	120km	3시간	3시간 + 0.1시간 × 2 = 3시간 12분
한강공원 라이딩	자전거	30km	15km	–	2시간 × 2 = 4시간
파워워킹	도보	5.4km	3km	–	1.8시간 × 2 = 3시간 36분
북카페 방문	자가용	15km	50km	2시간	2시간 + 0.3시간 × 2 = 2시간 36분
강아지와 산책	도보	3km	3km	1시간	1시간 + 1시간 × 2 = 3시간

따라서 북카페를 방문하고 돌아오는 것이 2시간 36분으로 가장 짧은 소요시간이 걸린다.

11 ④

① $81,000 + (54,000 × 3) = 243,000$원

② $81,000 + 54,000 + 25,000 = 160,000$원

③ $60,000 + (15,000 × 3) + (10,000 × 2) = 125,000$원

④ $75,000 + (35,000 × 3) + 70,000 = 250,000$원

⑤ $211,000$원

12 ③

• 총 45지점이므로 A + B + C + D = 16이다.

• H터미날과 H휴먼스의 직원 수가 같으므로 5 + B = D + 1 이다.

• H메이트의 공장 수와 H코터미날의 공장 수를 합하면 H기술투자의 공장 수와 같으므로 A + B = C이다.

• H메이트의 공장 수는 H휴먼스의 공장 수의 절반이므로 A = 0.5D이다.

위 식을 연립해서 풀면 A = 3, B = 2, C = 5, D = 6이므로 두 번째로 큰 값은 5이다.

13 ③

③ 2008년 G계열사의 영업이익률은 8.7%로 1997년 E계열사의 영업이익률 2.9%의 2배가 넘는다.

① B계열사의 2008년 영업이익률은 나머지 계열사의 영업이익률의 합보다 적다.

② 1997년도에 가장 높은 영업이익률을 낸 계열사는 F, 2008년에 가장 높은 영업이익률을 낸 계열사는 B이다.

④ 1997년 대비 2008년의 영업이익률이 증가한 계열사는 B, C, E, G 4곳이다.

⑤ 1997년과 2008년 모두 영업이익률이 10%을 넘은 계열사는 A, B 2곳이다.

14 ①

주어진 그래프를 통해 다음과 같은 연도별 지역별 무역수지 규모를 정리할 수 있다.

(단위 : 10억 불)

구분	2015	2016	2017
미국	27.7	25.3	20.1
중국	47.3	37.8	44.6
일본	−20.1	−23.0	−28.1
EU	−7.9	−3.9	−3.8
동남아	54.2	57.3	75.5
중동	−38.0	−27.8	−49.9

따라서 무역수지 악화가 지속적으로 심해진 무역 상대국(지역)은 일본뿐인 것을 알 수 있다.

② 매년 무역수지 흑자를 나타낸 무역 상대국(지역)은 미국, 중국, 동남아 3개국(지역)이다.

③ 무역수지 흑자가 매년 감소한 무역 상대국(지역)은 미국뿐이다.

④ 무역수지가 흑자에서 적자 또는 적자에서 흑자로 돌아선 무역 상대국(지역)은 없음을 알 수 있다.

⑤ 매년 무역수지 적자규모가 가장 큰 무역 상대국(지역)은 중동이다.

15 ④

2017년 동남아 수출액은 1,490억 불이므로 전년대비 20% 증가하였다면 2018년 동남아 수출액은 1,788억 불이고, 2017년 EU 수입액은 560억 불이므로 전년대비 20% 감소하였다면 448억 불이다. 따라서 2018년 동남아 수출액과 EU 수입액의 차이는 1,788 − 448 = 1,340억 불이다.

16 ④

조건 1에서 출발역은 청량리이고, 문제에서 도착역은 인천역으로 명시되어 있고 환승 없이 1호선만을 활용한다고 되어 있으므로 청량리~서울역(1,250원), 서울역~구로역(200원 추가), 구로역~인천역(300원 추가)를 모두 더한 값이 수인이와 혜인이의 목적지까지의 편도 운임이 된다. 그러므로 두 사람 당 각각 운임을 계산하면, 1,250 + 200 + 300 = 1,750원(1인당)이 된다. 역의 수는 청량리역~인천역까지 모두 더하면 38개 역이 된다.

17 ⑤

〈조건〉에 의해 각자가 앉을 수 있는 위치는 다음과 같다.
A : 오전의 B 또는 E의 위치
C : 오전의 A 또는 E의 위치
D : 오전의 A 또는 C의 위치
B : 오전의 A의 위치

B가 오전의 A의 위치에 앉는 것이 확정되었으므로, D는 오전의 C의 위치에, C는 오전의 E의 위치에 앉을 수밖에 없으며, 이 경우 A 또한 오전의 B 또는 E의 위치 중 한 자리에 앉게 되므로 결국 오전의 B의 위치에 앉게 된다. 나머지 한 자리인 오전의 D의 위치에는 E가 앉게 된다. 따라서 오전 A의 위치부터 시계방향으로 B − A − D − E − C의 순으로 앉게 된다.

18 ③

① 외부 전시장 사전 답사일인 7월 7일은 토요일이다.
② 丙 사원은 개인 주간 스케줄인 '홈페이지 전시 일정 업데이트' 외에 7월 2일부터 7월 3일까지 '브로슈어 표지 이미지 샘플조사'를 하기로 결정되었다.
④ 2018년 하반기 전시는 관내 전시장과 외부 전시장에서 열릴 예정이다.
⑤ 乙 사원은 7. 2(월)~7. 5(목)까지 상반기 전시 만족도 설문조사를 진행할 예정이다.

19 ⑤

① 김유진 : 3억 5천만 원 × 0.9% = 315만 원
② 이영희 : 12억 원 × 0.9% = 1,080만 원
③ 심현우 : 1,170만 원 + (32억 8천만 원 − 15억 원) × 0.6% = 2,238만 원
④ 이동훈 : 18억 1천만 원 × 0.9% = 1,629만 원
⑤ 김원근 : 2,670만 원 + (3억 원 × 0.5%) = 2,820만 원

20 ④

총 노선의 길이를 연비로 나누어 리터 당 연료비를 곱하면 원하는 답을 다음과 같이 구할 수 있다.
교통편 1 : 500 ÷ 4.2 × 1,000 = 약 119,048원
교통편 2 : 500 ÷ 4.8 × 1,200 = 125,000원
교통편 3 : 500 ÷ 6.2 × 1,500 = 약 120,968원
교통편 4 : 500 ÷ 5.6 × 1,600 = 약 142,857원
따라서 교통비가 가장 적게 드는 교통편은 '교통편 1'이며, 가장 많이 드는 교통편은 '교통편 4'가 된다.

21 ④

각 교통편별로 속도와 정차 역, 정차 시간을 감안하여 최종 목적지인 I 지점까지의 총 소요 시간을 구하여 정리해 보면 다음 표와 같다.

구분	평균속도 (km/h)	운행 시간 (h)	정차 시간(분)	총 소요 시간
교통편 1	60	500 ÷ 60 = 약 8.3	7 × 15 = 105	8.3 + 1.8 = 10.1시간
교통편 2	80	500 ÷ 80 = 약 6.3	4 × 15 = 60	6.3 + 1 = 7.3시간
교통편 3	120	500 ÷ 120 = 약 4.2	3 × 15 = 45	4.2 + 0.8 = 5시간
교통편 4	160	500 ÷ 160 = 약 3.1	2 × 15 = 30	3.1 + 0.5 = 3.6시간

따라서 교통편 1과 교통편 4의 시간 차이는 6.5시간이므로 6시간 30분의 차이가 나는 것을 알 수 있다.

22 ②

② 외부환경요인 분석은 언론매체, 개인 정보망 등을 통하여 입수한 상식적인 세상의 변화 내용을 시작으로 당사자에게 미치는 영향을 순서대로, 점차 구체화하는 것이다.
⑤ 내부환경과 외부환경을 구분하는 기준은 '나', '나의 사업', '나의 회사' 등 환경 분석 주체에 직접적인 관련성이 있는지 여부가 된다. 대내외적인 환경을 분석하기 위하여 이를 적절하게 구분하는 것이 매우 중요한 요소가 된다.

23 ②

② 저렴한 제품을 공급하는 것은 자사의 강점(S)이며, 이를 통해 외부의 위협요인인 대형 마트와의 경쟁(T)에 대응하는 것은 ST 전략이 된다.
① 직원 확보 문제 해결과 매출 감소에 대응하는 인건비 절감 등의 효과를 거둘 수 있어 약점과 위협요인을 최소화하는 WT 전략이 된다.
③ 자사의 강점과 외부환경의 기회 요인을 이용한 SO 전략이 된다.
④ 자사의 기회요인인 매장 앞 공간을 이용해 지역 주민 이동 시 쉼터를 이용할 수 있도록 활용하는 것은 매출 증대에 기여할 수 있으므로 WO 전략이 된다.

⑤ 고객 유치 노하우는 자사의 강점을 이용한 것이며, 이를 통해 편의점 이용률을 제고하는 것은 위협요인을 제거하는 것이 되므로 ST 전략이 된다.

24 ②

제시된 글에서는 조직문화의 기능 중 특히 조직 성과와의 연관성을 언급하고 있기도 하다. 강력하고 독특한 조직문화는 기업이 성과를 창출하는 데에 중요한 요소이며, 종업원들의 행동을 방향 짓는 강력한 지렛대의 역할을 한다고도 볼 수 있다. 그러나 이러한 조직문화가 조직원들의 단합을 이끌어 이직률을 일정 정도 낮출 수는 있으나, 외부 조직원을 흡인할 수 있는 동기로 작용한다고 보기는 어렵다. 오히려 강력한 조직문화가 형성되어 있을 경우, 외부와의 융합이 어려울 수 있으며, 타 조직과의 단절을 통하여 '그들만의 세계'로 인식될 수 있다. 따라서 조직문화를 통한 외부 조직원의 흡인은 조직문화를 통해 기대할 수 있는 기능으로 볼 수는 없다.

25 ④

경영전략을 수립하고 각종 경영정보를 수집/분석하는 업무를 하는 기획팀에서 요구되는 자질은 재무/회계/경제/경영지식, 창의력, 분석력, 전략적 사고 등이다.

26 ⑤

감사실장, 이사회의장, 비서실장, 미래 전략실장, A부사장은 모두 사장과 직접적인 업무 라인으로 연결되어 있으므로 직속 결재권자가 사장이 된다.

27 ④

백만 불 이상 예산이 집행되는 사안이므로 최종 결재권자인 사장을 대동하여 출장을 계획하는 것은 적절한 행위로 볼 수 있다.
① 사장 부재 시 차상급 직위자는 부사장이다.
② 출장 시 본부장은 사장, 직원은 본부장에게 각각 결재를 득하면 된다.
③ 결재권자의 부재 시, 차상급 직위자의 전결로 처리하되 반드시 결재권자의 업무 복귀 후 후결로 보완한다는 규정이 있다.
⑤ 직원의 해외 출장 결재권자는 본부장이다. 따라서 F팀 직원은 해외 출장을 위해 C본부장에게 최종 결재를 득하면 된다.

28 ③

FREQUENCY(배열1, 배열2) : 배열2의 범위에 대한 배열1 요소들의 빈도수를 계산
*PERCENTILE(범위, 인수) : 범위에서 인수 번째 백분위수 값
함수 형태 = FREQUENCY(Data_array, Bins_array)

Data_array : 빈도수를 계산하려는 값이 있는 셀 주소 또는 배열
Bins_array : Data_array를 분류하는데 필요한 구간 값들이 있는 셀 주소 또는 배열
수식 : { = FREQUENCY(B3:B9, E3:E6)}

29 ④

MIN 함수에서 최소값을 반환한 후, IF 함수에서 "이상 없음" 문자열이 출력된다. B3의 내용이 1로 바뀌면 출력은 "부족"이 된다.
㉠ 반복문은 사용되고 있지 않다.
㉢ 현재 입력으로 출력되는 결과물은 "이상 없음"이다.

30 ③

책꽂이 20개를 제작하기 위해서는 칸막이 80개, 옆판 40개, 아래판 20개, 뒤판 20개가 필요하다. 재고 현황에서 칸막이는 40개, 옆판 30개가 있으므로 추가적으로 필요한 칸막이와 옆판의 개수는 각각 40개, 10개이다.

31 ⑤

완성품 납품 개수는 총 100개이다. 완성품 1개당 부품 A는 10개가 필요하므로 총 1,000개가 필요하고, B는 300개, C는 500개가 필요하다. 이때 각 부품의 재고 수량에서 A는 500개를 가지고 있으므로 필요한 1,000개에서 가지고 있는 500개를 빼면 500개의 부품을 주문해야 한다. 이와 같이 계산하면 부품 B는 180개, 부품 C는 250개를 주문해야 한다.

32 ①

구매 제한가격에 따라 다 업체에서는 C 물품을 구매할 수 없다. 나머지 가, 나, 라 업체의 소모품 구매 가격을 정리하면 다음과 같다.

구분	구매 가격
가 업체	$(12,400 \times 2) + (1,600 \times 3) + (2,400 \times 2) + (1,400 \times 2) + (11,000 \times 2) = 59,200$원
나 업체	$(12,200 \times 2) + (1,600 \times 3) + (2,450 \times 2) + (1,400 \times 2) + (11,200 \times 2) = 59,300$원
라 업체	$(12,500 \times 2) + (1,500 \times 3) + (2,400 \times 2) + (1,300 \times 2) + (11,300 \times 2) = 59,500$원

따라서 가장 저렴한 가격에 소모품을 구입할 수 있는 곳은 가 업체로 구매 가격은 59,200원이다.

33 ④

④ 잉크패드는 사용자가 직접 교체할 수 없고 고객지원센터의 전문가만 교체할 수 있다.

34 ②

단계 1은 문제 분석 단계이다.

단계 2는 순서도 작성 단계이다.

단계 3은 코딩·입력 및 번역 단계이다.

단계 4는 모의 실행 단계이므로 '논리적 오류'를 발견할 수 있다.

35 ③

발전소에서 생산된 전기는 변전소로 이동하기 전, 전압을 높이고 전류를 낮추는 승압(A) 과정을 거쳐 송전(B)된다. 또한 변전소에 공급된 전기는 송전 전압보다 낮은 전압으로 만들어져 여러 군데로 배분되는 배전(C) 과정을 거치게 되는데, 배전 과정에서 변압기를 통해 22.9KV의 전압을 가정에서 사용할 수 있는 최종 전압인 220V로 변압(D)하게 된다. 따라서 빈칸에 알맞은 말은 순서대로 '승압, 송전, 배전, 변압'이 된다.

36 ⑤

A 의원은 서번트 리더십의 중요성을 강조하고 있다. 이러한 서번트 리더십은 인간 존중을 바탕으로 다른 구성원들이 업무 수행에 있어 자신의 잠재력을 최대한 발휘할 수 있도록 도와 주는 리더십을 의미한다. ①번은 감성 리더십, ②번은 카리스마 리더십, ③번은 거래적 리더십, ④번은 셀프 리더십을 각각 설명한 것이다.

37 ②

C는 주제와 상관없는 사항을 거론하며 상대를 깎아 내리는 발언을 하고 있으므로 C가 토의를 위한 기본적인 태도를 제대로 갖추지 못한 사람이라고 볼 수 있다.

38 ②

② 협력을 장려하는 환경을 조성하기 위해서는 팀원들이 침묵을 지키는 것을 존중하여야 한다.

39 ⑤

명함은 손아랫사람이 먼저 건네야 한다. 더불어서 지위 또는 직책 등이 낮은 사람이 먼저 명함을 건넨다.

※ **명함 교환 시의 기본 매너**

  ㉠ 명함은 항상 넉넉히 준비한다.

  ㉡ 명함은 자리에 앉기 전에 교환한다.

  ㉢ 상대에게 명함을 건네면서 소속과 이름을 밝힌다.

  ㉣ 상대로부터 받은 명함은 그 자리에서 확인하며, 한자 등의 다소 읽기 어려운 글자는 정중히 물어서 회사명과 이름을 틀리지 않아야 한다.

  ㉤ 상대로부터 명함을 받은 후에 곧바로 지갑에 넣지 말고, 미팅이나 또는 회의 시에 테이블 오른 쪽에 꺼내 놓고 이름 및 직함을 부르면서 대화한다.

  ㉥ 상대 앞에서 명함에 낙서하는 것은 곧 상대의 얼굴에 낙서하는 것과 같음을 의미하며, 더불어서 명함을 손가락 사이에 끼고 돌리는 등의 손장난을 하는 것은 상대방을 무시하는 것과 같다.

  ㉦ 명함은 스스로의 것과 상대방 것을 구분해서 넣어둔다. 만약의 경우 급한 순간에 타인의 명함을 상대에게 줄 수도 있기 때문이다.

  ㉧ 상대로부터 받은 명함을 절대 그냥 두고 오는 일이 없도록 해야 한다.

40 ②

엘리베이터에서는 버튼 대각선 방향의 뒤 쪽이 상석이 된다.

※ **엘리베이터 상석의 위치**

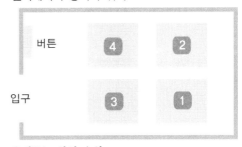

* 번호는 상석 순위

1 ④

ⓒ 차량의 사행동은 궤도틀림에 따라 좌우방향으로 흔들리면서 운행하므로 횡압에 크게 작용한다.

2 ③

궤도 응력 계산 시 레일 저부의 인장응력만 검토한다.

3 ②

현접법은 이음매부를 침목 사이의 중앙부에 두는 것을 말하며 지접법은 이음매부를 침목 직상부에 두는 것을 말한다.

4 ④

곡선 외방에 작용하는 초과원심력에 의한 승차감 악화 방지를 위해 설치한다.

5 ⑤

레일 기입사항
㉠ 강괴의 두부방향표시
㉡ 레일중량(kg/m)
㉢ 레일종별
㉣ 전로의 기호
㉤ 레일제작회사
㉥ 제작연도 및 제조월

6 ⑤

레일 온도변화에 의한 축력은 축방향력에 관한 요인이다.

7 ④

$K = 5kg/cm^3$: 불량도상, $K = 9kg/cm^3$: 양호도상,
$K = 13kg/cm^3$: 우량도상으로 구분한다.

8 ③

레일 이음매 및 체결장치는 열차하중과 진동을 흡수할 수 있는 탄성력을 가져야 한다.

9 ④

PC침목은 목침목에 비해 전기절연성이 떨어지는 것이 단점이다.

10 ①

목침목의 방부처리 방법으로는 베셀법(Bethell), 로오리법(Lowry), 뤼핑법(Rueping), 블톤법(Bouiton)이 있다.

11 ⑤

$8,000 \times 64 = 512,000 kg = 512 \text{ton}$

12 ②

침목 배치정수가 $10m$ 당이므로 $10,000/588 = 17$개, 한쪽 침목저항력 $620/2 = 310kg$, m 당 침목개수 $17/10m = 1.7$개$/m$ 에서 $310 \times 1.7 = 527 kg/m$ 이다.

13 ③

횡압

$$Q = \left(\frac{V^2}{127 \times R} - \frac{C}{G+S}\right) \times W$$

$$= \left(\frac{45^2}{127 \times 400} - \frac{72}{1,435 + 9}\right) \times 40 = -0.4t$$

여기서 Q 가 (−)인 경우 구심력, (+)인 경우 원심력에 의한 횡압이다.
$V = 45km/h$ (속도), $R = 400$ (곡선반경),
$C = 72mm$ (캔트), $G = 1.435mm$ (궤간), $S = 9mm$ (슬랙),
$W = 40t$ (중량)

14 ④

레일당 침목 종저항력 : $800kg \times 0.5 = 400kg$
미터당 침목개수 : 16개$/10m = 1.6$개$/m$
미터당 도상종저항력 : $400kg \times 1.6 = 640kg/m$

15 ④

곡선 $800m$ 에서의
$$C = 11.8\frac{V^2}{R} - C' = 11.8\frac{90^2}{800} - 50 = 69.475mm ≒ 69mm$$
최소 캔트 체감거리는 두 곡선의 캔트 차이의 600배이므로
$(189 - 150mm) \times 600 = 23.4m$ 이다.

16 ②

최대전단응력은 $\frac{3}{2}\frac{V}{A}$ 이 된다.

17 ④

B점에 발생하는 휨모멘트는 $\dfrac{L}{2} \cdot w \cdot \dfrac{L}{4} = \dfrac{wL^2}{8}$

A점에는 B점에서 발생하는 모멘트의 절반이 전달되므로 A점의 휨모멘트는 $\dfrac{wL^2}{16}$

A점과 B점의 휨모멘트의 합을 길이 L로 나눈값이 A점의 수직반력이 되므로,

$$\dfrac{\dfrac{wL^2}{8} + \dfrac{wL^2}{16}}{L} = \dfrac{3wL}{16} (\downarrow)$$

18 ②

$$C = \dfrac{bV^2}{gR} = \dfrac{1067 \cdot 100^2}{9.8 \cdot 3.6^2 \cdot 600} = 140 [mm]$$

19 ①

표정은 평판이 일정한 방향이나 방위를 갖도록 설정하는 것이다.
평판 상의 측점 위치와 지상의 측점 위치가 동일 수직선상에 있도록 하는 것은 구심(중심맞추기)이다. 앨리데이드의 기포관이 정중앙에 오도록 맞추는 것은 정준이다.

20 ③

• 유심삼각망 : 동일 측정수에 비해 표면적이 넓고, 정도는 단열보다는 높으나 사변형보다 낮다. 광대한 지역의 측량에 적합하며 정확도가 비교적 높은 편이다.

• 단열삼각망 : 거리에 비하여 측점수가 가장 적으므로 측량이 간단하며 조건식의 수가 적어 정도가 낮다. 노선 및 하천측량과 같이 폭이 좁고 거리가 먼 지역의 측량에 사용한다.

• 사변형삼각망 : 가장 높은 정확도를 얻을 수 있으나 조정이 복잡하고 포함된 면적이 작으며 특히 기선을 확대할 때 주로 사용한다.

21 ④

도면에서 곡선에 둘러싸여 있는 부분의 면적을 구하기에 가장 적합한 방법은 구적기에 의한 방법이다.

22 ⑤

설계속도 $V \le 70km/h$ 일 때, 곡선반경이 600m 미만인 곡선과 직선이 접속하는 곳에 둔다.

23 ④

궤도는 레일, 침목, 도상, 기타 부속품으로 구성된다. 참고로 노반, 선로구조물, 궤도는 선로를 구성한다.

24 ⑤

재하시험에 의한 지지력 결정은 다음과 같이 풀어나간다.

$$q_{t1} = \dfrac{q_y}{2} = \dfrac{60}{2} = 30 [t/m^2]$$

$$q_{t2} = \dfrac{q_u}{3} = \dfrac{100}{3} = 33.3 [t/m^2]$$

위의 값 중 작은 값을 허용지지력으로 취한다.
장기허용지지력은 다음의 식에 따라 구한다.

$$q_a = q_t + \dfrac{1}{3} \cdot \gamma \cdot D_f \cdot N_q = 30 + \dfrac{1}{3} \cdot 1.8 \cdot 1.5 \cdot 5$$
$$= 34.5 [t/m^2]$$

25 ②

Mohr 응력원은 σ_1과 σ_3의 차의 벡터를 지름으로 해서 그린 원이다.

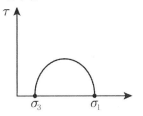

26 ④

클로소이드의 종류 중 복합형은 같은 방향으로 구부러진 2개 이상의 클로소이드로 이어진 평면 선형을 의미한다.

27 ②

전체 깊이가 250mm 이상인 보는 최소 전단철근량 규정이 적용된다.

28 ①

일반적인 부재의 두께의 경우, 캔틸레버 > 단순지지 > 양단연속 > 일단연속 순이다.

29 ④

부벽식 옹벽의 저판은 정밀한 해석이 사용되지 않는 한 부벽간 거리를 경간으로 가정한 고정보 또는 연속보로 설계할 수 있다.

30 ④

전단철근의 설계기준항복강도는 500MPa를 초과할 수 없다.

31 ④

삼각점의 등급을 정하는 주된 목적은 측량의 기준점을 효과적으로 배치하기 위한 것이지 표석설치의 편리함을 위한 것이 아니다. (삼각점의 등급은 국가적 중요도, 정밀도에 의해 1~4등급까지 구분한다.)

32 ①

지오이드 모델은 GNSS 관측성과에 속하지 않는다.

※ GNSS[Global Navigation Satellite System] ⋯ 인공위성을 이용하여 지상물의 위치 · 고도 · 속도 등에 관한 정보를 제공하는 시스템이다.

33 ③

Meyerhof의 극한지지력 공식에서 사용되는 계수⋯형상계수, 깊이계수, 하중경사계수, 지지력계수

34 ②

흙의 다짐시험에서 다짐에너지를 증가시키면 최적함수비는 감소하고, 최대건조단위중량은 증가한다.

35 ⑤

임계활동면이란 안전율이 가장 취약하게 나타나는 활동면을 말한다.

36 ④

바이브로 플로테이션 공법은 진동과 제트의 병용으로 모래 말뚝을 만드는 사질 지반의 개량공법이다.

공법	적용되는 지반	종류
다짐 공법	사질토	동압밀공법, 다짐말뚝공법, 폭파다짐법 바이브로 컴포져공법, 바이브로 플로테이션공법
압밀 공법	점성토	선하중재하공법, 압성토공법, 사면선단재하공법
치환 공법	점성토	폭파치환공법, 미끄럼치환공법, 굴착치환공법
탈수 및 배수 공법	점성토	샌드드레인공법, 페이퍼드레인공법, 생석회말뚝공법
	사질토	웰포인트공법, 깊은우물공법
고결 공법	점성토	동결공법, 소결공법, 약액주입공법
혼합 공법	사질토, 점성토	소일시멘트공법, 입도조정법, 화학약제혼합공법

37 ③

흙이 조립토에 가까울수록 최적함수비는 작아지며 최대건조단위중량이 증가한다.

38 ④

횡방향철근 ⋯ T형보에서 주철근이 보의 방향과 같은 방향일 때 하중이 직접적으로 플랜지에 작용하게 되면 플랜지가 아래로 휘면서 파괴될 수 있으므로 이 휨 파괴를 방지하기 위해서 배치하는 철근이다.

39 ⑤

프레스트레스 손실의 원인

㉠ 프레스트레스 도입시
- 정착장치의 활동
- PS강재와 쉬스 사이의 마찰
- 콘크리트의 탄성변형

㉡ 프리스트레스 도입후
- 콘크리트의 크리프
- 콘크리트의 건조수축
- PS강재의 릴렉세이션

40 ⑤

모두 옳은 설명이다.

제4회 정답 및 해설

✏️ **직업기초능력평가**

1 ③

③ '점거(占居)'는 '어떤 장소를 차지하여 삶'이라는 의미로 해당 문장에서는 점거보다 '물건이나 영역, 지위 따위를 차지함'의 뜻을 가진 '점유(占有)'가 쓰이는 것이 적절하다.

2 ②

제시된 글은 첫 문장에서 유행성 감기가 퍼지는 속도는 인간의 여행 속도에 비례한다는 내용을 언급하고, 과거와 오늘날의 그 속도 차이에 대해 비교하고 있다. 글 후반부에서 현대식 속도가 유행성 감기를 예측할 수 없게 만들었고, 따라서 통제수단도 더 빨라져야 한다고 언급하므로, 답은 ② 이다.

3 ①

배경지식이 전혀 없던 상태에서는 X선 사진을 관찰하여도 아무 것도 찾을 수 없었으나 이론과 실습 등을 통하여 배경지식을 갖추고 난 후에는 X선 사진을 관찰하여 생리적 변화, 만성 질환의 병리적 변화, 급성질환의 증세 등의 현상을 알게 되었다는 것을 보면 관찰은 배경지식에 의존한다고 할 수 있다.

4 ④

④ 계란 알레르기가 있는 고객이므로 제품에 계란이 사용되었거나, 제조과정에서 조금이라도 계란이 들어갔을 우려가 있다면 안내해 주는 것이 바람직하다. 이 제품은 원재료에 계란이 들어가지는 않지만, 계란 등을 이용한 제품과 같은 제조시설에서 제조하였으므로 제조과정에서 계란 성분이 들어갔을 우려가 있다. 따라서 이 점에 대해 안내해야 한다.

5 ③

정보사회에 있어서 인공지능(AI)과 통계의 역학관계를 주제로 한, 맥락 파악형 문제이다. 상기 자료는 여러 가지 기술적 관점에서 달리 보일 수 있지만, 그 용어의 구분이 모호하고 중첩됨을 말하고 있다. 다시 말하면, 글쓴이의 제시 질문에 관련하여, '인공지능 시대에 통계는 그 역할이 뒤떨어지지 않는다.'임을 알 수 있다. 따라서 이와 같은 맥락적 관점에서 본다면 다른 네 사람과 거리가 먼 발언을 한 사람은 ③번 정 대리이다.

6 ②

산재보험의 소멸은 명확한 서류나 행정상의 절차를 완료한 시점이 아닌 사업이 사실상 폐지 또는 종료된 시점에 이루어진 것으로 판단하며, 법인의 해산 등기 완료, 폐업신고 또는 보험관계소멸신고 등과는 관계없다.

① 마지막 부분에 고용보험 해지에 대한 특이사항이 기재되어 있다.

③ '직권소멸'은 적절한 판단에 의해 근로복지공단이 취할 수 있는 소멸 형태이다.

7 ①

㉠ 1~3일의 교통사고 건당 입원자 수는 알 수 없다.

㉡ 평소 주말 평균 부상자 수는 알 수 없다.

8 ①

① 재배면적은 고추가 2016년 대비 2017년에 감소하였고, 참깨는 증가하였음을 확인할 수 있다.

② 고추는 두 가지 모두 지속 감소, 참깨는 두 가지 모두 지속 증가하였다.

③ 고추는 123.5천 톤에서 55.7천 톤으로, 참깨는 19.5천 톤에서 14.3천 톤으로 감소하였다.

④ 고추는 대체적으로 감소세라고 볼 수 있으나, 참깨는 증감을 반복하고 있는 추세이므로 적절한 설명이라고 볼 수 있다.

⑤ 예를 들어 2015년 고추의 경우 재배면적은 감소하였으나, 생산량은 오히려 증가한 것을 확인할 수 있다.

9 ④

구분＼물품	A	B	C	D	E	F	G	H
조달단가(억 원)	3	4	5	6	7	8	10	16
구매 효용성	1	0.5	1.8	2.5	1	1.75	1.9	2
정량적 기대효과	3	2	9	15	7	14	19	32

따라서 20억 원 이내에서 구매예산을 집행한다고 할 때, 정량적 기대효과 총합이 최댓값이 되는 조합은 C, D, F로 9 + 15 + 14 = 38이다.

10 ④

1인 수급자는 전체 부부가구 수급자의 약 17%에 해당하며, 전체 기초연금 수급자인 4,581,406명에 대해서는 약 8.3%에 해당한다.

① 기초연금 수급자 대비 국민연금 동시 수급자의 비율은 2009년이 $719,030 \div 3,630,147 \times 100 = 19.8\%$이며, 2016년이 $1,541,216 \div 4,581,406 \times 100 = 33.6\%$이다.

② $4,581,406 \div 6,987,489 \times 100 = 65.6\%$이므로 올바른 설명이다.

③ 전체 수급자는 4,581,406명이며, 이 중 2,351,026명이 단독가구 수급자이므로 전체의 약 51.3%에 해당한다.

⑤ 2009년부터 2017년까지 65세 이상 노인인구는 꾸준히 증가하고 있다.

11 ①

㈎ 남성은 2013년에 전년과 동일하였고 이후 줄곧 증가하였으나, 여성은 2014년부터 감소세에서 증가세로 반전했음을 알 수 있다. (O)

㈏ 69.0% → 68.9% → 68.4% → 67.5% → 67.0% → 66.8%로 매년 감소하였다. (O)

㈐ 2016년은 $21.2 \div 64.3 \times 100 = 33.0\%$이나, 2017년은 $22.6 \div 68.1 \times 100 = 33.2\%$로 남성의 비중이 가장 높은 해이다. (X)

㈑ 2016년의 증가율은 $(64.3 - 60.4) \div 60.4 \times 100 = $ 약 6.5%이며, 2017년의 증가율은 $(68.1 - 64.3) \div 64.3 \times 100 = $ 약 5.9%이다. (O)

12 ③

• 2018년 남성 우울증 환자 수 : $22.6 \times 1.1 = 24.86$만 명
• 2018년 여성 우울증 환자 수 : $45.5 \times 0.9 = 40.95$만 명

따라서 2018년 전체 우울증 환자 수는 $24.86 + 40.95 = 65.81$만 명이다.

13 ②

출발시각과 도착시각은 모두 현지 시각이므로 시차를 고려하지 않으면 A→B가 4시간, B→A가 12시간 차이가 난다. 비행시간은 양 구간이 동일하므로 $\frac{4+12}{2} = 8$, 비행시간은 8시간이 된다.

비행시간이 8시간인데 시차를 고려하지 않은 A→B 구간의 이동시간이 4시간이므로 A가 B보다 4시간 빠르다는 것을 알 수 있다.

14 ①

㉠ '거리 = 속도 × 시간'이므로,
• 정문에서 후문까지 가는 속도 : 20m/초 = 1,200m/분
• 정문에서 후문까지 가는데 걸리는 시간 : 5분
• 정문에서 후문까지의 거리 : $1200 \times 5 = 6,000$m

㉡ 5회 왕복 시간이 70분이므로,
• 정문에서 후문으로 가는데 소요한 시간 : 5회 × 5분 = 25분
• 후문에서 정문으로 가는데 소요한 시간 : 5회 × x분
• 쉬는 시간 : 10분
• 5회 왕복 시간 : $25 + 5x + 10$분 = 70분
∴ 후문에서 정문으로 가는데 걸린 시간 $x = 7$분

15 ①

각 조건에서 알 수 있는 내용을 정리하면 다음과 같다.

㉠ 사고 C는 네 번째로 발생하였다.

첫 번째	두 번째	세 번째	C	다섯 번째	여섯 번째

㉡ 사고 A는 사고 E보다 먼저 발생하였다. → A > E

㉢ 사고 B는 사고 A보다 먼저 발생하였다. → B > A

㉣ 사고 E는 가장 나중에 발생하지 않았다. → 사고 E는 2~3번째(∵ ㉡에 의해 A > E이므로) 또는 5번째로 발생하였다.

㉤ 사고 F는 사고 B보다 나중에 발생하지 않았다. → F > B

㉥ 사고 C는 사고 E보다 나중에 발생하지 않았다. → C > E

㉦ 사고 C는 사고 D보다 먼저 발생하였으나, 사고 B보다는 나중에 발생하였다. → B > C > D

따라서 모든 조건을 조합해 보면, 사고가 일어난 순서는 다음과 같으며 세 번째로 발생한 사고는 A이다.

F	B	A	C	E	D

16 ⑤

1. [이야기 내용] 마지막 문장에서 3사람 외에 다른 사람은 없었다고 하였으므로, 미용실에는 여자 미용사 1명, 여성 손님 1명, 남성 손님 1명이 있었다. → ○

2. 세 번째 문장에서 '커트 비용으로 여자 미용사는 ~'이라고 언급하고 있으므로 이 미용실의 미용사는 여성이다. → ○

3. 두 번째 문장에서 '여성에 대한 커트가 끝나자, 기다리던 남성도 머리를 커트하였다'라고 하였으므로 여자 미용사는 남성의 머리를 커트하였다. → ○

4. '커트 비용으로 여자 미용사는 남성으로부터 모두 10,000원을 받았다.' 이 문장만으로 '돈을 낸 사람이 머리를 커트한 남자 손님이라고 단정할 수는 없다. 여자 손님이 낸 돈을 남자 손님이 미용사에게 건네주었을 수도 있다. → ×

5. [이야기 내용]만으로는 이 미용실의 일인당 커트 비용을 알 수 없다. → ×

6. 두 번째 문장에서 '여성에 대한 커트가 끝나자, 기다리던 남성도 머리를 커트하였다'라고 하였으므로 머리를 커트한 사람은 모두 2명이다. → ○

17 ①

상사가 '다른 부분은 필요 없고, 어제 원유의 종류에 따라 전일 대비 각각 얼마씩 오르고 내렸는지 그 내용만 있으면 돼.'라고 하였다. 따라서 어제인 13일자 원유 가격을 종류별로 표시하고, 전일 대비 등락 폭을 한눈에 파악하기 쉽게 기호로 나타내 줘야 한다. 또한 '우리나라는 전국 단위만 표시하도록' 하였으므로 13일자 전국 휘발유와 전국 경유 가격을 마찬가지로 정리하면 ①과 같다.

18 ⑤

⑤ 어머니와 본인, 배우자, 아이 셋을 합하면 戊의 가족은 모두 6명이다. 6인 가구의 월평균소득기준은 5,144,224원 이하로, 월평균소득이 480만 원이 되지 않는 戊는 국민임대주택 예비입주자로 신청할 수 있다.

① 세대 분리되어 있는 배우자도 세대구성원에 포함되므로 주택을 소유한 아내가 있는 甲은 국민임대주택 예비입주자로 신청할 수 없다.

② 본인과 배우자, 배우자의 부모님을 합하면 乙의 가족은 모두 4명이다. 4인 가구 월평균소득기준은 4,315,641원 이하로, 월평균소득이 500만 원을 넘는 乙은 국민임대주택 예비입주자로 신청할 수 없다.

③ 신청자인 丙의 배우자의 직계비속인 아들이 전 남편으로부터 아파트 분양권을 물려받아 소유하고 있으므로 丙은 국민임대주택 예비입주자로 신청할 수 없다.

④ 3천만 원짜리 자동차를 소유하고 있는 丁은 자동차에서 자산보유 기준을 충족하지 못하므로 국민임대주택 예비입주자로 신청할 수 없다.

19 ②

② 출입문을 개방하는 것은 비상코크를 작동함으로써 가능하다. 비상코크는 객차 내 의자 양 옆 아래쪽에 있다.

20 ④

50세인 최 부장은 기본점수가 100점 이었으나 성수기 2박 이용으로 40점(1박 당 20점)이 차감되어 60점의 기본점수가 남아 있으나 20대인 엄 대리는 미사용으로 기본점수 70점이 남아 있으므로 점수 상으로는 선정 가능성이 더 높다고 할 수 있다.

① 신청은 2개월 전부터 가능하므로 내년 이용 콘도를 지금 예약할 수는 없다.

② 신혼여행 근로자는 최우선 순위로 콘도를 이용할 수 있다.

③ 선정 결과는 유선 통보가 아니며 콘도 이용권을 이메일로 발송하게 된다.

⑤ 이용자 직계존비속 사망에 의한 취소의 경우이므로 벌점 부과 예외사항에 해당된다.

21 ④

모두 월 소득이 243만 원 이하이므로 기본점수가 부여되며, 다음과 같이 순위가 선정된다.

우선, 신혼여행을 위해 이용하고자 하는 B씨가 1순위가 된다. 다음으로 주말과 성수기 선정 박수가 적은 신청자가 우선순위가 되므로 주말과 성수기 이용 실적이 없는 D씨가 2순위가 된다. A씨는 기본점수 80점, 3일 전 취소이므로 20점(주말 2박) 차감을 감안하면 60점의 점수를 보유하고 있으며, C씨는 기본점수 90점, 성수기 사용 40점(1박 당 20점) 차감을 감안하면 50점의 점수를 보유하게 된다. 따라서 최종순위는 B씨 − D씨 − A씨 − C씨가 된다.

22 ①

100만 원을 초과하는 금액을 법인카드로 결제할 경우, 대표이사를 최종결재권자로 하는 법인카드신청서를 작성해야 한다. 따라서 문서의 제목은 법인카드신청서가 되며, 대표이사가 최종결재권자이므로 결재란에 '전결' 또는 상향대각선 등 별다른 표기 없이 작성하면 된다.

23 ⑤

50만 원 이하의 출장비신청서가 필요한 경우이므로 전결 규정에 의해 본부장을 최종 결재권자로 하는 출장비신청서가 필요하다. 따라서 본부장 결재란에는 '전결'이라고 표시하고 최종 결재권자란에 본부장이 결재를 하게 된다.

24 ③

㉠ [○] 전동차 분야의 2018년 소계액은 1,488억 원, 2019년 소계액은 1,672억 원으로 모든 분야 중 가장 큰 금액이다.

㉡ [○] 2018년 공기질 개선 측정기구에 대한 투자액은 0원이므로 2019년에 새롭게 투자한 항목이라는 것을 알 수 있다.

㉢ [×] 노후 전선로 및 노후 전력설비를 개량하는 데 투자한 금액의 합은 2018년에 423억 원으로, 노후시설 개선 전체 투자금액 1,076억 원의 약 39%를 차지한다. 2019년 역시 두 내역의 금액 합은 461억 원으로, 노후시설 개선 투자금액의 48% 비중이다. 따라서 두 해 모두 노후 전선로 및 노후 전력설비를 개량 비용은 노후시설 개선 분야의 투자금액 중 절반에 못 미친다.

㉣ [○] 도표 중 증감란을 보면, 세부 내역 모두에서 감소(△) 표시가 없는 분야는 '공기질'과 '디지털 기반 안전시스템(SCM)'임을 알 수 있다.

25 ②

② 해당 내용은 조직도를 통해 타당하게 유추하기 어렵다. 철도안전법상 관제자격증명의 신체검사는 서울교통공사의 종합관제단이 아니라 국토교통부장관이 실시한다.

26 ⑤

⑤ 데이터는 논리적 및 전사적으로 통합된 공동의 저장소에 수집·저장·제공되어야 한다. 또한 정보 수요자의 정보 활용 공통기반을 구축하고, 운영 및 유지하여야 한다.

27 ②

'#,###,'이 서식은 천 단위 구분 기호 서식 맨 뒤에 쉼표가 붙은 형태로 소수점 이하는 없애고 정수 부분은 천 단위로 나타내면서 동시에 뒤에 있는 3자리를 없애준다. 반올림 대상이 있을 경우 반올림을 한다.

2451648.81 여기에서 소수점 이하를 없애주면 2451648이 되고, 그 다음 정수 부분에서 뒤에 있는 3자리를 없애주는데 맨 뒤에서부터 3번째 자리인 6이 5 이상이므로 반올림이 된다. 그러므로 결과는 2,452가 된다.

28 ③

특정 값을 일시적으로 필터링하는 기능인 필터 기능을 사용하여 '승차'값만 확인하는 것이 가장 적절하다.

29 ③

① '승차/하차'를 나타내는 '구분' 열이 삭제되었다.
② [B2:I6]의 셀은 각 지하철역별 승차 인원수와 하차 인원수를 더한 값을 표현하고 있다.
④ [J2:J6]은 스파크라인을 이용하여 셀 안에 차트를 삽입하였다.
⑤ [B7:I7]은 average 함수를 이용하여 시간대별 평균 이용자수를 나타낸 값이다.

30 ④

런던 현지 시각 8월 10일 오전 10시 이전에 행사장에 도착하여야 한다.
그리고 런던 현지 시각이 서울보다 8시간 느리며, 입국 수속에서 행사장 도착까지 4시간이 소요된다는 것을 잊지 말아야 한다.
① 총 소요시간 : $7+12+4=23$시간
　행사장 도착 시각 : $19:30+23-8=$익일 $10:30$
② 총 소요시간 : $5+13+4=22$시간
　행사장 도착 시각 : $20:30+22-8=$익일 $10:30$
③ 총 소요시간 : $3+12+4=19$시간
　행사장 도착 시각 : $23:30+19-8=$익일 $10:30$
④ 총 소요시간 : $11+4=15$시간
　행사장 도착 시각 : $02:30+15-8=09:30$
⑤ 총 소요시간 : $9+4=13$시간
　행사장 도착 시각 : $05:30+13-8=10:30$

31 ③

업무상 지출의 개념이 개인 가계에 적용될 경우, 의식주에 직접적으로 필요한 비용은 직접비용, 세금, 보험료 등의 비용은 간접비용에 해당된다. 따라서 간접비용은 보험료, 공과금, 자동차 보험료, 병원비로 볼 수 있다.
총 지출 비용이 10,201만 원이며, 이 중 간접비용이 $20+55+11+15=101$만 원이므로 $101÷10,201×100=$약 0.99%가 됨을 알 수 있다.

32 ④

◑, ◉을 차례로 눌러서 다음과 같이 변화되었음을 알 수 있다.

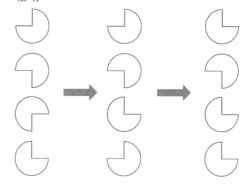

33 ②

4차 산업발전이 제공하는 스피드와 만족과 더불어서 C2C (Customer to Customer)는 인터넷을 통한 직거래 또는 물물교환, 경매 등에서 특히 많이 활용되는 전자상거래 방식이다. C 쇼핑이 제공하는 서비스는 "수수료를 받지 않고 개인 간 물품거래를 제공하는 스마트폰 애플리케이션 '오늘 마켓'을 서비스 한다"라는 구절을 보면 알 수 있다.

34 ①

크로스도크(Cross Dock) 방식을 사용할 경우 대내 운송품은 유통센터에 하역되고 목적지별로 정렬되고 이어 트럭에 다시 실리는 과정을 거치게 된다. 재화는 실제로 전혀 창고에 들어가지 않으며 단지 도크를 거쳐 이동할 뿐이며, 이로 인해 최소 재고를 유지하고, 유통비용을 줄일 수 있다.

35 ④

④ 김 대리는 현대 일본을 상대로 하는 무역회사에 다니고 있으므로 고급 일본어를 수강하겠다는 것은 현재 직무를 고려한 자기개발이다.

36 ⑤

ⓜ은 '언행일치'와 관련한 내용으로 행동과 말을 일치시키는 것이 대인관계 향상에 매우 중요함을 보여주고 있다.

37 ②

성공사례를 들여다보면 팀원들 간의 협동심과 희생정신을 기반으로 이는 곧 팀워크를 의미하는 것으로 이로 인한 시너지 효과를 나타내는 경우가 대부분임을 알 수 있다. ②번의 경우 마지막 문장을 보면 잘못된 내용이라는 것을 알 수 있다.

38 ②

② '내가'라는 자아의식의 과잉은 팀워크를 저해하는 대표적인 요인이 될 수 있다. 팀워크는 팀 구성원이 공동의 목적을 달성하기 위해 상호 관계성을 가지고 서로 협력하여 일을 해나가는 것인 만큼 자아의식이 강하거나 자기중심적인 이기주의는 반드시 지양해야 할 요소가 된다.

39 ④

가. 악수를 하는 동안에는 상대에게 집중하는 의미로 반드시 눈을 맞추고 미소를 짓는다.

다. 처음 만나는 사람과의 악수라도 손끝만을 잡는 행위는 상대방을 존중한다는 마음을 전달하지 못하는 행위이다.

바. 정부 고관을 지낸 사람을 소개할 경우 퇴직한 사람이라도 직급명은 그대로 사용해 주는 것이 일반적인 예절로 인식된다.

40 ③

제시된 상황은 대표적으로 직업윤리와 개인윤리가 충돌하는 상황이라고 할 수 있다. 직무에 따르는 업무적 책임 사항은 반드시 근무일에만 적용된다고 판단하는 것은 올바르지 않으며, 불가피한 경우 휴일에도 직무상 수행 업무가 발생할 수 있음을 감안하는 것이 바람직한 직업윤리의식일 것이다. 따라서 이러한 경우 직업윤리를 우선시하는 것이 바람직하다. 선택지 ④와 같은 경우는 대안을 찾는 경우로서, 책임을 다하는 태도라고 할 수 없다.

✎ **직무수행능력평가(궤도 · 토목일반)**

1 ③

미국철도기술협회(AREA)식을 준용, '속도가 1마일(1.6km) 증가하는 데 따라 33인치(83.8cm)를 기관차의 동륜직경으로 나누어 얻은 값의 1/100만큼 비율로 증가한다.

2 ①

연속탄성지지 모델은 레일이 연속된 탄성기초상에 지지되어 있다고 가정하는 방법이며, 단속탄성지지 모델은 레일이 일정 간격의 탄성기초상에 지지되어 있다고 가정하는 방법이다.

3 ⑤

캔트 과대 시 승차감을 나쁘게 한다.

4 ⑤

평활한 주행면을 제공하여 차량의 안전운행을 유도하는 것은 레일에 대한 설명이다.

5 ②

침목은 저부 면적이 넓고 도상다지기 작업이 원활해야 한다.

6 ②

종곡선 설치에 따라 직선구간보다 약 3%정도 감소한다.

7 ①

이론상 좌굴은 일으킬 수 있다고 생각되는 최저 축압력을 최저 좌굴축압이라 한다.

8 ⑤

캔트 부족량으로 인한 원심력의 수직하중은 정적하중에 해당한다.

9 ④

궤간의 대소는 운전속도, 수송량, 차량의 주행안정성, 건설비 등에 영향을 미치며 협궤는 구조물을 작게 할 수 있으므로 용지비를 포함한 건설비가 적게 들고 곡선반경의 제한이 적어 유리하다.

10 ④

복진이 발생하기 쉬운 개소

㉠ 열차진행 방향이 일정한 복선구간

㉡ 운전속도가 큰 선로구간 및 급한 하향기울기 구간

㉢ 분기부의 곡선부

ⓔ 도상이 불량한 곳, 체결력이 적은 스파이크 구간

ⓜ 교량 전후 궤도탄성 변화가 심한 곳

ⓗ 열차제동 횟수가 많은 곳

11 ⑤

$$S = \frac{2,400}{R} - S' = \frac{2,400}{300} - S' = 8mm$$

12 ①

$$P_{ro} = a \times P = a \times U \times y$$
$$= 62.5cm \times 180kg/cm^2/cm \times 0.6cm = 6,750kg$$

13 ③

$$C = 11.8\frac{V^2}{R} - C' = 11.8\frac{100^2}{600} - 50 = 197 - 50$$
$$= 146.666mm \fallingdotseq 147mm$$

14 ④

$$C_1 = \frac{\dfrac{G}{2} \times G}{H} = \frac{G^2}{2 \times H} = \frac{1,500 \times 1,500}{2 \times 2,000} = 562mm \text{ 에서 최대}$$

캔트 160mm 일 때,

안전율 $S = \dfrac{C_1}{C_m} = \dfrac{562}{160} \fallingdotseq 3.5$

15 ③

$$L = 3.75m + 0.6m = 4.35m$$
$$S_1 = \frac{L^2}{8R} = \frac{2,356}{R} \fallingdotseq \frac{2,400}{R} \text{ 에서}$$
$$S_1 = \frac{2,400}{600} = 4mm$$

16 ②

횡방향 비틀림철근의 간격은 $P_h/8$보다 작아야 하고 또한 300mm보다 작아야 한다.

17 ②

$$y_A = \left\{ \left(\frac{1}{2} \times \frac{Pl}{2EI} \times l \right) \times \left(l \times \frac{2}{3} \right) \right\} +$$
$$\left\{ \left(\frac{1}{2} \times \frac{Pl}{4EI} \times \frac{l}{2} \right) \times \left(\frac{l}{2} \times \frac{2}{3} \right) \right\} = \frac{3Pl^3}{16EI}$$

18 ④

원형 단면의 핵거리 : $k_x = \dfrac{D}{8} = \dfrac{40}{8} = 5[cm]$

원형 단면의 핵지름 : $x = 2k_x = 2 \times 5 = 10[cm]$

19 ①

$$\delta_{total} = \frac{3PL}{AE} + \frac{PL}{AE} = \frac{4PL}{AE}$$

20 ①

$$G = \frac{E}{2(1+\nu)} = 8.4 \times 10^5 [kg/cm^2]$$

21 ④

풍하중은 활하중에 속하지 않는다.

※ **활하중** … 구조물의 사용 및 점용에 의해 발생하는 하중으로서 가구, 창고 저장물, 차량, 군중에 의한 하중 등이 포함된다. 일반적으로 차량의 충격효과도 활하중에 포함되나, 풍하중, 지진하중과 같은 환경하중은 포함되지 않는다.

22 ②

인장이형철근의 겹침이음에서 A급 이음은 $1.0l_d$ 이상, B급 이음은 $1.3l_d$ 이상 겹쳐야 한다. (단, l_d는 규정에 의해 계산된 인장이형철근의 정착길이이다.)

23 ①

$$R_A = \frac{M_A + M_B}{L} = \frac{200 + 100}{20} = 15[kN]$$

24 ①

AB양지점에서는 6t의 연직반력이 발생하게 된다.

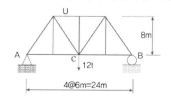

U부재를 인장력이 작용한다고 가정한 후 U부재를 지나는 선으로 부재를 절단한 후 C점을 중심으로 모멘트평형을 적용하면 U부재는 9t(압축)이 산출된다.

$$\sum M_C = 0 : R_A \cdot 12 + U \cdot 8 = 6 \cdot 12 + U \cdot 8 = 0$$
$$U = -9t \text{ (양의 값이 인장, 음의 값이 압축)}$$

25 ⑤

복진 현상에 대한 설명이다. 열차제동 횟수가 많은 곳에서 복진 현상이 나타나기 쉬우며, 복진 현상은 레일과 침목 간, 침목과 도상 간의 마찰저항을 증가시킴으로써 방지할 수 있다.

26 ③

$$I_{X-X} = \frac{11 \cdot 1^3}{12} + (11 \cdot 1) \cdot 0.5^2 + \frac{2 \cdot 8^3}{12} + (2 \cdot 8) \cdot 5^2$$
$$= 489[cm^4]$$

27 ④

양단이 고정된 기둥에 축방력에 의한 좌굴하중은

$$P_{cr} = \frac{4\pi^2 EI}{L^2}$$

(E : 탄성계수, I : 단면 2차 모멘트, L : 기둥의 길이)

28 ①

온도에 의한 신축 및 시동, 제동하중은 레일의 길이방향으로 작용한다. '차량주행 시 레일의 길이방향으로 작용하는 힘'인 축방향력에 해당하는 설명이다.

29 ②

장기처짐계수는 $\lambda_\triangle = \dfrac{\xi}{1+50\rho'} = \dfrac{1.4}{1+50 \cdot 0.02} = 0.7$

경과기간이 1년이므로 $\xi=1.4$이며

따라서 장기처짐은 $15[mm] \times 0.7 = 10.5[mm]$

30 ①

$$l_d = \frac{0.6d_b f_y}{\lambda \sqrt{f_{ck}}} \cdot 보정계수$$

$$= \frac{0.6 \cdot 32 \cdot 400}{1 \cdot \sqrt{36}} \cdot 1.0 = 1,280[mm]$$

A급 겹침이음이므로 l_d에 1.0을 곱한 값을 적용하므로 1,280 [mm]가 된다.

31 ⑤

1방향 슬래브 설계의 순서
- 슬래브의 두께를 결정한다.
- 계수하중을 계산한다.
- 단변 슬래브의 계수휨모멘트를 계산한다.
- 단변에 배근되는 인장철근량을 산정한다.
- 장변에 배근되는 온도철근량을 산정한다.

32 ③

$$f_{sp} = \frac{2P}{\pi dl} = \frac{2 \cdot (75 \cdot 10^3)}{\pi \cdot 200 \cdot 100} = 2.5[MPa]$$

33 ③

$$R = \frac{A^2}{L} = 450 = \frac{300^2}{L} 이므로 L = 200[m]$$

34 ④

좌굴하중의 기본식(오일러의 장주공식)

$$P_{cr} = \frac{\pi^2 EI}{(KL)^2} = \frac{n\pi^2 EI}{L^2}$$

EI : 기둥의 휨강성

L : 기둥의 길이

K : 기둥의 유효길이 계수

KL : (l_k로도 표시함) 기둥의 유효좌굴길이 (장주의 처짐곡선에서 변곡점과 변곡점 사이의 거리)

n : 좌굴계수(강도계수, 구속계수)

지지상태	양단 힌지	1단 고정 1단 힌지	양단 고정	1단 고정 1단 자유
좌굴길이 KL	1.0L	0.7L	0.5L	2.0L
좌굴강도	n=1	n=2	n=4	n=0.25

35 ②

외력과 변형이 선형관계에 있을 때 겹침의 원리가 성립할 수 있다.

36 ③

$$A = am_1 m_2 = 40.5 \cdot 20 \cdot 60 = 48,600[cm^2]$$

$$= 4.86[m^2]$$

37 ③

예민비가 큰 점토란 다시 반죽했을 때 강도가 반죽 전의 강도보다 감소하는 점토를 말한다.

38 ①

단위변형을 일으키는 데 필요한 힘을 강성도라고 한다.

39 ④

지오이드(Geoid) … 평균해수면을 육지내부까지 연장했을 때의 가상적인 곡면이다.

40 ②

$$\frac{1}{m} = \frac{f}{H} = \frac{0.15}{6,000} = \frac{1}{40,000} = \frac{x}{50} 이므로$$

$$x = 1.25mm$$

제5회 정답 및 해설

✎ 직업기초능력평가

1 ④

④ '발굴'은 세상에 널리 알려지지 않거나 뛰어난 것을 찾아 밝혀낸다는 의미로, 發(필 발)掘(팔 굴)로 쓴다.

2 ④

④ '제공(提供)'은 '갖다 주어 이바지함'의 의미로 '자료 제공', '정보 제공' 등의 형태로 쓰인다. 홈페이지에 게시된 콘텐츠나 홈페이지에서 지원하고 있는 서비스를 모두 포괄할 수 있는 맥락에서 보기 중 빈칸에 들어가기 가장 적절한 단어는 '제공'이다.
① 공급 : 요구나 필요에 따라 물품 따위를 제공함
② 공고 : 국가 기관이나 공공 단체에서 일정한 사항을 일반 대중에게 광고, 게시, 또는 다른 공개적 방법으로 널리 알림
③ 공표 : 여러 사람에게 널리 드러내어 알림
⑤ 생산 : 인간이 생활하는 데 필요한 각종 물건을 만들어 냄

3 ④

'안전우선'은 가장 많은 예산이 투자되는 핵심가치이다. 전략과제는 3가지가 있고, 그 중 '(시설 안전성 강화)'는 가장 많은 개수를 기록하고 있으며, 예산은 464,688백만 원이다. '고객감동'의 전략과제는 3가지이며, 고객만족을 최우선으로 하고 있다. 핵심가치 '(변화혁신)'은 113개를 기록하고 있고, 3가지 전략과제 중 융합형 조직혁신이 가장 큰 비중을 차지하고 있다. 핵심가치 '(상생협치)'는 가장 적은 비중을 차지하고 있고, 2가지 전략과제를 가지고 있다.

4 ①

① '안전우선'의 예산은 가장 높은 비중을 보이고 있다.

5 ②

제시된 제7조~제12조까지의 내용은 각 조항별로 각각 인원보안 업무 취급 부서, 비밀취급인가 대상자, 비밀취급인가 절차, 비밀취급인가대장, 비밀취급인가의 제한 조건, 비밀취급인가의 해제 등에 대하여 언급하고 있다.
② 비밀의 등급이나 비밀에 해당하는 문서, 정보 등 취급인가 사항에 해당되는 비밀의 구체적인 내용에 대해서는 언급되어 있지 않다.

6 ③

1천만 원 이상의 과태료가 내려지게 되면 공표 조치의 대상이 되나, 모든 공표 조치 대상자들이 과태료를 1천만 원 이상 납부해야 하는 것은 아니다. 과태료 금액에 의한 공표 대상자 이외에도 공표 대상에 포함될 경우가 있으므로 반드시 1천만 원 이상의 과태료가 공표 대상자에게 부과된다고 볼 수는 없다.
① 행정처분의 종류를 처분 강도에 따라 구분하였으며, 이에 따라 가장 무거운 조치가 공표인 것으로 판단할 수 있다.

7 ③

③ 2006년 대비 2056년 인도의 인구 증가율

$$= \frac{1,628 - 1,122}{1,122} \times 100 = 약 \ 45.1\%$$

2006년 대비 2056년 중국의 인구 증가율

$$= \frac{1,437 - 1,311}{1,311} \times 100 = 약 \ 9.6\%$$

8 ⑤

⑤ E에 들어갈 값은 37.9 + 4.3 = 42.2이다.

9 ③

재정력지수가 1.000 이상이면 지방교부세를 지원받지 않는다. 따라서 3년간 지방교부세를 지원받은 적이 없는 지방자치단체는 서울, 경기 두 곳이다.

10 ②

인사이동에 따라 A지점에서 근무지를 다른 곳으로 이동한 직원 수는 모두 32 + 44 + 28 = 104명이다. 또한 A지점으로 근무지를 이동해 온 직원 수는 모두 16 + 22 + 31 = 69명이 된다. 따라서 69 − 104 = −35명이 이동한 것이므로 인사이동 후 A지점의 근무 직원 수는 425 − 35 = 390명이 된다. 같은 방식으로 D지점의 직원 이동에 따른 증감 수는 83 − 70 = 13명이 된다. 따라서 인사이동 후 D지점의 근무 직원 수는 375 + 13 = 388명이 된다.

11 ④

④ 범수 = 30 + 4 × 7 = 58
① 용식 = 5 + 5 × 10 = 55
② 재원 = 25 + 2 × 10 = 45
③ 효봉 = 20 + 4 × 7 = 48
⑤ 지수 = 35 + 6 × 2 = 47

12 ②

차종별 주행거리에서 화물차는 2016년에 비해 2017년에 7.9% 증가하였음을 알 수 있다.

13 ③

지방도로의 주행거리에서 가장 높은 수단과 가장 낮은 수단과의 주행거리 차이는 승용차의 주행거리에서 화물차의 주행거리를 뺀 값으로 (61,466 − 2,387 = 59,079km)이다.

14 ④

④ 대학로점 손님은 마카롱을 먹지 않은 경우에도 알레르기가 발생했고, 강남점 손님은 마카롱을 먹고도 알레르기가 발생하지 않았다. 따라서 대학로점, 홍대점, 강남점의 사례만을 고려하면 마카롱이 알레르기 원인이라고 볼 수 없다.

15 ④

한주가 수도인 나라는 평주가 수도인 나라의 바로 전 시기에 있었고, 금주가 수도인 나라는 관주가 수도인 나라 바로 다음 시기에 있었으나 정보다는 이전 시기에 있었으므로 수도는 관주 > 금주 > 한주 > 평주 순임을 알 수 있다. 병은 가장 먼저 있었던 나라는 아니지만, 갑보다 이전 시기에 있었으므로 두 번째나 세 번째가 되는데, 병과 정이 시대 순으로 볼 때 연이어 존재하지 않았으므로 을 > 병 > 갑 > 정이 되어야 한다. 따라서 나라와 수도를 연결해 보면, 을 - 관주, 병 - 금주, 갑 - 한주, 정 - 평주가 되며 [이야기 내용]과 일치하는 것은 3, 5, 6이다.

16 ④

甲 국장은 전체적인 근로자의 주당 근로시간 자료 중 정규직과 비정규직의 근로시간이 사업장 규모에 따라 어떻게 다른지를 비교하고자 하는 것을 알 수 있다. 따라서 국가별, 연도별 구분 자료보다는 ④와 같은 자료가 요청에 부합하는 적절한 자료가 된다.

17 ③

〈보기〉에 주어진 조건대로 고정된 순서를 정리하면 다음과 같다.

- B 차장 > A 부장
- C 과장 > D 대리
- E 대리 > ? > ? > C 과장

따라서 E 대리 > ? > ? > C 과장 > D 대리의 순서가 성립되며, 이 상태에서 경우의 수를 따져보면 다음과 같다.

㉠ B 차장이 첫 번째인 경우라면, 세 번째와 네 번째는 A 부장과 F 사원(또는 F 사원과 A 부장)이 된다.
- B 차장 > E 대리 > A 부장 > F 사원 > C 과장 > D 대리
- B 차장 > E 대리 > F 사원 > A 부장 > C 과장 > D 대리

㉡ B 차장이 세 번째인 경우는 E 대리의 바로 다음인 경우와 C 과장의 바로 앞인 두 가지의 경우가 있을 수 있다.
- E 대리의 바로 다음인 경우 : F 사원 > E 대리 > B 차장 > A 부장 > C 과장 > D 대리
- C 과장의 바로 앞인 경우 : E 대리 > F 사원 > B 차장 > C 과장 > D 대리 > A 부장

따라서 위에서 정리된 바와 같이 가능한 네 가지의 경우에서 두 번째로 사회봉사활동을 갈 수 있는 사람은 E 대리와 F 사원 밖에 없다.

18 ④

①④ 거짓이나 그 밖의 부정한 방법으로 승인을 받은 경우에는 그 승인을 취소하여야 한다.
② 철도운영자는 안전관리체계의 변경승인을 받지 아니한 경우 6개월 이내의 기간을 정하여 업무의 제한이나 정지를 명할 수 있다.
③ 안전관리체계를 지속적으로 유지하지 아니하여 중대한 지장을 초래한 경우 국토교통부장관은 그 승인을 취소하거나 6개월 이내의 기간을 정하여 업무의 제한이나 정지를 명할 수 있다.
⑤ 안전관리체계의 유지 조항에 따른 시정조치명령을 이행하지 않은 경우 정당한 사유가 없을 시에만 처분 대상이 된다.

19 ⑤

제38조의9(인증정비조직의 준수사항) 제5호에서 '철도차량정비가 완료되지 않은 철도차량은 운행할 수 없도록 관리할 것'이라고 명시되어 있다.

20 ④

④ 예능 프로그램 2회 방송의 총 소요 시간은 1시간 20분으로 1시간짜리 뉴스와의 방송 순서는 총 방송 편성시간에 아무런 영향을 주지 않는다.
① 채널1은 3개의 프로그램이 방송되었는데 뉴스 프로그램을 반드시 포함해야 하므로, 기획물이 방송되었다면 뉴스, 기획물, 시사정치의 3개 프로그램이 방송되었다.
② 기획물, 예능, 영화 이야기에 뉴스를 더한 방송시간은 총 3시간 40분이 된다. 채널2는 시사정치와 지역 홍보물 방송이 없고 나머지 모든 프로그램은 1시간 단위로만 방송하므로 정확히 12시에 프로그램이 끝나고 새로 시작하는 편성 방법은 없다.
③ 9시에 끝난 시사정치 프로그램에 바로 이어진 뉴스가 끝나면 10시가 된다. 기획물의 방송시간은 1시간 30분이므로, 채널3에서 영화 이야기가 방송되었다면 정확히 12시에 기획물이나 영화 이야기 중 하나가 끝나게 된다.
⑤ 채널5에서는 1시간 30분짜리 기획물이 연속 2편 편성되었으므로 총 3시간이고, 1시간짜리 뉴스, 20분짜리 지역 홍보물이 방송되고 정확히 12시에 어떤 프로그램이 끝나기 위해서는 40분짜리 예능이 방송되어야 한다.

21 ④

④ 채널2에서 영화 이야기 프로그램 편성을 취소하면 3시간 10분의 방송 소요시간만 남게 되므로 정각 12시에 프로그램을 마칠 수 없다.

① 기획물 1시간 30분 + 뉴스 1시간 + 시사정치 2시간 30분 = 5시간으로 정각 12시에 마칠 수 있다.

② 뉴스 1시간 + 기획물 1시간 30분 + 예능 40분 + 영화 이야기 30분 + 지역 홍보물 20분 = 4시간이므로 1시간짜리 다른 프로그램을 추가하면 정각 12시에 마칠 수 있다.

③ 시사정치 2시간 + 뉴스 1시간 + 기획물 1시간 30분 + 영화 이야기 30분 = 5시간으로 정각 12시에 마칠 수 있다.

⑤ 기획물 1시간 30분 × 2회 + 뉴스 1시간 + 영화 이야기 30분 × 2회 = 5시간으로 정각 12시에 마칠 수 있다.

22 ③

③ 정밀안점검사는 설치 후 15년이 도래하거나 결함 원인이 불명확한 경우, 중대한 사고가 발생하거나 또는 그 밖에 행정안전부장관이 정한 경우에 실시한다. 에스컬레이터에 쓰레기가 끼이는 단순한 사고가 발생하여 수리한 경우에는 수시검사를 시행하는 것이 적절하다.

23 ⑤

⑤ 쇼핑카트나 유모차, 자전거 등을 가지고 층간 이동을 쉽게 할 수 있도록 승강기를 설치하는 경우에는 계단형의 디딤판을 동력으로 오르내리게 한 에스컬레이터보다 평면의 디딤판을 동력으로 이동시키게 한 무빙워크가 더 적합하다.

24 ④

④ 조직 B와 같은 조직도를 가진 조직은 사업이나 제품별로 단위 조직화되는 경우가 많아 사업조직별 내부 경쟁을 통해 긍정적인 발전을 도모할 수 있다.

25 ④

OJT는 각 부서의 장이 주관하여 업무에 관련된 계획 및 집행의 책임을 지는 부서 내 교육훈련이므로 다수의 인원을 한 번에 교육시키기에는 부족하다.

26 ④

제시된 상황에서 오류 문자는 'TLENGO'이고, 오류 발생 위치는 'MEONRTD'이다. 두 문자에 사용된 알파벳을 비교했을 때 일치하는 알파벳은 T, E, N, O 4개이다. 판단 기준에 따라 '3 < 일치하는 알파벳의 개수'에 해당하므로 Final code는 Nugre이다.

27 ④

제시된 상황에서 오류 문자는 'ROGNATQ'이고, 오류 발생 위치는 'GOLLIAT'이다. 두 문자에 사용된 알파벳을 비교했을 때 일치하는 알파벳은 O, G, A, T 4개이다. 판단 기준에 따라 '3 < 일치하는 알파벳의 개수'에 해당하므로 Final code는 Nugre이다.

28 ②

입고연월일 190422 + 입고시간 P0414 + 경상북도 목장2 05J + 염소 치즈 5B

따라서 코드는 '190422P041405J5B'가 된다.

29 ④

경북 지역의 지역코드는 05이다. 보기에 제시된 제품코드의 지역코드가 모두 05이므로 모두 경북 지역에서 생산된 제품이라 폐기 대상이다. 다만 틸 제품을 제외한다고 하였으므로 제품 종류가 산양 틸(6C)인 ④는 폐기 대상이 아니다.

30 ③

③ 인공지능 전기 · 전자공학 연구 개발업 : dvAI70121

31 ⑤

총 안전재고를 구하기 위한 과정은 다음과 같다.
① 주문기간 중의 평균수요
- 소매상 = $5 \times 20/7 = 14.28 ≒ 14$
- 도매상 = $50 \times 39/7 = 278.57 ≒ 279$
- 공장창고 = $2,500 \times 41/7 = 14,642,86 ≒ 14,643$
② 평균안전재고
- 소매상 = $500 \times (25 - 14) = 5,500$
- 도매상 = $50 \times (350 - 279) = 3,550$
- 공장창고 = $1 \times (19,000 - 14,643) = 4,357$
∴ 총 안전재고 = $5,500 + 3,550 + 4,357 = 13,407$

32 ②

전체 예산은
$9,994 + 49,179 + 91 + 669 + 7 + 60 = 60,000$(백만 원)이다.
이 중 철도차량교체 예산의 비중은
$9,994 ÷ 60,000 = 16.65666...$이므로 16.7%이다.

33 ③

응시자들의 점수를 구하기 전에 채용 조건에 따라 서류전형과 2차 필기에서 최하위 득점을 한 응시자 B와 1차 필기에서 최하위 득점을 한 응시자 D는 채용이 될 수 없다. 면접에서 최하위 득점을 한 응시자 A는 90점 이상이므로 점수를 계산해 보아야 한다. 따라서 응시자 A, C, E의 점수는 다음과 같이 계산된다.

응시자　A : $89 \times 1.1 + 94 \times 1.15 + 88 \times 1.2 + 90 \times 1.05$
= 406.1점
응시자　C : $94 \times 1.1 + 89 \times 1.15 + 90 \times 1.2 + 93 \times 1.05$
= 411.4점
응시자　E : $93 \times 1.1 + 91 \times 1.15 + 89 \times 1.2 + 93 \times 1.05$
= 411.4점

응시자 C와 E가 동점이나, 가중치가 많은 2차 필기의 점수가 높은 응시자 C가 최종 합격이 된다.

34 ⑤

실외기 설치 시 주의사항에서는 실외기에서 토출되는 바람, 공기 순환, 보수 점검을 위한 공간, 지반의 강도, 배관의 길이 등을 감안한 위치 선정을 언급하고 있다. 따라서 보기 ⑤의 '배관 내 충진된 냉매를 고려한 배관 길이'가 실외기 설치 장소의 주요 감안 요건이 된다.

35 ②

보행자에게 토출구에서 나오는 바람이 닿지 않도록 하는 것은 설치 시 주의해야 할 사항이나, 토출구를 안쪽으로 돌려 설치하는 것은 뜨거운 공기가 내부로 유입될 수 있어 올바른 설치 방법으로 볼 수 없다.

36 ③

① 실무형
② 주도형
③ 순응형
④ 수동형
⑤ 소외형

※ 팔로워십 유형

㉠ 소외형
- 개성이 강한 사람으로 조직에 대해 독립적이고 비판적인 의견을 내어 놓지만 역할 수행에 있어서는 소극적인 유형
- 리더의 노력을 비판하면서도 스스로는 노력을 하지 않거나 불만스런 침묵으로 일관하는 유형으로 전체 팔로워의 약 15~20%를 차지
- 소외는 충족되지 않는 기대나 신뢰의 결여에서 비롯
- 본래 모범적인 팔로워였으나 부당한 대우나 리더와의 갈등 등으로 인해 변했을 가능성이 높음

- 모범적인 팔로워가 되기 위해서는 독립적, 비판적 사고는 유지하면서 부정적인 면을 극복하고 긍정적 인식을 회복하여 적극적으로 참여하는 사람이 되어야 함

㉡ 수동형
- 의존적이고 비판적이지 않으면서 열심히 참여도 하지 않는 유형
- 책임감이 결여되어 있고 솔선수범 하지 않으며 지시하지 않으면 주어진 임무를 수행하지 않는 유형으로 전체 팔로워의 약 5~10%의 소수를 차지
- 맡겨진 일 이상은 절대 하지 않음
- 리더가 모든 일을 통제하고 팔로워에게 규정을 지키도록 위협적인 수단을 사용할 때 많이 생기는 유형
- 모범적인 팔로워가 되기 위해서는 부하의 진정한 의미를 다시 배워야 하며, 자신을 희생하고 모든 일에 적극적으로 참여하는 방법을 익혀야 함

㉢ 순응형
- 독립적 비판적인 사고는 부족하지만 열심히 자신의 역할을 수행하는 유형
- 역할에는 불편해 하지 않지만 리더의 명령과 판단에 지나치게 의존하는 '예스맨' 유형으로 전체 팔로워의 약 20~30%를 차지
- 순종을 조장하는 사회적 풍토나 전체적인 리더 하에서 많이 나타나는 유형
- 모범적인 팔로워가 되기 위해서는 독립적이고 비판적인 사고를 높이는 자기 자신의 견해에 대해 자신감을 기르고, 조직이 자신의 견해를 필요로 함을 깨우쳐야 함

㉣ 실무형
- 별로 비판적이지 않으며 리더의 가치와 판단에 의문을 품기도 하지만 적극적으로 대립하지도 않는 유형
- 시키는 일은 잘 수행하지만 모험을 보이지도 않는 유형으로 전체 팔로워의 약 25~30%를 차지
- 실무형 팔로워는 성격 탓도 있지만 사회나 조직이 불안한 상황에서 많이 나타남
- 모범적인 팔로워가 되기 위해서는 먼저 목표를 정하고 사람들의 신뢰를 회복해야 하며 자기보다는 다른 사람의 목표달성을 돕는 것에서부터 시작해야 함

㉤ 주도형
- 스스로 생각하고 알아서 행동할 줄 알며 독립심이 강하고 헌신적이며 독창적이고 건설적인 비판도 하는 유형으로 리더의 힘을 강화시킴
- 자신의 재능을 조직을 위해서 유감없이 발휘하는 유형으로 전체 팔로워의 약 5~10%를 차지
- 솔선수범하고 주인의식이 있으며, 집단과 리더를 도와주고, 자신이 맡은 일보다 훨씬 많은 일을 하려고 함
- 다른 사람들도 배우고 따를 수 있는 역할과 가치관이 있음
- 적극적인 성향은 경험이나 능력에 기인하며, 동일 조직이나 다른 조직의 사람들과 상호 작용할 기회가 증대되어 사고와 행동성향이 훨씬 더 발전할 수 있음

37 ③

甲이 안전관리 수준평가에서 우수운영자 지정을 받기 위해서는 평가 기준에 맞게 행동해야 한다. ③은 안전관리 수준평가와 동떨어진 행동이므로 옳지 않다.

※ **철도운영자등에 대한 안전관리 수준평가의 대상 및 기준 등〈철도안전법 시행규칙 제8조〉**

① 법 제9조의3제1항에 따른 철도운영자등의 안전관리 수준에 대한 평가의 대상 및 기준은 다음 각 호와 같다. 다만, 철도시설관리자에 대해서 안전관리 수준평가를 하는 경우 제2호를 제외하고 실시할 수 있다.

　1. 사고 분야
　　가. 철도교통사고 건수
　　나. 철도안전사고 건수
　　다. 운행장애 건수
　　라. 사상자 수
　2. 철도안전투자 분야: 철도안전투자의 예산 규모 및 집행 실적
　3. 안전관리 분야
　　가. 안전성숙도 수준
　　나. 정기검사 이행실적
　4. 그 밖에 안전관리 수준평가에 필요한 사항으로서 국토교통부장관이 정해 고시하는 사항

② 국토교통부장관은 매년 3월말까지 안전관리 수준평가를 실시한다.

③ 안전관리 수준평가는 서면평가의 방법으로 실시한다. 다만, 국토교통부장관이 필요하다고 인정하는 경우에는 현장평가를 실시할 수 있다.

38 ⑤

단기 일자리를 제공하는 임시 고용형태는 육아와 일, 학업과 일을 병행하거나 정규직을 찾지 못한 사람 등이 주축이 되는 경우가 많으며, 제대로 운용할 경우 적절한 직업으로 거듭날 수도 있는 방식이다. 따라서 이런 임시 고용형태 자체를 무조건 비판하고 부정하는 것은 적절하지 않다.

39 ⑤

⑤ 타인에 의한 외부적인 동기부여가 효율적이라고 생각한다.

40 ③

철도안전법 제20조 제1항에 따르면 운전면허의 철도차량 운전상의 위험과 장해를 일으킬 수 있는 약물 또는 알코올 중독자로서 대통령령으로 정하는 사람은 운전면허를 받을 수 없다. 형이 철도차량을 운전하는 것은 법에 위반되는 행위이고 운전상의 위험과 장해를 일으킬 수 있기 때문에 형에게 스스로 알릴 것을 권한 후 형이 알리지 않을 시에는 직접 회사에 알려야 한다.

✎ 직무수행능력평가(궤도·토목일반)

1 ①

수직력 … 열차주행시 차륜이 레일면에 수직으로 작용하는 힘, 윤중
㉠ 곡선통과 시의 불균형 원심력의 수직성분
㉡ 차량동요 관성력의 수직성분
㉢ 레일면 또는 차륜면의 부정에 기인한 충격력

2 ②

궤도의 소음 및 진동방지를 위해 레일의 장대화하거나 진동흡수 레일을 사용한다.

3 ④

궤도의 구비조건
㉠ 차량의 동요와 진동이 적을 것
㉡ 승차감이 양호할 것
㉢ 차량의 원활한 주행과 안전이 확보될 것
㉣ 열차의 충격에 견딜 수 있는 강한 재료일 것
㉤ 열차하중을 시공기면 아래의 노반에 균등하고 광범위하게 전달할 것
㉥ 궤도틀림이 적고 열화 진행은 완만할 것
㉦ 보수작업이 용이하고 구성재료의 갱환은 간편할 것
㉧ 궤도재료는 경제적일 것

4 ⑤

레일의 중량화 시 레일의 수명은 연장된다.

5 ⑤

목침목의 장단점

장점	단점
• 레일체결이 용이하고 가공이 편리하다.	• 내구연한이 짧다.
• 탄성이 풍부하다.	• 하중에 의한 기계적 손상을 받는다.
• 보수와 교환작업이 용이하다.	• 충해를 받기 쉬워 주약을 해야 한다.
• 전기절연도가 높다.	

6 ①

허용지지력은 $2.5kg/cm^2$, 일반철도에서 허용도상압력은 $4kg/cm^2$이다.

7 ④

① 상대식 이음매는 좌우 레일의 이음매가 동일위치에 있는 것으로 소음이 크고 노화도가 심하나 보수 작업은 상호식보다 용이하다.

② 상호식 이음매는 편측 레일의 이음매가 타측 레일의 중앙부에 있는 것으로 충격과 소음이 작으나 보수작업이 불리하다.

③ 지접법은 이음매부를 침목 직상부에 두는 것이며, 이음매부를 침목 사이의 중앙부에 두는 것은 현접법이라고 한다.

⑤ 3정 이음매법은 현접법과 지접법을 병용한 것을 말한다.

8 ③

고망간강 크로싱은 균열의 진행은 극히 느리며 대부분의 균열은 용접수리가 가능하다.

9 ②

자갈도상은 유지보수가 필요하며 콘크리트 도상의 경우에 유지보수가 불필요하다.

10 ④

캔트는 열차의 속도의 제곱에 비례한다.

11 ①

캔트는 곡선반경에 반비례하고, 열차속도 제곱에 비례한다.

12 ⑤

$$C = 11.8 \frac{V^2}{R} - C' = 11.8 \frac{100^2}{600} - 100 = 96.666mm$$

$$\fallingdotseq 97$$

캔트의 체감거리는 캔트의 600배 이상이므로

$97 \times 600 = 58.2m \fallingdotseq 58m$ 이다.

13 ④

$120km/h$의 속도로 주행 시 침목 상면의 지압력은 충격계수를 고려하여 계산한다.

$$\sigma_b = \sigma_b 0 \times (1 + I) = 4,000kg/cm^2 \times (1 + 0.6156)$$

$$= 6,462.4kg/cm^2 \fallingdotseq 6,462kg/cm^2$$

여기서, $I = \frac{0.513}{100} \times V(120km/h) = 0.6156$

14 ⑤

$$P_R = a \times P = a \times u \times y(kg)$$

$$= (1,000cm/16) \times 0.5 \times 180$$

$$= 5,625kg$$

y : 레일의 최대 침하량(cm)

a : 침목 중심 간격(cm)

15 ②

$$P_R = a \times P = a \times u \times y = \frac{1,000}{16} \times 180 \times 0.6$$

$$= 6,750kg$$

16 ①

결합트레버스측량의 순서 … 도상계획 → 답사 및 선점 → 조표 → 거리관측 → 각관측 → 거리 및 각의 오차분배 → 좌표계산 및 측점계획

17 ①

정도는 $\frac{d-D}{D} = \frac{D^2}{12R^2}$ 이므로,

오차 $d-D = \frac{D^3}{12R^2} = \frac{50^3}{12(6,370^2)} = 0.257m$

18 ①

$$H_B = H_A - B.S. + F.S. = 20.32 - 0.63 + 1.36$$

$$= 21.05m$$

$$H_C = H_B - B.S. + F.S. = 21.05 - 1.56 + 1.83$$

$$= 21.32m$$

19 ④

$$\sigma = \pm \sqrt{\frac{\sum v^2}{n-1}} = \pm \sqrt{\frac{8,208}{10-1}} = \pm 30.2mm$$

20 ④

평균압밀도 $U = 1 - (1 - U_v)(1 - U_h)$ 에서

$0.9 = 1 - (1 - 0.2)(1 - U_h)$

수평방향 평균압밀도 $U_h = 0.875 = 87.5\%$

21 ③

표준관입시험은 스플릿 스푼 샘플러를 사용한다.

22 ③

과압밀비 $OCR = \frac{선행압밀하중}{현재의 유효상재하중} = \frac{10}{5} = 2$

정규압밀점토인 경우 정지토압계수

$K_0 = 1 - \sin\phi = 1 - \sin 25° = 0.58$

과압밀점토인 경우, 정지토압계수는 정규압밀점토인 경우의 정지토압계수에 $\sqrt{OCR} = \sqrt{2}$ 를 곱한 값이므로 과압밀점토의 정지토압계수는 $0.58\sqrt{2} = 0.82$

23 ①

Sand Pile의 유효 원지름

㉠ 정삼각형 배열 시 : $d_e = 1.05d$

㉡ 정사각형 배열 시 : $d_e = 1.13d$

24 ②

현장치기 콘크리트로서 흙에 접하거나 옥외의 공기에 직접 노출되는 콘크리트의 최소 피복두께는 D25 이하의 철근의 경우 50mm이다.

종류			피복두께
수중에서 타설하는 콘크리트			100mm
흙에 접하여 콘크리트를 친 후 영구히 흙에 묻혀있는 콘크리트			80mm
흙에 접하거나 옥외의 공기에 직접 노출되는 콘크리트	D29 이상의 철근		60mm
	D25 이하의 철근		50mm
	D16 이하의 철근		40mm
옥외의 공기나 흙에 직접 접하지 않는 콘크리트	슬래브, 벽체, 장선	D35 초과 철근	40mm
		D35 이하 철근	20mm
	보, 기둥		40mm
	쉘, 절판부재		20mm

25 ②

$$l_{db} = \frac{0.25d_b f_y}{\sqrt{f_{ck}}} = \frac{0.25 \times 25 \times 400}{1 \times \sqrt{35}} = 422.6mm$$

$0.043d_b f_y = 0.043 \times 25 \times 400 = 430mm$

$l_{db} \geq 0.043d_b f_y$ 이어야 한다.

26 ①

다음 중 최솟값을 적용해야 한다.

㉠ 축방향 철근 지름의 16배 이하
: $31.8 \times 16 = 508.8mm$ 이하

㉡ 띠철근 지름의 48배 이하 : $9.5 \times 48 = 456mm$ 이하

㉢ 기둥 단면의 최소 치수 이하 : 400mm 이하

위의 값 중 최솟값인 400mm 이하이어야 한다.

27 ③

경량콘크리트계수 $\lambda = \dfrac{f_{sp}}{0.56\sqrt{f_{ck}}} \leq 1.0$ 이므로

$\dfrac{2.4}{0.56\sqrt{24}} = 0.87$

28 ①

B점의 처짐각을 구하고 여기에 BC의 길이를 곱한 값이 처짐이 된다.

따라서 $\theta_B = \dfrac{wL^3}{24EI}$ 이며,

$\delta_C = \theta_B \times 2 = \dfrac{wL^3}{24EI} \times 2 = \dfrac{3\text{t/m} \times (6\text{m})^3}{12 \times 3.2 \times 10^{11}\text{kg} \cdot \text{cm}^2}$

$= 0.169\text{cm}$

29 ④

중첩의 원리로 구한다.

등분포 하중에 의한 C점의 휨모멘트 : $\dfrac{wL^2}{8} = \dfrac{2 \times 10^2}{8} = 25$

집중하중에 의한 C점의 휨모멘트 : $\dfrac{PL}{4} = \dfrac{10 \times 10}{4} = 25$

위의 두 값을 합하면 $50\text{t} \cdot \text{m}$이 된다.

30 ④

$\sum M_A = 0 : P \times 2 - V_B \times 10 = 0, \quad V_B = \dfrac{P}{5}(\uparrow)$

$\sum M_C = 0 : H_B \times 5 - \dfrac{P}{5} \times 5 = 0, \quad H_B = \dfrac{P}{5}(\leftarrow)$

$\sum F_x = 0 : H_A - H_B = 0, \quad H_A = H_B = \dfrac{P}{5}(\rightarrow)$

31 ③

$I_X = \dfrac{(15 \times 18^3 - 12 \times 12^3)}{12} = 5,562\text{cm}^2$

$G = 15 \times 3 \times 7.5 + 3 \times 6 \times 3 = 391.5\text{cm}^3$

$\tau_{max} = \dfrac{V \cdot G_X}{I_X \cdot b} = \dfrac{2,000 \times 391.5}{5,562 \times 3} = 46.92\text{kg/cm}^2$

32 ①

시공기면을 결정할 경우 고려하여야 할 사항

㉠ 토공량을 최소로 하고 절토, 성토를 평행시킬 것

㉡ 연약지반, 산사태, 낙석 등의 위험지역은 가능하면 피할 것

㉢ 비탈면은 흙의 안식각을 고려할 것

㉣ 토취장 또는 토사장까지의 운반거리를 짧게 할 것

㉤ 암석 굴착은 비용이 추가되므로 현지조사하여 가능하면 작게 할 것

33 ④

콘크리트 균열의 보수기법

㉠ 에폭시 주입법 : 0.05mm 정도의 폭을 가진 균열에 에폭시를 주입함으로써 부착시키는 방법

㉡ 봉합법 : 발생된 균열이 멈추어 있거나 구조적으로 중요하지 않은 경우 균열에 봉합재를 넣어 보수하는 방법

   ⓒ **짜깁기법** : 균열의 양측에 어느 정도 간격을 두고 구멍을 뚫어 철쇠를 박아 넣는 방법

   ⓓ **보강철근 이용방법** : 교량 거더 등의 균열에 구멍을 뚫고 에폭시를 주입하며, 철근을 끼워 넣어 보강하는 방법

   ⓔ **그라우팅** : 콘크리트 댐이나 두꺼운 콘크리트 벽체 등에서 발생하는 폭이 넓은 균열들을 시멘트 그라우트를 주입함으로서 보수하는 방법

   ⓕ **드라이패킹** : 물-시멘트비가 아주 작은 모르타르를 손으로 채워 넣는 방법으로 정지하고 있는 균열에 효과적인 방법

34 ④

$$회수율 = \frac{회수된 \ 코어의 \ 길이}{굴착된 \ 암석의 \ 이론적 \ 길이} \times 100$$

$$= \frac{145 + 35 + 120 + 50 + 45 + 95}{500} \times 100$$

$$= 98\%$$

35 ③

수동말뚝을 해석하는 방법

   ㉠ **간편법** : 지반의 측방변형으로 발생할 수 있는 최대 측방토압을 고려한 상태에서 해석하는 방법

   ㉡ **탄성법** : 지반을 이상적 탄성체 혹은 탄소성체로 가정하여 해석하는 방법

   ㉢ **지반반력법** : 주동말뚝에서와 같이 지반을 독립한 winkler 모델로 이상화시켜 해석하는 방법

   ㉣ **유한요소법** : 지반의 응력변형률 관계를 bilinear, multilinear, hyperbolic 등의 모델을 사용하여 해석하는 방법

36 ③

극한지지력 $q_u = q_p \cdot A_p + A_s f_s = q_p \cdot A_p + 4BL f_s$

선단지지력 $q_p = c \cdot N_c + \gamma_{sub} \cdot D_f \cdot N_q$

$r = c + \bar{\sigma} \tan\phi$에서 $r = c$, $c = 60 \text{kN/m}^2$

(점토층의 경우 $\phi = 0$이므로)

$q_p = 60 \times 9 + (18 - 9.8) \times 20 \times 1 = 704 \text{kN/m}^2$

주면마찰계수 $f_s = 0.9c = 0.9 \times 60 = 54 \text{kN/m}^2$

$q_u = 704 \times (0.3 \times 0.3) + 4 \times 0.30 \times 20 \times 54 = 1,359.36 \text{kN}$

37 ④

도로 토공현장에서 다짐도를 판정하는 방법

   ㉠ 건조밀도로 판정하는 방법

   ㉡ 강도특성으로 판정하는 방법

   ㉢ 포화도 또는 공기공극률로 판정하는 방법

   ㉣ 변형특성으로 판정하는 방법

   ㉤ 다짐기계, 다짐횟수로 판정하는 방법

38 ③

곡선반경 300m의 슬랙량은

$\frac{2,400}{R} - S'$ 이므로 $\frac{2,400}{300} = 8mm$

조정치가 3mm라고 했으므로 조정치를 빼면 결정 슬랙량은 8-3=5mm가 된다.

표준궤간은 1,435+5=1,440mm

곡선선로의 궤간은 1,445mm

궤간틀림량은 +5mm가 된다.

39 ④

실코트(seal coat)**의 목적**

   ㉠ 표층의 노화방지

   ㉡ 포장 표면의 방수성

   ㉢ 포장 표면의 미끄럼 방지

   ㉣ 포장 표면의 내구성 증대

   ㉤ 포장면의 수밀성 증대

40 ②

사질토 지반의 지지력은 재하판의 폭에 비례한다.

$0.3 : 10 = 4 : q_u$ 이므로 $q_u = 133.33 t/m^2$